固体废物循环利用技术丛书

典型废旧稀土材料循环利用技术

张深根 刘虎 刘一凡 刘波 编著

U0315950

北京
冶金工业出版社
2025

内 容 提 要

本书重点介绍了稀土元素和废旧稀土永磁材料、稀土发光材料、稀土贮氢材料、其他稀土材料等典型废旧稀土材料的处置和资源化技术。

全书分为 9 章，主要内容包括上述六大类典型的废旧稀土材料的来源、特点、处理、资源化、高值化以及稀土生产生命周期评价等，较全面地反映了废旧稀土材料处理和资源化研究进展情况。

本书可供废物资源化、环境科学与工程、材料科学与工程、冶金科学与工程等科技工作者阅读，也可供大专院校有关师生参考。

图书在版编目 (CIP) 数据

典型废旧稀土材料循环利用技术/张深根等编著. —北京：冶金工业出版社，2018.11（2025.1重印）

（固体废物循环利用技术丛书）

ISBN 978-7-5024-7644-1

Ⅰ.①典⋯　Ⅱ.①张⋯　Ⅲ.①稀土金属—金属废料—废物综合利用　Ⅳ.①X756.05

中国版本图书馆 CIP 数据核字（2017）第 259763 号

典型废旧稀土材料循环利用技术

出版发行	冶金工业出版社	**电　话**	（010）64027926
地　　址	北京市东城区嵩祝院北巷 39 号	**邮　编**	100009
网　　址	www. mip1953. com	**电子信箱**	service@ mip1953. com

责任编辑　俞跃春　杜婷婷　美术编辑　彭子赫　版式设计　孙跃红
责任校对　李　娜　责任印制　禹　蕊
北京建宏印刷有限公司印刷
2018 年 11 月第 1 版，2025 年 1 月第 4 次印刷
710mm×1000mm　1/16；14 印张；273 千字；214 页
定价 **98.00 元**

投稿电话　（010）64027932　投稿信箱　tougao@ cnmip. com. cn
营销中心电话　（010）64044283
冶金工业出版社天猫旗舰店　yjgycbs. tmall. com
（本书如有印装质量问题，本社营销中心负责退换）

前　言

2003年中央在人口资源环境工作座谈会上第一次明确提出发展循环经济的理念至今，已整整14年。经过14年的不断探索，我国在循环经济技术研发方面取得了显著的成绩，法律法规和政策体系不断完善，充分利用市场和政策杠杆调节手段，积极引导企业和科技工作者广泛参与。循环经济发展模式已经成为可持续发展战略的重要组成部分。

众所周知，稀土是战略性资源，其用量日益增长，战略地位日益凸显。我国政府2012年首次发布了《中国的稀土状况与政策》白皮书，指出我国稀土占全球储量的比例降至23%。中国以23%的稀土资源承担了世界90%以上的市场供应，满足了世界各国特别是发达国家高技术产业发展的需求。同时白皮书中指出资源过度开发、生态环境破坏等问题。在国际社会发展循环经济的大背景下，为解决稀土循环再利用的难题，世界各国积极开展各种稀土回收研究。但由于稀土废弃物资源化技术缺乏等原因，截至2014年，稀土总回收率低于1%。因此，必须进一步深入开展废旧稀土材料处置及资源化技术研发，实现稀土产业可持续发展。

废旧稀土材料来源广、成分复杂，不仅需要建立完善的回收体系，而且需要开发具有经济和环境效益的产业化技术。废旧稀土材料的资源化利用不仅可有效缓解稀土资源日益短缺的问题，同时也可防止或减轻其对环境的污染，具有重要的经济和环境效益。

本书分为9章，全面地介绍了废旧稀土永磁材料、稀土发光材料、稀土贮氢材料、其他稀土材料等典型废旧稀土材料的处置和资源化技术。

本书总结凝练了编著者和国内外同行近年来在废旧稀土材料回收方面的主要研究成果，力图系统地反映废旧稀土材料处置和资源化方面的最新研究成果，在此谨向各位学者表示衷心的感谢！编著者的研究成果是在国家"863"计划课题（2012AA063202）和国家自然科学基金项目（51472030、U1360202、51672024）资助下完成的。北京科技大学磁功能及环境材料研究室博士研究生蔺瑞、黎琳以及硕士研究生孙帅领、杨强威、兰雪影等在本书编写过程中付出了辛勤的劳动，在此一并表示感谢！

由于编著者水平所限，书中不妥之处，敬请同行专家及广大读者赐教与指正。

编著者

2017 年 2 月

目　　录

1 稀土元素的理化性质

稀土元素包括化学元素周期表中原子序数为21的钪（Y）、39的钪（Sc）和57~71的15种化学元素，如图1-1所示，其中原子序数为57~71的15种化学元素又称镧系元素，包含镧（La）、铈（Ce）、镨（Pr）、钕（Nd）、钷（Pm）、钐（Sm）、铕（Eu）、钆（Gd）、铽（Tb）、镝（Dy）、钬（Ho）、铒（Er）、铥（Tm）、镱（Yb）、镥（Lu）。

IA																	2 He 氦 4.0026
1 H 氢 1.0079	IIA											IIIA	IVA	VA	VIA	VIIA	
3 Li 锂 6.941	4 Be 铍 9.0122											5 B 硼 10.811	6 C 碳 12.011	7 N 氮 14.007	8 O 氧 15.999	9 F 氟 18.998	10 Ne 氖 20.17
11 Na 钠 22.9898	12 Mg 镁 24.305	IIIB	IVB	VB	VIB	VIIB	VIII			IB	IIB	13 Al 铝 26.982	14 Si 硅 28.085	15 P 磷 30.974	16 S 硫 32.06	17 Cl 氯 35.453	18 Ar 氩 39.94
19 K 钾 39.098	20 Ca 钙 40.08	21 Sc 钪 44.956	22 Ti 钛 47.9	23 V 钒 50.9415	24 Cr 铬 51.996	25 Mn 锰 54.938	26 Fe 铁 55.84	27 Co 钴 58.9332	28 Ni 镍 58.69	29 Cu 铜 63.54	30 Zn 锌 65.38	31 Ga 镓 69.72	32 Ge 锗 72.59	33 As 砷 74.9216	34 Se 硒 78.9	35 Br 溴 79.904	36 Kr 氪 83.8
37 Rb 铷 85.467	38 Sr 锶 87.62	39 Y 钇 88.906	40 Zr 锆 91.22	41 Nb 铌 92.906	42 Mo 钼 95.94	43 Tc 锝 97.99	44 Ru 钌 101.07	45 Rh 铑 102.906	46 Pd 钯 106.42	47 Ag 银 107.868	48 Cd 镉 112.41	49 In 铟 114.82	50 Sn 锡 118.7	51 Sb 锑 121.7	52 Te 碲 127.6	53 I 碘 126.905	54 Xe 氙 131.3
55 Cs 铯 132.905	56 Ba 钡 137.33	57-71 La-Lu 镧系	72 Hf 铪 178.49	73 Ta 钽 180.947	74 W 钨 183.8	75 Re 铼 186.207	76 Os 锇 190.2	77 Ir 铱 192.2	78 Pt 铂 195.08	79 Au 金 196.967	80 Hg 汞 200.5	81 Tl 铊 204.3	82 Pb 铅 207.2	83 Bi 铋 208.98	84 Po 钋 (209)	85 At 砹 (210)	86 Rn 氡 (222)
87 Fr 钫 (223)	88 Ra 镭 (226.03)	89-103 Ac-Lr 锕系	104 Rf 铲 (261)	105 Db 𫓧 (262)	106 Sg 𬭳 (263)	107 Bh 𬭛 (264)	108 Hs 𬭶 (265)	109 Mt 鿏 (268)	110 Ds 𫟼 (269)	111 Rg 𬬭 (272)	112 Cn 鿔 (277)						

镧系	57 La 镧 138.905	58 Ce 铈 140.12	59 Pr 镨 140.91	60 Nd 钕 144.2	61 Pm 钷 (147)	62 Sm 钐 150.4	63 Eu 铕 151.96	64 Gd 钆 157.25	65 Tb 铽 158.93	66 Dy 镝 162.5	67 Ho 钬 164.93	68 Er 铒 167.2	69 Tm 铥 168.934	70 Yb 镱 173.0	71 Lu 镥 174.96
锕系	89 Ac 锕 (227)	90 Th 钍 232.0381	91 Pa 镤 231.03588	92 U 铀 238.0289	93 Np 镎 (237)	94 Pu 钚 (239.244)	95 Am 镅 (243)	96 Cm 锔 (247)	97 Bk 锫 (247)	98 Cf 锎 (251)	99 Es 锿 (252)	100 Fm 镄 (257)	101 Md 钔 (258)	102 No 锘 (259)	103 Lr 铹 (260)

图 1-1　稀土元素在元素周期表中的位置

1.1　稀土元素的电子结构

根据能量最低原理，镧系元素自由原子的基态电子组态有两种类型：$[Xe]4f^n6s^2$ 和 $[Xe]4f^{n-1}5d^16s^2$，其中 $[Xe]=1s^22s^22p^63s^23p^63d^{10}4s^24p^64d^{10}5s^25p^6$。La 后其他的元素，电子填充 4f 轨道，两种情况 $4f^n6s^2$ 和 $4f^{n-1}5d^16s^2$。21Sc 和 39Y

基态价电子结构分别为 $1s^22s^23p^63s^23p^63d^14s^2$ 和 $1s^22s^23p^63s^23p^63d^{10}4s^24p^64d^15s^2$。

稀土元素的最外电子层结构相似，均为两个 s 电子，与别的元素化合时通常失去这最外层的两个 s 电子，次外层有的为一个 d 电子，无 d 电子时则借助 $4f^n$-$f^{n-1}5d^1$ 过渡而失去一个 4f 电子，故正常的原子价是 3 价。同时它们离子半径相近（RE^{3+} 离子半径 $1.06\times10^{-10} \sim 0.84\times10^{-10}$ m，Y^{3+} 为 0.89×10^{-10} m），因此稀土元素的理化性质相似。稀土元素的价电子层结构和氧化态见表 1-1。

表 1-1　稀土元素的价电子层结构和氧化态

原子序数	符号	原子价电子层结构	氧化态		
			RE^{2+}	RE^{3+}	RE^{4+}
21	Sc	$3d^14s^2$	—	[Ar]	—
39	Y	$4d^15s^2$	—	[Kr]	—
57	La	$5d^16s^2$	—	[Xe]	—
58	Ce	$4f^15d^16s^2$	$4f^2$	$4f^1$	[Xe]
59	Pr	$4f^36s^2$		$4f^2$	$4f^1$
60	Nd	$4f^46s^2$	$4f^4$	$4f^3$	$4f^2$
61	Pm	$4f^56s^2$		$4f^4$	
62	Sm	$4f^66s^2$	$4f^6$	$4f^5$	
63	Eu	$4f^76s^2$	$4f^7$	$4f^6$	
64	Gd	$4f^15d^16s^2$		$4f^7$	
65	Tb	$4f^96s^2$		$4f^8$	$4f^7$
66	Dy	$4f^{10}6s^2$	—	$4f^9$	$4f^8$
67	Ho	$4f^{11}6s^2$		$4f^{10}$	
68	Er	$4f^{12}6s^2$		$4f^{11}$	
69	Tm	$4f^{13}6s^2$	$4f^{13}$	$4f^{12}$	
70	Yb	$4f^{14}6s^2$	$4f^{14}$	$4f^{13}$	
71	Lu	$4f^15d^16s^2$	—	$4f^{14}$	—

1.2　稀土金属的物理性质

1.2.1　晶体结构

稀土金属具有典型金属特性，多数呈银白色或灰色光泽，但镨、钕呈浅黄色光泽。在常温常压下，稀土金属的晶体结构如图 1-2 所示，主要有：（1）密排六方结构（hcp）。原子堆垛次序为 ABABAB 等，符合此结构的有钪（Sc）、钇（Y）以及钆（Gd）、铽（Tb）、镝（Dy）、钬（Ho）、铒（Er）、铥（Tm）、镥（Lu）等中稀土金属［除镱（Yb）］。（2）面心立方结构。原子堆垛次序为ABCABC等，符合此结构的有镧（La）、铈（Ce）和镱（Yb）。（3）双六方结构（dhcp）。原子堆垛次序为 ABACABAC 等重复周期为 4 层结构，镧（La）、铈（Ce）、镨（Pr）、钕（Nd）和钷（Pm）属于这种结构。（4）斜方结构。原子堆垛次序为 ACACBCBABCCA 等重复周期为 9 层的结构，唯有钐是在这种重复周期为 9 层的结构。（5）体心立方结构。原子堆垛为非密排结构，唯有铕（Eu）是此结构。而钪、钇、镧、铈、镨、钕、钐、铽、镝、钬、镱等都有同素异晶变体，因为它们的晶体转变过程较缓慢，所以会出现多种不同的晶体结构[1]。

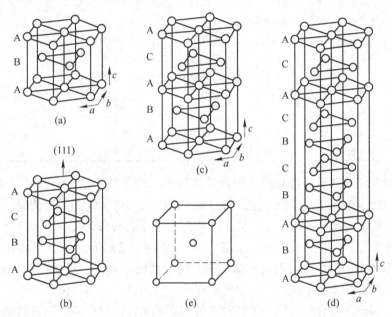

图 1-2　稀土金属的晶体结构

（a）hcp：Sc, Y, Sm, Gd, Tb, Dy, Ho, Er, Tm, Yb, Lu；（b）fcc：La, Ce, Yb；
（c）dhcp：La, Ce, Pr, Nd, Pm；（d）Sm-type：Sm；（e）bcc：Eu

1.2.2　原子半径、原子体积和密度

在常温、常压下，稀土金属的原子半径、原子体积和密度见表 1-2。

表 1-2　稀土金属的物理性质

原子序数	密度 /g·cm⁻³	熔点 /℃	沸点 /℃	金属原子半径 /×10² pm (C. N. 12)	原子体积 /cm³·mol⁻¹	线性热膨胀系数（多晶）/×10⁶ cm³
57	6. 174	920	3470	1. 8791	22. 602	12. 1
58	6. 771	795	3470	1. 8247	20. 696	6. 3
59	6. 782	935	3130	1. 8279	20. 803	6. 7

续表 1-2

原子序数	密度 /g·cm⁻³	熔点 /℃	沸点 /℃	金属原子半径 /×10² pm (C. N. 12)	原子体积 /cm³·mol⁻¹	线性热膨胀系数（多晶）/×10⁶ cm³
60	7.004	1024	3030	1.8214	20.583	9.6
61	7.264	1042	(3000)	1.811	20.24	(11)
62	7.537	1072	1900	1.8041	20	12.7
63	5.244	826	1440	2.0418	28.979	35.0
64	7.895	1312	3000	1.8013	19.903	9.4
65	8.234	1355	2800	1.7833	19.31	10.3
66	8.536	1407	2000	1.774	19.004	9.9
67	8.803	1401	2000	1.7661	18.752	11.2
68	9.051	1497	2900	1.7666	18.449	12.2
69	9.332	1545	1730	1.7462	18.124	13.3
70	6.977	824	1196	1.9392	24.841	26.3
71	9.842	1652	3330	1.7349	17.779	9.9
21	2.992	1539	2790	1.6406	15.039	10.2
39	4.478	1510	2930	1.8012	19.893	10.6

　　从镧系元素原子序数与原子半径关系可知，除了铈、铕、镱有异常现象外，镧、钆和镥也偏离了镨、钕、钷、钐、铽、镝、钬、铒、铥的正常情况。由于镧系收缩，镧系元素的原子半径、原子体积随原子序数增加而减少，密度随原子序数增加而增加[2]。钪、钇、镧三元素的原子半径（见图 1-3）、原子体积随原子序数增大而增大，熔点则相反。铈、铕、镱与其他镧系元素相比，有异常现象，这是由于多数镧系原子提供了 3 个价电子参与金属键，而铕、镱只提供 2 个价电子参与金属键，使它们的原子半径较其他镧系元素大，铈提供参与成键的电子数

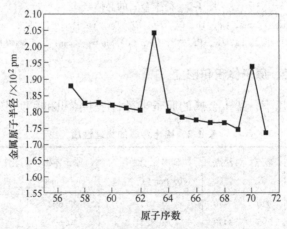

图 1-3　稀土金属原子半径与原子序数的关系

大于3，所以它的半径则较相邻元素小。铈、铕、镱等参与成键的电子数与其他镧系元素不同，这是由于它们原子的基组态为 $4f^1 5d^1 6s^2$、$4f^7 6s^2$、$4f^{14} 6s^2$，在成键以后，它们力求保持 $4f^0$、$4f^7$、$4f^{14}$ 的稳定结构，所以铈有可能提供 4 个价电子，铕、镱只提供 2 个价电子参与成键。

图 1-4 是原子序数（包括 56 号的 Ba 和 72 号的 Hf）与离子半径的关系，2 个价电子参与金属键的 Ba、Eu 和 Yb，3 个价电子参与金属键的镧系元素及 4 个价电子参与金属键的 α-Ce、Hf，分别处在 3 条不同的平滑曲线上。

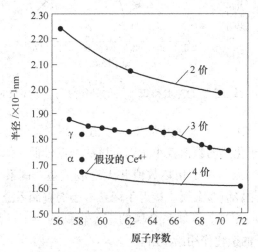

图 1-4 原子序数与离子半径的关系

1.2.3 熔点、沸点和升华热

稀土金属的熔点、沸点、升华热数值如图 1-5 和图 1-6 所示。

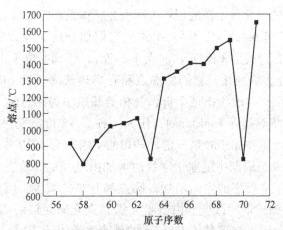

图 1-5 稀土金属熔点与原子序数的关系

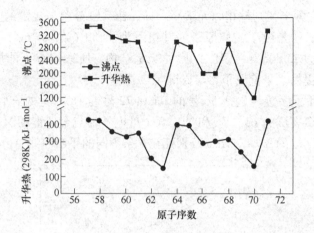

图 1-6 稀土金属的沸点和 25℃时的升华热与原子序数的关系

（1）金属熔点与原子化热（升华热）数值相关。原子化热的数值较大，金属的熔点较高；原子化热的数值较小，则金属的熔点较低。但在钪、钇和镧系元素系列中，它们的熔点与原子化热数值并无对应关系。镧系金属的熔点明显比钪、钇的低，尤其是轻镧系金属。接近于镧系末端的重镧系金属与第一、二过渡金属熔点变化的倾向相当。轻镧系金属的熔点较低的原因，曾以镧系原子的 4f 电子和 s、d 价电子的杂化作用给予解释。

在镧系中，除了铕和镱外，金属的熔点随原子序数增加而增加。铕和镱的熔点较相邻元素低得多，这与它们的原子化热较低是相符的，这种异常现象也反映了铕、镱与其他镧系元素的金属价态差异的特征。

（2）镧系金属沸点和升华热与原子序数的关系是不规则的，如图 1-6 所示。这种"锯齿"形的变化可定性地理解为镧系金属在固态时的价态是 3 或 2，气相时电子组态为 $4f^m5d^16s^2$ 或 $4f^{n+1}6s^2$，按此把它们划分成 3 种类型。对于镧、铈、钆、镥来说，固态金属是 3 价（γ-Ce 大于 3 价），气相时电子组态为 $4f^n5d^16s^2$，作为一种 3→3 价态的变化，它们的沸点和升华热较高（约 3400℃和约 420kJ/mol）；铕和镱在固态时的价态是 2 价，气相的基组态为 $4f^{m+1}6s^2$，它们的沸点接近于 1400℃，升华热接近 148kJ/mol，作为一种 2→2 价态变化，这与碱金属相近；其余的镧系元素在固态时是 3 价，气相的基组态为 $4f^{n+1}6s^2$，作为一种 3→2 价态变化。在两个半周期中随原子序数的增加由气相的 3 价态的镧或钆向 2 价态的铕或镱接近，2 价态的倾向增加，沸点和升华热减少，因此镧系金属的沸点和升华热产生锯齿形的改变。由于半充满和全充满壳层的稳定性，增加的 1 个电子填入 5d 壳层，这就使 Gd 和 Lu 的沸点和升华热较 Eu 和 Yb 有较大的增加[3]。

1.2.4 热膨胀系数和热中子俘获面

在25℃时，稀土金属线性热膨胀系数列在表1-2中。热膨胀系数在镧系中变化与其他物理性质一样，铕和镱的热膨胀系数比相邻元素的数值高得多，如图1-7所示。热膨胀系数在镧系元素的两个半周期中从铈→铕和钆→镱增加。

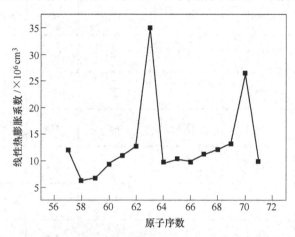

图1-7　25℃时稀土金属线性热膨胀系数与原子序数的关系

必须指出的是钐、铕、钆的热中子俘获面很大（见表1-3），其中钆（44000靶）的热中子俘获面几乎比所有的元素都大（常用于反应堆作热中子控制材料的镉和硼分别为2500靶和715靶），而铈和钪最小。

表1-3　稀土金属的物理性质

原子序数	原子量	升华热 $\Delta H/kJ \cdot mol^{-1}$	$C_P^0(0℃)$ $/J \cdot mol^{-1}$	电阻率（25℃） $/\times 10^{-4}\Omega \cdot cm$	热中子俘获面/靶	晶体结构	晶格参数
57	138.905	431.2	27.8	57	9.3±0.3	六方密集	$a=3.772$ $c=12.114$
58	140.12	467.8	28.8	75	0.73±0.08	面心立方	$a=3.772$ $c=12.114$
59	140.907	374.1	27	68	11.6±0.6	六方密集	$a=3.772$ $c=12.114$
60	144.24	328.8	30.1	64	46±2	六方密集	$a=3.772$ $c=12.114$
62	150.35	220.8	27.1	92	6500	菱形	$a=3.772$ $c=12.114$
63	151.96	175.8	25.1	81	4500	体心立方	$a=3.772$ $c=12.114$

原子序数	原子量	升华热 ΔH/kJ·mol^{-1}	$C_P^0(0℃)$ /J·mol^{-1}	电阻率（25℃）/×10$^{-4}\Omega$·cm	热中子俘获面/靶	晶体结构	晶格参数
64	157.25	402.3	46.8	134	44000	六方密集	$a=3.772$ $c=12.114$
65	158.924	395	27.3	110	44	六方密集	$a=3.772$ $c=12.114$
66	162.5	298.2	28.1	91	1100	六方密集	$a=3.772$ $c=12.114$
67	164.93	296.4	27	94	64	六方密集	$a=3.772$ $c=12.114$
68	167.26	243.2	27.8	86	116	六方密集	$a=3.772$ $c=12.114$
69	168.934	243.7	27	90	118	六方密集	$a=3.772$ $c=12.114$
70	173.04	152.6	25.1	28	36	面心立方	$a=3.772$ $c=12.114$
71	174.97	427.8	27	68	108	六方密集	$a=3.772$ $c=12.114$
21	44.956	338	25.5	66	13	六方密集	$a=3.772$ $c=12.114$
39	83.906	424	25.1	53	1.38	六方密集	$a=3.772$ $c=12.114$

纯的稀土金属具有良好的塑性，易于加工成型。其中尤以金属镱、钐的可塑性为最佳。除镱以外的钇组稀土金属的弹性模数高于铈组稀土金属，且随原子序数的增加而增大。镧、铈与镉相似，其硬度约为 20～30 个布氏硬度单位（BHN）。稀土金属的力学性能在很大程度上取决于其杂质含量，特别是氧、硫、氮、碳等杂质。

1.2.5　电阻率和导电性

常温时，稀土金属电阻率为 $50～130\mu\Omega/cm$，比铜、铝的电阻率高 1～2 个数量级，并有正温度系数。在常温时，稀土金属的电导率较低，但在低温时有的金属具有超导性质，如镧在低于 4.6K 时变为超导体。某些稀土的铟和铂合金也发现有超导性质。

稀土金属的导电性能较差，如以汞的导电性为 1，那么镧为 1.6 倍，铈为 1.2 倍，铜却为 56.9 倍。α-La 在 4.9K 和 β-La 在 5.85K 时可表现出超导性能，其他稀土金属即使在接近绝对零度时也无超导性[4]。

预测到 21 世纪末，高温超导体将是稀土非常大的潜在市场。稀土超导体可用于采矿、电子工业、医疗设备、悬浮列车及能源等许多领域。20 世纪 80 年代中期，发现高温超导材料曾在世界范围掀起研究热潮。进入 90 年代，随着人们对高温超导材料的认识逐步加深，研究工作进入提高阶段，虽然从事超导研究的人员和发表的文章的数量减了下来，但各国对超导研究的投入并未减少。在此背景下，我国超导研究也经历了适当缩小规模、突出重点和更加明确加强应用的变化过程。自从近年来在 Y-Ba-Cu-O 超导体研究方面取得重大突破以来，超导研究正在向实用化方向发展。总之，稀土在超导材料中的应用将越来越广泛，发展前景十分广阔。

1.3 稀土元素的化学性质

稀土元素化学性质活泼，氧化还原电位低，从 -2.52V（镧）~ -1.88V（钪）；电离能较低，第一电离能接近于碱土金属元素，第一至第三电离能比其他过渡元素低，电负性也在钙的附近[5]。稀土元素电离能、氧化还原电位和电负性见表 1-4。

表 1-4 稀土元素的电化学性质

元素	电离能/kJ·mol^{-1}			氧化还原电位 RE=RE^{3+}+3e$^-$	电负性
	I_1	I_2	I_3		
Sc	631.11	1235.20	2389.34	-1.88	1.20
Y	615.67	1181.16	1980.18	-2.37	1.11
La	538.18	1067.29	1850.87	-2.52	1.08
Ce	527.85	1047.02	1930.00	-2.48	1.06
Pr	523.03	1018.07	2084.40	-2.47	1.07
Nd	529.78	1034.48	2142.30	-2.44	1.07
Pm	535.57	1051.85	—	-2.42	1.07
Sm	543.29	1068.25	2287.05	-2.41	1.07
Eu	547.15	1085.62	2402.85	-2.41	1.01
Gd	592.51	1167.65	1987.90	-2.40	1.11
Tb	564.52	1111.68	2113.35	-2.39	1.10
Dy	572.24	1126.15	2209.85	-2.35	1.10
Ho	580.93	1138.70	2229.15	-2.32	1.10
Er	588.65	1151.24	2180.90	-2.30	1.11
Tm	596.37	1162.82	2296.70	-2.28	1.11
Yb	603.51	1174.40	2441.45	-2.27	1.06
Lu	506.24	1341.35	2045.80	-2.25	1.14

稀土金属是强还原剂，有较大的氧化物生成热，见表1-5，即使最小的镧氧化物生成也高达1793.3kJ/mol，比氧化铝的生成热还大。稀土金属能将铁、钴、镍、铜、铬等金属氧化物还原为金属，而且还原能力随着原子序数的增加而减弱。在空气中，稀土金属的稳定性随其原子序数增加而增加。稀土金属能与周期表中绝大多数元素作用，形成非金属的化合物或金属间化合物。稀土金属燃点很低，铈为160℃，镨为190℃，钕为270℃。在较低的温度下能与氢、碳、氮、磷及其他一些元素相互反应。它们能生成极稳定的氧化物、卤化物、硫化物等。常温下，镧、铈和镨易被氧化而失去光泽，重稀土相对不易被氧化。在20℃以上时，稀土金属与氧气和氯气迅速反应，分别生成氧化物和氯化物。

表1-5　稀土金属氧化物的生成热

氧化物	$-\Delta H$ (298.15K) /kJ·mol^{-1}	氧化物	$-\Delta H$ (298.15K) /kJ·mol^{-1}
Y_2O_3	1905.8	Tb_2O_3	1827.6
La_2O_3	1793.3	Dy_2O_3	1865.2
Ce_2O_3	1820.0	Ho_2O_3	1880.7
Pr_2O_3	1827.6	Er_2O_3	1897.8
Nd_2O_3	1807.9	Tm_2O_3	1890.3
Sm_2O_3	1815.4	Yb_2O_3	1814.6
Gd_2O_3	1815.4	Lu_2O_3	1894.5

稀土金属能分解水（温度低时慢，加热时快），且易溶于盐酸、硫酸和硝酸中。稀土金属能形成难溶的氟化物和磷酸盐的保护膜，因而难溶于氢氟酸和磷酸中。稀土金属不与碱作用。

1.3.1　稀土金属与非金属作用

1.3.1.1　稀土金属与氧作用

稀土金属在室温下，能与空气中的氧作用，其稳定性随原子序数的增加而增加。首先在稀土金属表面上氧化，氧化程度因氧化物的结构性质不同而异。如镧、铈和镨在空气中氧化速度较快，易失去金属光泽，而钕、钐和重稀土金属的氧化速度较慢，甚至能较长时间保持金属光泽。

铈的氧化性质与其他稀土金属差别较大，铈氧化首先生成Ce_2O_3，继续氧化则生成CeO_2，这也是铈具有自燃性的原因。其他稀土金属则没有这一特性，这是因为在金属铈的表面上，氧化生成立方结构的Ce_2O_3，当其继续氧化时，由于CeO_2比Ce_2O_3的摩尔体积都小，会生成疏松且具有裂纹的CeO_2，这是铈不同于其他稀土金属而易氧化的原因。

所有稀土金属在空气中，加热至 180~200℃时，迅速氧化且放出热量。铈生成 CeO_2，镨生成 $Pr_6O_{11}(Pr_2O_3 \cdot 4PrO_2)$，铽则生成 $Tb_4O_7(Tb_2O_3 \cdot 2TbO_2)$，其他稀土金属则生成 RE_2O_3 型氧化物。

1.3.1.2 稀土金属与氢作用

稀土金属在室温下能吸收氢，温度升高吸氢速度加快。当加热至 250~300℃时，则能激烈吸氢，并生成组成为 $REH_x(x=2~3)$ 型的氧化物。稀土氢化物在潮湿空气中不稳定，易溶于酸和被碱分解。在真空中，加热至 1000℃以上，可以完全释放出氢。这一特殊性质常用于稀土金属粉末的制取。当氢气在 $1 \times 10^5 Pa$、300℃条件下，氢在铈和镧中的溶解度分别为 $184cm^3/g$ 金属和 $192cm^3/g$ 金属，铈、镧、镨中的氢化物标准焓约为 $167.2~209kJ/mol$。

1.3.1.3 稀土金属与碳、氮作用

无论是熔融状态还是固态稀土金属，在高温下与碳、氮作用，均能生成组成为 REC_2 型和 REN 型化合物。稀土碳化物在潮湿空气中易分解，生成乙炔和碳氢化合物（约 $70\% C_2H_2$ 和 $20\% CH_4$）。碳化物能固溶在稀土金属中。

1.3.1.4 稀土金属与硫作用

稀土金属与硫蒸气作用，生成组成为 RE_2S_4 型和 RES 型的硫化物。硫化物特点是熔点高（见表 1-6）、化学稳定性和耐蚀性强。

表 1-6　部分稀土硫化物的熔点　　　　　　　　　　（℃）

La_2S_3	Ce_2S_3	CeS	Ce_3S_4	Nd_2S_3	Sm_2S_3	Y_2S_3
2100~2150	2000~2200	2450	2500	2200	1900	1900~1950

1.3.1.5 稀土金属与卤素作用

在高于 200℃的温度下，稀土金属均能与卤素发生剧烈反应，主要生成 +3 价的 REX_3 型化合物。其作用强度由氟向碘递减。

而钐、铕还可以生成 REX_2 型化合物，铈可生成 REX_4 型化合物，但都属不稳定的中间化合物。

除氟化物外，稀土卤化物均有很强的吸湿性，且易水解生成 REO_x 型卤氧化物，其强度由氯向碘递增[6]。

1.3.2　稀土金属与金属元素作用

稀土金属几乎可以与所有的金属元素作用，生成组成不同的金属间化合物，如：

（1）与镁生成 $REMg$、$REMg_2$、$REMg_4$ 等化合物（稀土金属微溶于镁）。

（2）与铝生成 RE_3Al、RE_3Al_2、$REAl$、$REAl_2$、$REAl_3$、RE_3Al_4 等化合物。

（3）与钴生成 $RECo_2$、$RECo_3$、$RECo_4$、$RECo_5$、$RECo_7$等化合物，其中 Sm_2Co_7、$SmCo_5$为永磁材料。

（4）与镍生成 $LaNi$、$LaNi_5$、La_3Ni_5等化合物，此类化合物具有强烈的吸氢性能，$LaNi_5$是优良的储氢材料。

（5）与铜生成 YCu、YCu_2、YCu_3、YCu_4、$NdCu_5$、$CeCu$、$CeCu_2$、$CeCu_4$、$CeCu_6$等化合物。

（6）与铁生成 $CeFe_3$、$CeFe_2$、Ce_2Fe_3、YFe_2等化合物，但镧与铁只生成低共熔体，镧铁合金的延展性很好。稀土金属与碱金属及钙、钡等均不生成互溶体系，与钨、钼不能生成化合物。

1.3.3　稀土金属与水和酸作用

稀土金属能分解水，在冷水中作用缓慢，在热水中作用较快，并迅速地放出氢气：

$$RE+3H_2O \Longrightarrow RE(OH)_3+3/2H_2 \qquad (1-1)$$

$$RE+3HCl \Longrightarrow RECl_3+3/2H_2 \qquad (1-2)$$

稀土金属能溶解在稀盐酸、硫酸、硝酸中，生成相应的盐。在氢氟酸和磷酸中不易溶解，这是由于生成难溶的氟化物和磷酸盐膜所致[7]。

1.4　稀土元素的磁性和光学性质

1.4.1　稀土金属的磁性

稀土金属的磁性主要与其 4f 轨道未充满电子有关，但金属晶体结构也影响它们的磁性。由于 4f 电子处在内层，且金属态的 $5d^1 6s^2$为传导电子，因此大多数稀土元素（除 Sm、Eu、Yb 外）的有效磁矩与其+3 价离子的磁矩几乎相同。由于 Eu 和 Yb 只能提供 2 个传导电子，它们的有效磁矩与相应的+2 价离子的磁矩一致。常温下稀土金属一般为顺磁物质，各种稀土金属及其+3 价离子的磁矩见表 1-7[8]。

表 1-7　稀土金属及其离子的磁矩

元素	原子磁矩/B·M		离子（RE^{3+}）磁矩/B·M	
	计算	实测	计算	实测
La	0	0.49	0	0
Ce	2.54	2.51	2.54	2.4
Pr	3.58	3.56	3.58	3.5
Nd	3.62	3.30	3.62	

元素	原子磁矩/B·M		离子·(RE^{3+})磁矩/B·M	
	计算	实测	计算	实测
Pm	3.68		2.68	
Sm	0.84	1.74	0.84	3.5
Eu	0	7.12	0	
Gd	7.94	7.98	7.94	1.5
Tb	9.70	9.77	9.72	3.4
Dy	10.6	10.67	10.65	8.0
Ho	10.6	10.8	10.64	9.5
Er	9.6	9.8	9.58	10.7
Tm	7.6	7.6	7.56	10.3
Yb	4.5	4.1	4.54	9.5
Lu	0	0.21	0	7.3
Y	0	1.34		4.5
Se	0	1.67		0.0

1.4.2 稀土金属与3d过渡金属化合物的磁性

稀土和其他金属可以形成各种金属间化合物，而只有稀土与非零磁矩的 3d 金属（Mn、Fe、Co、Ni）化合物具有重要的磁性。它们当中有些化合物具有优良的磁性能，如稀土与钴的 $RECo_5$、RE_2Co_{17} 的化合物，已是应用于工业上的一类新型永磁材料[9]。

稀土金属与锰、铁、钴、镍等金属形成组成为 RE_mM_n 的金属间化合物，其中 M 代表 3d 过渡金属，$m=1$，$n=2$、3、5；$m=2$，$n=7$、17；$m=4$，$n=3$ 等。Sm-Co 体系形成 7 个不同组成的化合物：Sm_3Co，Sm_9Co_4，$SmCo_2$，$SmCo_3$，Sm_2Co_7，$SmCo_7$，$SmCo_{17}$。它们的磁性因组成不同而有差异，从磁性材料基本要求（具有高的饱和磁化强度和高的居里点）考虑，以 REM_5 和 RE_2M_{17} 的两个系列化合物最为重要，它们的磁性特点为：

（1）化合物的饱和磁化强度随稀土金属不同而异。轻稀土化合物的饱和磁化强度比重稀土化合物大。在稀土与 3d-过渡金属化合物中存在 RE-RE、RE-3d 和 3d-3d 作用，其中 RE-RE 的作用比较弱，3d-3d 作用最强，RE-3d 金属的耦合强度居中。在 RE 与 3d 金属耦合中，它们的自旋磁矩在任何情况下都是反平行的。轻稀土金属的基态总角动量量子数 $J=L-S$，其磁矩与 3d 金属的磁矩相平行，而得到较大的联合磁矩。重稀土金属的基态总角动量量子数 $J=L+S$，稀土磁矩与 3d 金属磁矩反平行，而总磁矩减小，所以轻稀土与 3d 过渡金属化合物的饱和磁化强度比重稀土的同类化合物大。

（2）与稀土金属比较，REM_5 和 RE_2M_{17} 化合物有较高的 Curie 温度。$RECo_5$ 和 RE_2Co_{17} 的 Curie 温度均在 400K 以上，如图 1-8[10] 所示。它们在常温下是铁磁性物质，具有永磁材料的基本要求。Curie 温度的高低与交换能成正比。由于化合物的 3d-3d 电子间交换作用最强，Fe、Co、Ni 的 Curie 温度分别为 1041K、1394K、631K，所以化合物的 Curie 温度也较高。

（3）$RECo_5$ 化合物具有六方晶系结构，它们的磁晶各向异性较强，易磁化方向为六重轴的 c 轴，其他方向不易磁化。几乎所有 REC_5 化合物在室温下均有单轴各向异性。单轴各向异性有利于产生高矫顽力，所以 REC_5 化合物具有较强的矫顽力和较高的最大磁能积，见表 1-8。RE_2Co_{17} 化合物具有六方和斜方两种晶系。

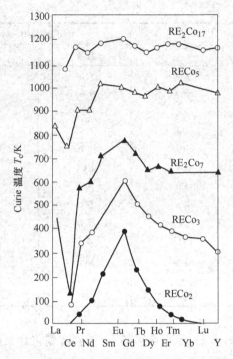

图 1-8   RE-Co 化合物的 Curie 温度

多数 RE_2Co_{17} 化合物的易磁方向垂直于六方和斜方晶轴而位于基面内，磁晶各向异性较低，致使其矫顽力比 REC_5 的低。但它们的饱和磁化强度和 Curie 温度比 $RECo_5$ 高，所以它们也是有希望的一类磁性材料[11]。

表 1-8 $RECo_5$ 和 RE_2Co_{17} 化合物 Curie 温度和绝对饱和磁化强度

化合物	T_c/K	$\sigma_0/(B \cdot M/RECo_5)$	化合物	T_c/K	$\sigma_0/(B \cdot M/RE_2Co_{17})$
YCo_5	977	6.8	Y_2Co_{17}	1167	27.8
$CeCo_5$	737	5.7	Ce_2Co_{17}	1083	26.1
$PrCo_5$	912	9.9	Pr_2Co_5	1171	31.0
$NdCo_5$	910	9.5	Nd_2Co_5	1150	30.5
$SmCo_5$	1020	6.0	Sm_2Co_5	1190	20.1
$GdCo_5$	1008	1.2	Gd_2Co_5	1209	14.4
$TbCo_5$	980	0.57	Tb_2Co_5	1180	10.7
$DyCo_5$	9×66	0.70	Dy_2Co_5	1152	8.3
$HoCo_5$	1000	1.1	Ho_2Co_5	1173	7.7
$ErCo_5$	986	0.46	Er_2Co_5	1186	10.1
$TmCo_5$	1020	1.9	Tm_2Co_5	1182	11.3

注：σ_0 是 0K 时的饱和磁化强度。

1.4.3 稀土离子的吸收光谱

由于稀土元素处在元素周期表的ⅢB族，按其电子结构，稀土离子在紫外可见光区的吸收光谱或颜色属于电子的 f-f 轨道、f-d 轨道跃迁以及荷移跃迁光谱[12]。稀土离子的颜色及吸收光谱带见表 1-9。根据上述稀土离子产生吸收光谱的原因，全空、半充满和全充满 4f 电子层的+3 价稀土离子或靠近这些的+3 价稀土离子都具有较稳定的电子结构，需要较高能量才能激发电子，这些稀土离子表现出无色或光谱吸收带处于紫外光区，如 La^{3+}、Ce^{3+}、Gd^{3+}、Yb^{3+} 和 Lu^{3+}。其他稀土离子的电子易被激发呈现出颜色或强吸收带在可见光区，如 Pr^{3+}、Nd^{3+}、Pm^{3+}、Sm^{3+}、Dy^{3+} 等；而且，从全空到半充满 4f 电子层与从半充满到全充满 4f 电子层的稀土离子颜色变化表现出周期性。从电子结构也能看出，具有未成对电子结构的+3 价稀土离子有颜色，否则为无色，其他价态的稀土离子都具有颜色，如 Ce^{4+}（橘红）、Sm^{2+}（红棕）、Eu^{2+}（浅黄）、Yb^{2+}（绿）。

表 1-9 稀土离子的颜色和吸收光谱带

离子	未成对电子数	颜色	主要吸收带/nm
La^{3+}	0 （$4f^0$）	无	
Ce^{3+}	1 （$4f^1$）	无	210.5、222、238、252
Pr^{3+}	2 （$4f^2$）	黄绿	444.5、469、482.2、588.5
Nd^{3+}	3 （$4f^3$）	红	345、521.8、574.5、739.5、742、797.5、803、868
Pm^{3+}	4 （$4f^4$）	浅红	548.5、568、702.5、735.5
Sm^{3+}	5 （$4f^5$）	淡黄	362.5、374.5、402
Eu^{3+}	6 （$4f^6$）	浅红	375.5、394.1
Gd^{3+}	7 （$4f^7$）	无	272.9、273.3、275.4、275.6
Tb^{3+}	6 （$4f^6$）	浅红	284.4、350.3、367.7、487.2
Dy^{3+}	5 （$4f^5$）	淡黄	350.4、365、910
Ho^{3+}	4 （$4f^4$）	淡黄	287、361.1、416.1、450.8、537、641
Er^{3+}	3 （$4f^3$）	红	364.2、379.2、487、522.8、652.5
Tm^{3+}	2 （$4f^2$）	淡绿	360、682.5、780
Yb^{3+}	1 （$4f^1$）	无	975
Lu^{3+}	0 （$4f^0$）	无	

1.4.4 稀土离子的荧光和激光性质

由稀土离子的 4f 电子引起的荧光和激光性能在 20 世纪 60 年代已引起研究人员的兴趣，在理论和应用方面已进行了广泛的研究。稀土元素作为荧光和激光材料已获得了应用，而且是稀土化合物应用的一个重要方面。

稀土离子的荧光和激光光谱属于稀土离子的发射光谱。稀土离子具有亚稳态的一些激发态是稀土离子产生荧光和激光的原因。目前已发现一些稀土离子（处于镧系中间的一些元素）具有荧光和激光性能。

1.4.4.1 稀土元素的荧光性能

受紫外光、X 射线和电子射线等照射后发光，在照射停止后很快停止发光的物质称为荧光物质，所发出的这种光称为荧光。镧系中间的元素一般都可以产生不同强度和波长的荧光，尤其是 Sm^{3+}、Eu^{3+}、Tb^{3+}、Dy^{3+} 等离子能产生强荧光，因而它们的化合物可作为荧光材料。稀土离子的荧光光谱列于表 1-10。

表 1-10　部分稀土离子的荧光光谱数据

离子	波长 λ_{em}/nm	离子	波长 λ_{em}/nm
Pm^{3+}	502，660	Gd^{3+}	313
Sm^{3+}	562，642	Tb^{3+}	620，543
Eu^{3+}	384	Dy^{3+}	470~500，570~600
Ce^{3+}	350		

稀土离子的荧光光谱像吸收光谱一样，也来自 f-f、d-f 电子跃迁和荷移跃迁，Sc^{3+}、Y^{3+}、La^{3+}、Lu^{3+} 没有 f-f 跃迁，故无荧光；Sm^{3+}、Eu^{3+}、Tb^{3+}、Dy^{3+} 产生强荧光；Ce^{3+}、Pr^{3+}、Nd^{3+}、Ho^{3+}、Er^{3+}、Tm^{3+} 和 Yb^{3+} 产生弱荧光；Gd^{3+} 的最低激发态能级较高，不易产生荧光。

稀土化合物作为一类有希望的荧光材料，已获得实际应用。在荧光材料中，稀土离子既可作为基质的组成部分，也可作为激活离子。Y^{3+}、La^{3+}、Lu^{3+} 的化合物可作为荧光材料中的基质，因为它们在可见光区和紫外光区无吸收；Eu^{3+}、Tb^{3+} 等离子由于具有较强的荧光性能，可作为激活离子。稀土元素已是荧光材料的重要组成部分。

稀土离子的荧光材料已用于彩色电视显像管、荧光灯、X 光增感屏等器件中，它们的组成和实际用途归集成表 1-11。其中，Eu^{3+} 为激活离子的 Y_2O_3-Eu^{3+} 和 Y_2O_2S-Eu^{3+} 的荧光材料用作彩色显像管的红、绿、蓝的三基色的红色荧光粉后，使显像管的发光性能得到了改善。Y_2O_3-Eu^{3+} 在稀土荧光材料中亮度大，显橙红色。Y_2O_2S-Eu^{3+} 的发光亮度和颜色在 Y_2O_3-Eu^{3+} 和 YVO_4-Eu^{3+}（红光较深）居中，它在 610nm 附近发光，谱带窄，接近于人的视觉灵敏范围，有较大的流明当量，如原来的红色荧光粉 $Cd_{0.8}Zn_{0.2}S$：Ag^+ 为 80 流明/光能，Y_2O_3-Eu^{3+} 为 305 流明/光能，Y_2O_2S-Eu^{3+} 为 255 流明/光能，且它们对电流的饱和极限比较大，对彩色不失真有重要的作用，所以这类红色的荧光材料成功地获得了应用。

表 1-11 稀土荧光材料

荧光材料的组成	激发光源	发光颜色	用 途
YVO_4-Eu^{3+}	紫外线	红	高压水银灯
Y_2O_3-Eu^{3+}	电子射线	红	彩色电视显像管
Y_2O_2S-Eu^{3+}	电子射线	红	彩色电视显像管
$Sr_2P_2O_7$-Eu^{2+}	紫外线		照相复制用灯
$Y_3Al_5O_{12}$-Ce^{3+}	电子射线		彩色电视信号的飞点扫描器
LaF_3-Yb^{3+},Er^{3+}	红外线	绿	固体指示装置（上转换材料）
$Ca_2P_2O_7$-Dy^{3+}	电子射线	白	雷达显像管
$BaFCl$-Eu^{2+}	X 射线		X 光增感屏
Gd_2O_2S-Tb^{3+}	X 射线		X 光增感屏

1.4.4.2 稀土元素的激光性能

激光是由激光工作物质受激后产生的。激光工作物质分为晶体、玻璃体、液体和气体。这些激光物质多数是稀土化合物。不同稀土激光器发射出的激光波长不同，其覆盖范围为 $0.32\sim3.022\mu m$。Sm^{3+}（以 CaF_2 为基体）和 Nd^{3+}（$CaWO_4$ 为基体或玻璃为基体）用于激光材料以后，在 20 世纪 60 年代开始对稀土离子的激光活性进行了广泛研究。70 年代稀土的激光材料得到了发展，今天稀土离子已广泛用于固体激光器上。目前已发现了 3 个二价稀土离子和 9 个三价稀土离子可作为激光材料，它们以晶体、无定形固体、金属有机化合物等为基体。至 1975 年，已用到激光器上的金属离子，除了一些铁族离子和一个锕系离子（U^{8+}）外，其他均是稀土离子[13]。

稀土离子产生的激光可提供脉冲和连续的单色光，具有亮度高、方向性好、相干性好等优点，已在实验室中、光学光谱、全息摄影和激光熔融及医疗上得到应用，也用于材料加工、通信和军事中。

最常用的稀上晶体激光物质是 Nd^{3+} 激活的钇铝石榴石（YAG：Nd^{3+}）和铝酸钇（YAP：Nd^{3+}），它们发射的激光波长为 $1.06\mu m$。某些稀土晶体激光材料及其性能见表 1-12。

表 1-12 某些稀土晶体激光材料及其性能

晶体名称	分子式	熔点/℃	硬度/莫氏	导热率（室温）/mV·(cm·℃)$^{-1}$
钇铝石榴石	$Y_3Al_5O_{12}$	1950	8.5	140
铝酸钇	$YAlO_3$	1875	8.5~9	140
氟钇酸钠	$NaCaYF_6$	1400	—	—
硫氧化镧	La_2O_2S	2070	—	350

大多数稀土离子可作为激活离子（Sm^{2+}、Dy^{2+}、Tm^{2+} 和 Pr^{3+}、Nd^{3+}、Eu^{3+}、

Tb^{3+}、Dy^{3+}、Ho^{3+}、Er^{3+}、Tm^{3+}、Yb^{3+}等 3 个二价离子，9 个三价离子），其激光光谱在 500~3000nm 的范围内。这虽比气体和半导体激光器所产生的波长范围小，但较有机染料和其他类型激光器要大些。

　　稀土玻璃激光工作物质可以是硅酸盐玻璃、硼酸盐玻璃、酸盐玻璃等。在这些玻璃中掺以 Nd^{3+}、Yb^{3+}、Er^{3+}、Ho^{3+} 以及 Gd^{3+} 等稀土离子便可制成玻璃激光物质。目前常用的是钕玻璃激光器。

　　稀土液体激光工作物质可以是有机溶液和无机溶液。目前稀土无机溶液有 $PoCl_3$-$SnCl_4$-Nd^{3+} 和 $PoCl_3$-$ZrCl_4$-Nd^{3+} 体系，由于这两种体系的阀值低、放大系数大而被研究得较多。这种液体激光器除用 Nd^{3+} 作激活剂外，也可用 Eu^{3+}、Tb^{3+}、Gd^{3+} 等。

　　在气体激光器中，也可使用稀土，如铕氦激光器输出激光波长为 $1.002\mu m$、$1.106\mu m$ 和 $1.361\mu m$，可大功率脉冲和连续发射。

参 考 文 献

[1] 稀土编写组. 稀土（上册）[M]. 北京：冶金工业出版社，1978：23.

[2] B. J. Beaudry, K. A. Gscheidner, Jr. Handbook on the Physics and Chemistry of Rare Earths [M]. North-Holland Publishing Company, 1978: 1-173.

[3] 江祖成，蔡汝秀，张华山. 稀土元素分析化学（第 2 版）[M]. 北京：科学出版社，2000：148.

[4] 武汉大学化学系等. 稀土元素分析化学（上册）[M]. 北京：科学出版社，1981：148.

[5] 张若桦. 稀土元素化学 [M]. 天津：天津科学技术出版社，1987：16.

[6] 倪嘉缵，洪广言. 中国科学院稀土研究五十年 [M]. 北京：科学出版社，2005：272.

[7] 易宪武，黄春晖，王慰，等. 无机化学丛书：第 7 卷　钪、稀土元素化学 [M]. 北京：科学出版社，1998：271.

[8] F. A. Cotton, G. Wilkinson. Advanced Inorganic Chemistry（3rd ed）[M]. John Wiley & Sons, 1972.

[9] 王中刚. 稀土元素地球化学 [M]. 北京：科学出版社，1989：86.

[10] H. R. Kirchmayr, C. A. Poldy. Handbook on the Physics and Chemistry of the Rare Earths [M]. North-Holland Publishing Company, 1979, 2: 55.

[11] 苏锵. 稀土化学 [M]. 郑州：河南科学技术出版社，1993：177.

[12] L. C. Thompson. Handbook on the Physics and Chemistry of the Rare Earths [M]. North-Holland Publishing Company, 1979, 3: 209.

[13] M. J. Weber. Handbook on the Physics and Chemistry of Rare Earths [M]. North-Holland Publishing Company, 1979, 4: 275.

2 废旧稀土材料概述

稀土用量日益增长，战略地位日益凸显。稀土因其重要的应用价值被誉为"工业味精""工业维生素"等，是高新技术必不可少的工业原料，被广泛应用于电子信息、国防军工、冶金机械、石油化工、农牧等各个领域[1-6]，其典型稀土产品有稀土永磁材料、稀土抛光粉、稀土发光材料、稀土贮氢材料等，在新能源、新材料、节能环保、航空航天、电子信息等领域的应用日益广泛。我国稀土产量从1978年的1000t增长到2015年的10.5万吨。2015年，我国稀土永磁材料产量9.5万吨，稀土抛光粉产量1.8万吨，稀土发光材料产量6000t，稀土贮氢材料产量1.75万吨。我国稀土出口量于2006年达到历史最高点5.74万吨。

但我国稀土储量急剧下降，环境负担沉重[7]。目前，我国仍是世界上稀土最丰富的国家之一，已有22个省（区）先后发现一批稀土矿床，98%的稀土资源分布在内蒙古、江西、两广、四川、山东等地，具有"北轻南重"的分布特点。我国多数稀土企业分布在大型稀土矿山所在地区，其中稀土冶炼分离企业100家，实际产能超过20万吨，其中稀土金属约5万吨，形成了以包头混合型稀土矿（产能10万吨）、江西等南方七省离子型稀土矿（产能6万吨）和以四川冕宁氟碳铈矿（产能3万吨）为原料的三大生产基地。据相关数据，我国稀土资源从20世纪70年代占世界总量的74%，到80年代下降到69%，至90年代末下降到43%左右。截止到2005年，我国稀土资源探明储量仅8731万吨（以REO计，下同），资源量6780万吨。2010国际稀土峰会的数据显示，2009年我国稀土资源仅占全球的36.52%。随着世界新稀土矿床的发现和中国稀土资源的极端不对称开采供给，这一比例正在急剧下降，估计目前约占33%，而且还将继续下降。按照目前的开采速度，30年后，世界上最大稀土产地——内蒙古包头白云鄂博将无矿可采；再过20年，江西稀土资源将开采殆尽。我国稀土产业增长方式尚未从根本上转变，经济增长在很大程度上仍依赖资源的高消耗来实现，导致资源的约束矛盾突出，环境污染严重，生态破坏加剧。如果继续沿用粗放型的经济增长方式，也许20~50年后，我国稀土资源优势将不复存在，变成稀土资源小国，环境将不堪重负。针对稀土战略性资源，首先国家应加强立法保护，对资源矿产进行国家储备，遏制开采的无序与混乱，加强出口管理，保障国家经济安全；其次，对不可再生的稀土资源要充分利用，要特别重视对其综合回收、再生，维持不可再生资源的持续利用，促进稀土产业可持续发展，使资源得到充分有效利用，最大限度地减少废弃物排放，实现经济社会可持续发展[8,9]。

针对典型废旧稀土永磁材料、稀土抛光粉、稀土发光材料、稀土贮氢材料，集成国内优势研发力量，实现废旧稀土材料循环利用，建立稀土产业循环产业链。以 2009 年为例，我国废旧稀土永磁材料、稀土抛光粉、稀土发光材料、稀土贮氢材料等含有的稀土资源价值高达 200 亿元，如进行高效回收再利用，将形成稀土二次资源产值 200 余亿元、有色金属产值 20 余亿元，具有良好的经济效益。与此同时，废旧稀土材料循环利用，不仅保护了我国宝贵的稀土战略资源，而且保护了环境。一方面避免了废旧稀土产品本身带来的污染；另一方面，减少稀土矿产资源消耗，大大减轻了稀土矿产的采、选、冶带来的严重环境负担[10,11]。

2.1 废旧稀土材料分类及特点

2.1.1 废旧稀土磁性材料

稀土永磁材料包括钕铁硼和钐钴两类永磁体，其中钕铁硼占 95% 以上。废旧稀土永磁材料来源有生产过程产生的废料、报废稀土永磁元器件等。钕铁硼和钐钴废料形状多样，有粉状的、粒状的、块状的、泥状的，其成分（质量分数）特点是都含有 1% 左右的硼、60%～66% 的铁和 30%～33% 的利用价值较高的钕、镨、钐、镝、铽、钴等，不具有稀土矿所含的复杂成分，杂质含量较少，无放射性，不具有危险废物的特性，主要稀土成分明确而且含量较高，更适合进一步提炼稀土产品。从稀土永磁废料中回收稀土元素，可以生产氧化钕、氧化钐、氧化铽、氧化镝及氧化钴等。

2.1.2 废旧稀土发光材料

近年来，伴随着节能照明和消费电子产业的崛起，稀土发光材料新技术、新产品层出不穷，产业应用出现爆发式增长，目前已形成三大主流产品：节能灯用稀土荧光粉、显示器用稀土荧光粉和特种光源用稀土荧光粉。稀土三基色荧光粉基本特点见表 2-1。

表 2-1   稀土三基色荧光粉基本特点

样品	化学式	波长/nm	粒度/μm	色坐标 (x, y)	
红粉	$Y_2O_3 : Eu^{3+}$	611±2	4～6	0.650±0.02	0.345±0.02
绿粉	$(Ce, Tb) MgAl_{11}O_{19}$ $(La, Ce, Tb) PO_4$	543±2	6～7	0.335±0.02	0.595±0.02

样品	化学式	波长/nm	粒度/μm	色坐标 (x, y)	
蓝粉	$BMAgAl_{10}O_{17}$：Eu^{2+}	450 ± 2	6-8	0.145 ± 0.02	0.065 ± 0.02
	$BMAgAl_{10}O_{17}$：Eu^{2+}，Mn^{2+}				0.145 ± 0.02

其中红粉为结构较为简单的稀土氧化物，易溶于酸便于回收，而蓝绿粉荧光粉为铝酸盐或磷酸盐，化学性质稳定，既不溶于酸，也不溶于碱，是目前稀土回收率低的主要原因。

废旧稀土发光材料来源主要有：报废稀土荧光灯和显示器回收的稀土荧光粉；不合格的稀土发光材料；发光元器件和荧光灯生产过程产生的废料。从废旧稀土发光材料中可以回收宝贵的铕铽等中重稀土。

2.1.3　废旧稀土贮氢材料

稀土贮氢材料因易活化、储氢量大、吸放氢稳定等特点，主要用于镍氢电池。该电池主要由正极、负极、隔膜纸、碱性电解液、正负极集流体等组成。正极活性物质主要为氧化镍或氢氧化镍，在其表面覆盖有钴或氢氧化钴；负极活性物质主要为贮氢合金，该合金是由易产生稳定氢化物的元素 A（La、Zr、Mg、V、Ti 等）与其他元素 B（Cr、Mn、Fe、Co、Ni、Cu、Zn、Al 等）组成的金属化合物。稀土贮氢材料主要有稀土—镍系（AB_5）型、钛镍系（AB_2）型、稀土—钛铁系（AB）型和稀土—镁系（A_2B）型 4 种类型。废旧稀土贮氢合金主要来源有生产过程产生的报废贮氢合金、废旧镍氢电池回收的废料。从废旧稀土贮氢合金中可以回收稀土镧铈和钴镍等。

2.1.4　废旧稀土抛光粉

抛光材料是稀土应用的最早领域之一。20 世纪 40 年代以前一直使用氧化铁红粉（Fe_2O_3）做平板玻璃和光学玻璃等的抛光材料，1944 年美国和加拿大首先使用氧化镨为主要成分的稀土抛光粉。与氧化铁红粉相比，稀土抛光粉的抛光速度增加数倍，而且具有抛光质量好和作业污染少等优点。此后，稀土抛光粉逐步取代了氧化铁红粉而占据主要地位。目前所有的平板玻璃和光学玻璃都使用稀土抛光粉，而且已广泛应用到阴极射线管、液晶显示屏、集成电路、存储光盘、光掩膜等的抛光。

在稀土抛光粉中，抛光介质是 CeO_2，其硬度为 5.5～6.5，可通过调整烧结温度进行微调，与玻璃相当；CeO_2 为 45nm 左右的球形立方晶系和直径为 70nm 左右的尖形八面晶系，最适宜作为抛光材料。

废旧稀土抛光粉来源有生产过程产生的残次品和使用后的收集的废料。从废旧稀土抛光粉中可以回收稀土镧铈等。

2.1.5 废旧稀土玻璃

稀土元素独特的 4f 电子特性可应用于玻璃着色剂、光电功能激发剂，得到稀土有色玻璃、稀土光学玻璃和稀土玻璃光纤。稀土玻璃主要结构特点在玻璃体系中溶解不同的稀土硼酸盐，因稀土氧化物在硼酸盐系溶解度大，可得到稀土含量较宽泛的稀土玻璃。

废旧稀土玻璃来源于生产过程的残次品、加工废料和报废品，其中含有 30%~60% 的稀土元素、10% 左右的铌和 7% 左右的锆，是价值较高的含稀土废料，可回收其中的稀土元素、铌锆难熔金属。

2.1.6 废旧稀土催化剂

稀土在工业催化领域应用广泛，主要有用于石油流化催化裂化（FCC）的催化剂、汽车尾气净化催化剂和加氢精制催化剂等。其中用量较大的为 FCC 催化剂和汽车尾气净化催化剂。稀土在催化剂中赋存状态比较简单，一般以稀土离子或稀土氧化物（REO）的形式存在。如，FCC 催化剂中，La 和 Ce 主要以氧化物形式存在，含少量的 Sm_2O_3。

2.2 废旧稀土材料资源性和污染性

2.2.1 废旧稀土材料资源性

我国稀土产业发展很大程度上仍依赖资源的高消耗来实现，导致资源的约束矛盾突出，环境污染严重。另一方面，我国生产和消费领域产生了大量废旧稀土材料，长期没有得到资源化利用。典型的稀土材料主要包括废旧的稀土永磁材料、稀土发光材料、镍氢电池、稀土抛光粉、稀土玻璃和稀土催化剂等。据不完全统计，2015 年，我国稀土永磁成品 9.5 万吨，毛坯为 12 万吨，按成品率 60% 计算，生产过程的稀土永磁废料（碎片和油泥）4.8 万吨、冶金炉渣约 6000t，加上报废稀土永磁电机产生的废料 4000t，进口废料 5000t，总共废料约为 6.3 万吨。其中，96% 以上为烧结钕铁硼废料，烧结钕铁硼废料平均含有 30% 金属 Nd、2% 金属 Dy 和 1% 金属 Tb；稀土发光材料产量约为 6000t，同时产生废稀土三基色荧光粉约为 5000t，主要为氧化钇（24%）、氧化铈（4.2%）、氧化铕（2.3%）、氧化铽（2.6%）；稀土抛光粉 1.8 万吨（以 CeO_2 计）；稀土光学玻璃 400t，其中含镧系稀土元素 30%~60%；废旧稀土催化剂稀土约 5000t，其中用量较大的废 FCC 催化剂和废汽车尾气催化剂应用了大量含 La 和 Ce 的分子筛，La

和 Ce 共约 4%；共计含金属钕约 18000t，金属镝约 1210t，金属铽约 600t，以及氧化钇约 1440t，氧化铈约 12752t，氧化铕约 138t，氧化铽约 156t，氧化镧约 240t。由此可见，废旧稀土材料是宝贵的二次资源，如得到资源化利用，将减少数以千万吨计的稀土原矿开采，具有巨大的经济和环境效益。

2.2.2 废旧稀土材料污染性

废旧稀土材料通常含有重金属，对环境造成一定的危害。如，废旧稀土发光材料还有少量的有毒重金属汞，废旧贮氢材料含有大量的镍、钴等金属元素。汞会破坏人类的神经系统。镍具有致癌性，中毒的症状是皮炎、呼吸器官障碍和呼吸道癌，对水生生物危害巨大。钴渗透性很强，极易进入皮肤内层，产生红细胞过多症，引起肺部病变和肠胃损害，具有致癌性。废旧稀土材料的无害化处置和资源化利用尚不完备，大部分是随生活垃圾或工业垃圾进行填埋处理或集中堆放，存在较大的环境风险。

2.2.3 废旧稀土材料循环利用原则

废旧稀土材料循环利用要遵循 3R 原则，即"减量化、再利用、再循环"原则。

减量化（Reduce）原则是在生产稀土材料时，在保证材料性能的前提下，通过研发新材料和设计新工艺尽可能地节约稀土资源、降低能源消耗和废弃物排放。

再利用（Reuse）原则是延长产品和服务的时间。也就是说，尽可能多次或多种方式地使用物品，避免物品过早地成为废物。在生产中，制造商可以使用标准化设计，例如使用标准尺寸设计可以使计算机、电视和其他电子装置非常容易和便捷地升级换代，而不必更换整个产品。在生活中，人们可以将可维修的物品返回市场体系供别人使用或捐赠自己不再需要的物品。

再循环（recycle）原则是要求生产出来的物品在完成其使用功能后能重新变成可以利用的资源，而不是不可恢复的废物。再循环有两种情况，一种是原级再循环，即废品被循环用来产生同种类型的新产品，例如报纸再生报纸、易拉罐再生易拉罐等；另一种是次级再循环，即将废物资源转化成其他产品的原料。大块废旧稀土永磁可以通过机械加工或电加工等实现小的永磁元器件应用达到原级再循环，其他的废旧稀土材料一般是次级再循环，再利用于稀土原料。

参 考 文 献

[1] Azimi G, Dhiman R, Kwon H M, et al. Hydrophobicity of rare-earth oxide ceramics [J].

Nature Materials, 2013, 12 (4): 315-320.

［2］ Geim A K, Simon M D, Boamfa M I, et al. Magnet levitation at your fingertips ［J］. Nature, 1999, 400 (6742): 323-324.

［3］ Sheng Z Z, Hermann A M. Superconductivity in the rare-earth-free Tl Ba Cu O system above liquid-nitrogen temperature ［J］. Nature, 1988, 332 (6159): 55-58.

［4］ Nishiura M, Hou Z. Novel polymerization catalysts and hydride clusters from rare-earth metal dialkyls ［J］. Nature Chemistry, 2010, 2 (4): 257-268.

［5］ Bouzigues C, Gacoin T, Alexandrou A. Biological applications of rare-earth based nanoparticles ［J］. ACS Nano, 2011, 5 (11): 8488-8505.

［6］ Dong B, Cao B, He Y, et al. Temperature sensing and in vivo imaging by molybdenum sensitized visible upconversion luminescence of rare-earth oxides ［J］. Advanced Materials, 2012, 24 (15): 1987-1993.

［7］ 程建忠，车丽萍. 中国稀土资源开采现状及发展趋势 ［J］. 稀土，2010，31 (2): 6769.

［8］ 杨晓辉. 处置电子废弃物的循环经济理念 ［J］. 上海商学院学报，2009，9 (1): 88-90.

［9］ Graedel T E, Allwood J, Birat J P, et al. What do we know about metal recycling rates? ［J］. Journal of Industrial Ecology, 2011, 15 (3): 355-366.

［10］ Graedel T E, Allwood J, Birat J P, et al. UNEP (2011) recycling rates of metals-a status report, a report of the working group on the global metal flows to the international resource panel ［C］. International Resource Panel, W. G. o. t. G. M. F. (Ed.) United Nations Environment Programme, 2011.

［11］ Reck B K, Graedel T E. Challenges in metal recycling ［J］. Science, 2012, 337 (6095): 690-695.

3 废旧稀土永磁材料循环利用技术

与传统的 Al-Ni-Co、铁氧体永磁体相比，稀土永磁材料因优异的磁性能而被更广泛应用。稀土永磁材料包括 1∶5 型（SmCo$_5$）、2∶17 型（Sm$_2$Co$_{17}$）和 2∶14∶1 型（Nd$_2$Fe$_{14}$B）。前两类简称钐钴磁体，占稀土永磁材料 3% 左右；后一类简称钕铁硼磁体，占稀土永磁材料的 97% 左右。表 3-1 为典型稀土永磁材料的化学成分，稀土质量分数为 29.0% ~ 35.3%[1]。钕铁硼磁体是永磁性能最强的磁体，被誉为"磁王"，不仅提高了永磁元器件性能，而且可以减小其尺寸，提高最终产品的性能。钕铁硼磁体广泛应用于高科技领域，如硬盘驱动器（HDD）、电子产品、电动汽车（EV）、节能电机、风力发电机等。

表 3-1 典型稀土永磁材料的化学成分　　　　（质量分数/%）

磁铁	化 学 组 分				
	Sm	Co	Fe	Cu	Zr
SmCo$_5$	35.3	64.7	—		
Sm$_2$Co$_{17}$	29.7	46.3	14.9	7.5	1.3
	Nd	Dy	Fe	B	其他
NdFeB	25	4	69	1	1

自 1983 年钕铁硼磁体问世以来，其产量和用量持续迅猛增长，社会保有量惊人。钕铁硼废料主要来源于电子产品报废产生的废料和生产加工过程中产生的废料。钕铁硼废料循环利用已成为稀土工业的重要组成部分，不仅有利于稀土资源高效利用、减少稀土原矿开采，而且还能减少工业垃圾、保护环境，产生显著的经济和环境效益。从钕铁硼废料中可以回收稀土元素，得到稀土氧化物，如氧化钕、氧化镨钕、氧化铽、氧化镝（或铽镝氧化物）等，并进一步冶炼成金属再利用。与稀土原矿相比，从钕铁硼废料中回收稀土元素更加节能高效，生产成本不及原矿的 1/3，物耗、能耗及污染物排放不及原矿的 1/5[2]。

在稀土永磁材料生产过程中，线切割、磨削和抛光等工序产生了相当数量的边角料和碎屑。表 3-2 和表 3-3 列出了钐钴磁体和钕铁硼磁体残屑的化学组成。在钕铁硼磁体生产过程中，高达 20% ~ 30% 磁体成为加工废料。据悉，2003 年日本 Neomax 公司和中国所有的公司回收 95% 的钕铁硼边角料和 90% 钕铁硼油泥，然后进行专业回收稀土元素，再生得到钕铁硼磁体，其流程如图 3-1 所示。钕铁硼磁体油泥通过氧化焙烧、酸溶、萃取、沉淀、焙烧等湿法冶金方法回收得到稀土氧化物或氟化物，最后通过熔盐电解法或热还原法得到稀土金属。钕铁硼边角料通常是通过真空熔炼得到钕铁硼合金铸锭，然后进入钕铁硼磁体生产流程得到再生钕铁硼磁体。为避免钕铁硼表面防腐镀层的不良影响，通常会去掉其表面的涂层。

表 3-2　钐钴磁屑化学组成　　　　　　　　　　（质量分数/%）

Sm	Co	Fe	Zr	Cu	Al	Mg	Ca	C	N	O	Si
24.1	46.9	15.5	3.0	3.8	0.08	0.03	0.18	0.75	0.15	5.3	0.18

表 3-3　钕铁硼磁屑化学组成　　　　　　　　　　（质量分数/%）

Nd	Dy	B	Fe	Al	Ca	C	N	O	Si
32.4	1.5	1.04	56.2	0.35	0.08	0.90	0.15	7.12	0.26

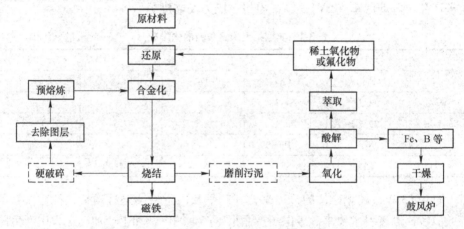

图 3-1　废旧钕铁硼循环利用流程图

电子产品等均含有钕铁硼元器件，其报废后可回收钕铁硼磁体。该类废旧钕铁硼磁体一般是磁化状态且表层含有防腐镍镀层，分离分选比较困难。如，报废永磁电机的钕铁硼磁体与定子或转子或铁质鼠笼吸引，分开是非常困难的；钕铁硼磁体的质量一般比整个产品的质量要低得多，回收成本相对较高；回收的钕铁硼磁体铁磁性杂质含量较高等。

3.1　物理分选

　　物理分选是依据物料物理性质的差异进行分类。例如，依据物料中各组分之间密度的差异进行的分选称为重选；依据物料中各组分之间磁性的差异进行的分选称为磁选；依据物料中各组分之间电学性质的不同进行的分选称为电选；依据物料中各组分之间颗粒表面润湿性的差异进行的分选称为浮选；依据物料中各组分之间颜色、光泽、放射性等的差异进行的分选称为拣选。常用的物理分选方法见表3-4。

表3-4 常用的物理分选方法

物料性质	分选方法	工 艺
密度	重选	洗矿、分级、重介质分选、跳汰分选、摇床分选、溜槽分选、风力分选、磁流体分选等
磁性	磁选	弱磁场磁选机分选、磁场磁选机分选、导磁选机分选等
导电性	电选	高压电选
润湿性	浮选	泡沫浮选、表层浮选、油浮选、油球团分选、粒浮、台浮、液—液分离、离子浮选、油膏分选等
颜色、光泽、放射性等	拣选	手选、测光拣选、X射线激发检测拣选、放射性检测拣选、中子吸收检测拣选、光中子检测拣选、红外扫描热体拣选等

为高效经济低回收废旧钕铁硼，尽可能地减轻杂质对后续回收产生的不利影响，应首先对废旧磁体进行物理分选。根据废旧钕铁硼磁体的特点，物理分选前一般进行退磁处理。

3.1.1 退磁

作为物理分选过程的初始步骤，目标组件（孤立的磁铁只有组件）必须通过拆卸和/或粉碎被分解。但因钕铁硼磁体表面磁通密度约0.4T，强烈地吸引钢板，拆卸电机非常困难。当使用常规方法粉碎钕铁硼磁体时，磁体非常强烈地吸附到破碎机的内部，即使磁体远离破碎机，也会很快形成一个磁凝聚体吸引在破碎机内部，造成破碎机堵塞。因此，物理分选前必须退磁。

常用的退磁方法有交流退磁法、直流退磁法和热退磁法3种。

（1）交流退磁法。电流每次反转时，退磁线圈所产生的磁场方向也反转一次，当钕铁硼零件放在这个不断反转方向的磁场里，慢慢减弱磁场，也就是逐步减小通电线圈的电流，就可以使零件退磁。

（2）直流退磁法。用直流退磁时，一般采用改换电流方向来得到反转磁场。反转磁场的频率（即每秒钟磁场反转的次数）在直流自动退磁装置中用时间继电器进行调整，同时由步进选择器配合，使正负极时间一致，以提高退磁效果。频率可调范围为0.1~5次/s。但以0.4~0.6次/s的退磁效果较好。

（3）热退磁法。热退磁法是将钕铁硼磁体加热到居里点以上消除磁性的方法。由于钕铁硼磁体的居里点较低（350℃以下），比较适合加热退磁。热退磁法可以处理大量的废弃产品，设备比较简单，但存在大量非磁性部分被加热的缺点，产品中的磁体的含量往往是比较低的。交流退磁法和直流退磁法属于非热退磁法，可以在短时间内常温下处理产品，但不能同时处理大量的物料。

因此，每一种方法都有其优点和缺点，退磁方法的选择通常取决于环境。科研人员还研制了一种采用反磁场磁化的退磁装置，并已制造投入使用，符合实际应用要求。

3.1.2　分选

硬盘驱动器（HDDs）的音圈电机（VCM）使用钕铁硼磁体，手工拆解需要很长的时间，生产效率低。尽管 HDDs 的基本结构类似，但 VCM 螺钉的位置取决于硬盘制造商和所用模型。为了克服这些困难，日立集团已研制出将 HDDs 拆成部件的方法和设备，首先通过约 30min 的冲击和振动使螺钉松动，然后从 VCM 中隔离出磁铁。该装置可以同时处理 100 个 HDDs，每小时处理 200 HDDs[3]。Oki 等人发明了一种从 HDDs 回收高纯磁性粉体技术[4]。Oki 与近畿实业有限公司联合开发出一种带有磁传感器的，利用无磁切割刀进行切割 HDD，VCM 的位置通过无损检测来确定，通过 4 个磁传感器和两个位置传感器来检测 HDD 表面的漏磁场。HDD 被直接放置在圆形非磁性切割刀下，只有 VCM 被去除。与日立集团的设备相似，该设备每小时可处理 200 个 HDDs。这里使用圆形的切割刀是为了切断螺丝在 VCM 上的连接点。虽然出来的磁铁被轻微损坏，但磁铁主体和周围的牵连物很容易分离。使用正方形的无磁性切割刀可以使磁铁的损伤最小化，被切割成圆形的磁铁部分是整个的 1/10。切出部分的钕铁硼经热处理或非热处理退磁后，再通过冲击破碎、研磨，钕铁硼磁体被磨成细颗粒，经屏幕网收集得到 95%~97% 纯度的磁粉。

节能变频空调器的压缩机转子使用钕铁硼磁体，也是废旧钕铁硼磁体的主要来源之一。日立公司开发出从压缩机剥离磁铁的技术，先切开套管、取出转子，再退磁，最后冲击将磁体与轴分离，收集磁铁。三菱公司采用相同的方式收集转子，在 400~500℃ 热退磁后收集磁体。每台压缩机可以收集 100g 钕铁硼磁体。李钊通过在水中爆炸分解转子，用 10g 炸药可以将硅钢片和转子解体，经 400℃ 热处理退磁 1min，用筛网回收钕铁硼磁体颗粒[2]。

钕铁硼磁体已经应用到直驱式洗衣机电机。该电机结构复杂，用树脂将磁铁塑封在转子中，不容易取出。三菱公司通过在 400~500℃ 加热树脂，同时使磁体退磁，然后机械冲击将磁体从转子中取出。

3.2　湿法回收稀土技术

湿法冶金就是原料在酸性介质或碱性介质的水溶液进行化学处理或有机溶剂

萃取、分离杂质、提取金属及其化合物的过程。采用湿法冶金可合成材料,如磁性材料、陶瓷材料等,也可用于"三废"治理。湿法冶金具有以下优点:

(1)湿法冶金过程有较强的选择性,即在水溶液中控制适当条件使不同元素能有效地进行选择性分离。如,用 NaCN 溶液浸出含金矿物原料时,能使其中的金以 $NaAu(CN)_2$ 形态进入溶液,而其他伴生元素保留在渣中。在水溶液中的净化过程可实现有价金属有较高回收率、有害杂质含量降到十万分之一以下,利用离子交换法或有机溶剂萃取法能从水溶液中将性质极为相似的元素(如稀土元素)进行分离。

(2)有利于综合回收有价元素。由于湿法冶金强选择性,因而可使原料中有价元素与杂质有效分离,也能使多种有价元素彼此有效分离。因此,它有利于多种有价元素综合回收,有利于资源高效利用。

(3)劳动条件好、无高温及粉尘危害,有害气体无排放或少排放。

(4)高选择性,宜处理价廉的低品位复杂矿,成本较低。

(5)可合成多种新型材料或原料。在水溶液中可达到分子(或离子)间的均匀混合,故材料成分均匀;可按任意比例进行配料,材料成分易于调整和控制;工艺参数(如温度、溶液成分等)容易控制,因而容易控制产品的物理性能;与金属或其化合物生产过程直接相结合,故成本低、设备简单等。

但湿法冶金过程也有其不足之处,主要是:常温下反应速度一般较慢,相应地占用的设备容积及厂房面积较大;流程一般较长等,废液量较大。

下面阐述从废旧稀土磁性材料中提取稀土元素的湿法冶金技术。

3.2.1 废旧钐钴磁体提取氧化钐

钐钴磁体是由钐、钴和其他金属经配比、真空冶炼、制粉、压型、烧结后制成的一种稀土永磁材料,具有高磁能积、极低的温度系数、高工作温度(可达350℃),温度稳定性和化学稳定性均超过钕铁硼永磁,具有很强的抗腐蚀和抗氧化性,广泛应用于航空航天、国防军工、微波器件、通信、医疗设备、仪器、仪表、磁性传动装置、传感器、磁处理器、电机、磁力起重机等。

许涛等研究了从废旧钐钴磁体中回收稀土和钴元素,回收率分别达到96%和97%[5]。沈小东等研究了从废旧钐钴磁体中提取稀土和钴元素,首先用硫酸溶解钐钴磁体,过滤去除酸不溶物,然后用草酸沉淀稀土元素,经草酸沉淀得到的滤液除去铁元素之后加入氢氧化钠使钴元素沉淀,将有价值的钴元素和稀土元素分离了出来[6]。张晓东、许涛采用硫酸浸出稀土等元素后用过硫酸钠使钴、铁氧化使之形成沉淀,稀土滤液通过草酸沉淀得到草酸稀土,钴铁的混合沉淀物经过酸化处理,控制在对应的 pH 值下,分离钴元素和铁元素,从而使废料中的有价金属获得回收利用。根据钐、钴的氯化物沸点不同,采用不同技术对废料进行回收分离，使钐、钴元素在氯化过程形成氯化物熔盐留于氯化器中，从而使其与杂质分离[7]。

大部分含钐的切屑都能够被处理从而回收钐、钴，其通用的流程如图 3-2 所示。切屑很容易被普通的矿物酸（如硝酸、硫酸和盐酸）溶解。加入草酸使 Sm 以草酸双盐的形式沉淀，通常为 $Na_2SO_4 \cdot Sm_2(SO_4)_3 \cdot H_2O$，可以实现 Sm 从铁族金属中的选择性分离。也可以用 TBP 或 D2EHPA 萃取 Sm，从而实现 Sm 与 Co 的分离。

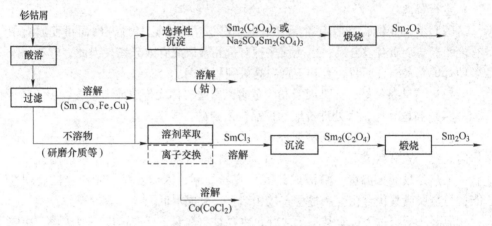

图 3-2 $Sm_2(Co, Fe, Cu, Zr)_{17}$ 碎屑的回收工艺

Koshimura[8]研究了湿法冶金回收废旧 SmCo 磁体的工艺。根据 Koshimura 提出的流程，将废料用硫酸浸出，并在浸出液中加入硫酸钠，得到 Sm 的沉淀物 $Na_2SO_4 \cdot Sm_2(SO_4)_3 \cdot H_2O$ 双盐。这种双盐用氨水处理转换成氢氧化物。将得到的氢氧化物用盐酸溶解，得到氯化钐溶液，随后草酸沉淀得到草酸钐，草酸钐 800℃焙烧得到氧化钐。钐的回收率在 95% 以上，氧化钐纯度大于 98%。Koshimura 还研究了用 D2EHPA 溶剂萃取回收 Sm。用 $3kmol/m^3$ 盐酸可以将 Sm 从负载有机相上萃取出来。通过实验模拟的方法对平衡阶段钐萃取的数量进行评估，例如，从 $0.25kmol/m^3$ 盐酸和 $0.1kmol/m^3$ 氯化钐混合溶液中萃取 99% 的 Sm。在这些结果的基础上，Koshimura 使用一套逆流萃取器进行实验，该逆流萃取器包括四个萃取阶段和两个剥离阶段，其中一个混合罐的体积为 $2.5dm^3$。在 $0.25kmol/m^3$ 盐酸溶液中，包含 $0.1kmol/m^3$ 钐和 $0.6kmol/m^3$ 钴，钐提取率达到 98%~100%。在剥离后对 Sm 进行富集。由于含镨合金（$Sm_{1-x}Pr_xCo_5$）的存在，在这个实验中还研究了镨的萃取性能。结果表明，含有钐和盐酸的溶液洗涤易使镨从有机相中浸出。通过该工艺，得到了高纯度的氧化钐。

Sato 和 Nanjo 等人研究了用部分结晶的方式处理质量分数约为 30% 的 Sm 和 50%~60% 的 Co 的硫酸盐溶液[9]。在 0~80℃ 温度范围内，测量了在 $H_2SO_4-H_2O$

和 $Co_2(SO_4)_3$-H_2O 系统中，$Sm_2(SO_4)_3$ 的溶解度，结果如下：

（1）随着温度的升高，$Co_2(SO_4)_3$ 在水中的溶解度增加，而 $Sm_2(SO_4)_3$ 溶解度急剧下降。

（2）在 0~80℃ 温度范围内，平衡固相 $Sm_2(SO_4)_3 \cdot 8H_2O$。

（3）随着 SO_4^{2-}（硫酸和硫酸钴）浓度升高，$Sm_2(SO_4)_3$ 中 SO_4^{2-} 的溶解度与浓度曲线峰值随着温度向高 SO_4^{2-} 浓度偏移。

（4）可以通过控制温度和 SO_4^{2-} 浓度，用硫酸分步结晶法从废旧钐钴磁体中回收钐、钴。

在这些结果的基础上，Sato 等进一步的研究结果表明：

（1）当硫酸加入到含钐、钴的硝酸溶液中，Sm 溶解度下降，硫酸钐水合物优先结晶。

（2）从 $SmCo_5$ 磁体废料通过分步结晶得到水合硫酸钐 96.5% 纯度，回收率为 87.1%。对 $Sm_2(Co，Fe，Cu，Zr)_{17}$ 也得到了相似的结果。

Sanuki 等人研究了湿法冶金提取 $SmCo_5$ 和 Sm_2Co_{17} 等磁体中金属[10]。在 $2kmol/m^3$ 硝酸溶液中，所有金属很容易浸出，浸出渣含有铜。用 D2EHPA 萃取液从无机相中萃取 Fe^{3+} 和 Zr^{4+}，然后在调节 pH 值后，用相同的萃取剂萃取。用草酸单独沉淀 Sm^{3+} 能有效避免其他金属共沉淀。萃余液中的 Cu^{2+} 和 Co^{3+} 可分别用 LIX65N 和 D2EHPA 萃取，用硫酸水溶液分离。有机相 D2EHPA 中的 Fe^{3+} 和 Zr^{4+} 用草酸分离，然后在 3 价草酸铁中 Fe^{3+} 被光化学还原为 Fe^{2+}，实现铁的选择性沉淀，Zr^{4+} 留在分离后的溶液中。

3.2.2 废旧钕铁硼磁体提取稀土

钕铁硼磁体是一类性能优越的稀土永磁材料，被广泛地应用于各个领域。钕铁硼磁体含有约 30% 的稀土元素及其他有价元素，其生产过程中产生约 30% 的废料。1983 年钕铁硼诞生以来，全球钕铁硼产量以年平均大于 20% 的速度发展，带动了氧化钕和金属钕的快速增长。我国钕铁硼产量增长最为迅猛，年均增长速度超过 30%，2015 年烧结钕铁硼产量达到 95000t。为满足钕铁硼产业的发展需求，我国除大量开采包头和四川稀土矿外，还大量开采了宝贵的离子型稀土资源，并以牺牲环保、高能耗和低价竞销为代价，换取钕铁硼原料市场的垄断地位[5]。

3.2.2.1 国内研究相关技术

钕铁硼磁体含稀土总量（TRE）29%~34%（质量分数）、硼量 1%（质量分数）、余量为铁量，其中的 TRE 包含了钕（质量分数为 20%）、镨（质量分数为 5%）、镝（质量分数为 3%）、铽（质量分数为 1%）等元素，少量添加钴、铌、镓、铝、铜等元素的一类稀土永磁材料，具有高剩磁、高矫顽力、高磁能积和良好的动态回复特性。钕铁硼磁体按生产工艺可分为烧结钕铁硼磁体和粘结钕铁硼磁体。烧结钕铁硼磁体是应用粉末冶金工艺（合金熔炼、制粉、磁场取向、成型、高温烧结、时效、机械加工、表面处理）制造的一种稀土永磁材料。粘结钕铁硼磁体是将钕铁硼磁粉与黏结剂混合后经过一定的工艺方法（压缩、注射、压延、挤压）加工而成的一种稀土永磁材料。

钕铁硼磁体生产过程产生约30%的废料，废料的种类有油泥（打磨过程中产生）、边角料（切割产生），加之有部分钕铁硼在生产过程中形成了低性能的钕铁硼合金，仅中国和日本每年合计产生的钕铁硼废料约为3.5万吨。

稀土是战略性资源，一方面要科学合理地开发稀土矿产资源，提高稀土资源利用效率，另一方面，要大力发展废旧稀土材料的循环利用产业。由稀土矿石制备钕铁硼磁体工艺流程复杂（见图3-3），资源消耗大、环境负担重、污染物排放量大。

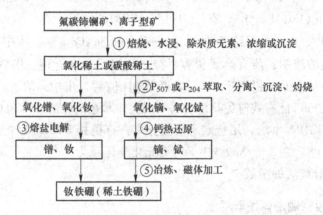

图 3-3　稀土矿石制备钕铁硼磁体工艺流程

早在1990年，我国部分稀土企业开始利用国内的废旧稀土磁性材料回收稀土，并且取得了相应的知识产权。包头稀土研究院自1998年开始利用钕铁硼废料回收其中的镨、钕、镝、铽、钴，回收得到的产品分为氧化镨、氧化镨钕、氧化钕、氧化镝、氧化铽、氧化钴、金属镨、金属钕、金属镨钕、金属镝、金属铽等，现形成了一定规模的废旧钕铁硼回收稀土的产业。

废旧钕铁硼磁体回收稀土的工艺流程如图3-4所示。该流程主要包括以下工序：

（1）将钕铁硼废料高温焙烧，盐酸浸出，浸液为氯化稀土，该工序不产生废气。

（2）过滤得到氧化铁不溶物，可作为颜料（铁红）或炼铁原料。

（3）将氯化稀土溶液进行碳铵或草酸沉淀，过滤得到碳酸稀土或草酸稀土，溶液继续用于焙烧后浸出液，不产生废水，灼烧不产生废气。

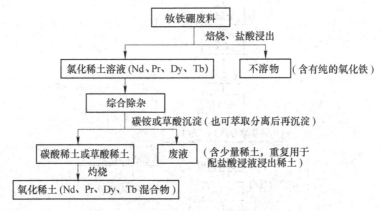

图 3-4 废旧钕铁硼磁体回收稀土工艺流程

根据市场要求，可以将氧化物进行萃取分离得到单一的氧化物，也可以部分分离得到混合稀土氧化物。目前，绝大多数用户直接使用混合（镨、钕、镝、铽）金属，所以不经分离直接电解得到混合稀土金属（镨、钕、镝、铽），用于钕铁硼生产。与原矿提取稀土相比，钕铁硼废料回收稀土具有工序短、成本低、"三废"少、环境负担低等特点，可减少稀土原矿开采。

张选旭等人在电解槽中连续电还原废钕铁硼分解液，电还原完全后分解液进萃取槽进行萃取分离除铁后，用 P_{507}-HCl 体系稀土萃取分离，稀土回收率 98.13%[11]。在此基础上，进行了电还原-P_{507}萃取分离法工业试验，电解槽一边进废旧钕铁硼，一边出料，电还原完全后分解液进萃取槽进行萃取分离除铁，可连续工业生产。图 3-5 为电还原-P_{507}萃取分离工艺流程图。

该试验过程取得了较好的结果：

（1）电还原-P_{507}萃取分离法能有效地回收废旧钕铁硼磁体中稀土，进槽稀土金属量为 998kg，回收稀土 957.9kg。槽体积存稀土 21.48kg，稀土回收率98.13%。

（2）电解槽连续电解。电还原完全后分解液直接进槽进行萃取分离除铁，可连续工业生产。

（3）可用 P_{507}-HCl 体系萃取分离稀土。

刘斌等人公开了一种从钕铁硼废料中回收稀土的方法，该方法包括焙烧、酸解、分离、灼烧等步骤，采用改性凹凸棒土与过氧化氢对滤液进行处理，大大减少了滤液中铁元素的含量，提高了稀土金属氧化物的纯度，品质大大提高[12]。该方法从钕铁硼废料中回收稀土特征在于：

（1）预处理。将钕铁硼废料进行预处理，在 700~800℃下氧化焙烧环节控制

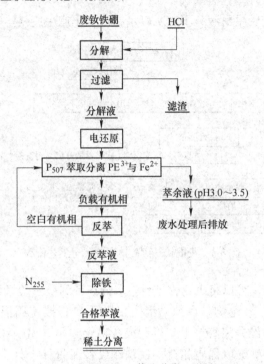

图 3-5   电还原-P_{507}萃取分离工艺流程

废料体系中铁元素的转化率不小于 99.5%。

（2）将废料进行球磨得到细粉，然后用盐酸溶解，调节 pH 值为 4.5～5，过滤得到过滤液和残渣。

（3）残渣再重复步骤（2），得到的过滤液与步骤（2）的过滤液合并。

（4）同时滤液中加入相当于滤液质量的 1%～2% 的改性凹凸棒土、10%～15% 的浓度 20%～25% 过氧化氢，搅拌 30～45min，离心，去渣。该凹凸棒土通过以下方法制得：将凹凸棒土加入 10%～15% 盐酸溶液中浸泡 3～4h，然后捞出沥干，送入 450～500℃炉中焙烧 3～4h 后，放入浓度为 12%～15% 的过氧化氢溶液中浸泡 1～2h，沥干，用去离子水反复冲洗后，再加入相当于凹凸棒土质量 2%～3% 的活性炭，混合，在 12000～15000r/min 下搅拌 5～8min，取出烘干得到。

（5）向过滤液中加入 P_{507}萃取体系，进行氯化稀土的分离；得到氯化镨、氯化钕和氯化镝溶液等单一氯化稀土金属。

（6）向氯化镨、氯化钕和氯化镝溶液等氯化稀土金属溶液中加入草酸或碳酸氢铵作为沉淀剂，得到稀土金属沉淀，灼烧，得到稀有金属氧化物，氧化镨钕和氧化镝等。

李军等人发明了一种从废旧钕铁硼中回收稀土元素的方法[13]。图 3-6 为其工艺流程图。其步骤为：将钕铁硼废料与水混合后进行研磨、氧化，氧化产物进行二次研磨、加酸浸出、固液分离、萃取除铁、氯化稀土、萃取分离稀土、萃取除铝、沉淀和灼烧。该工艺进行稀土回收的有益效果在于：稀土回收率增加了5%~8%；稀土使用价值得到提高，降低了进一步加工的生产成本；有效解决了单一稀土电解时熔盐的"泥状物"问题，提高了稀土金属在电解时的电解效率，并能有效降低电耗；降低了金属中的非稀土元素，如 C、S、O 等的含量。

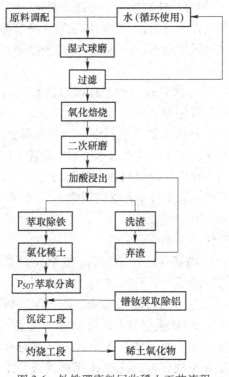

图 3-6 钕铁硼废料回收稀土工艺流程

梁浩发明了一种从钕铁硼边角废料中回收稀土元素的方法[14]。将钕铁硼边角废料切成小碎块，然后以连续送料的方式引入到多筒节内热式自燃回转窑的第1筒节部位，控制第1筒节以及以后各筒节部位的内在温度、引风量、料体停留时间等，使得钕铁硼废料实现充分氧化焙烧，再将经过预处理后的料体经盐酸浸出、综合除杂、萃取分离、沉淀、焙烧得到稀土氧化物。本方法杜绝了原来预处理环节扬尘、微粉对现场操作人员和周边环境的伤害和污染，避免了惰性气体的消耗，大幅度减少煤、电能源的消耗，降低了劳动强度，缩短了作业周期，且可以满足连续生产的要求。

该方法包括以下步骤：

（1）预处理。将钕铁硼边角废料切碎到不大于 100g/块，将切碎后钕铁硼废料碎块以连续送料的方式引入到多筒节内热式自燃回转窑的第 1 筒节部位，第 1

筒节设置初始温度为 600~800℃，通过控制第 1 筒节引风量以及钕铁硼废料碎块的连续送料速度来保持回转窑第 1 筒节部位温度在 600~800℃，通过控制钕铁硼废料在第 1 筒节部位的停留时间，使得钕铁硼废料中的铁元素大部分转化为二价铁的化合态；第 2 筒节设置初始温度为 800~1200℃，控制料体在第 2 筒节部位的停留时间，通过控制第 2 筒节引风量和外加热源功率来保持回转窑第 2 筒节部位温度在 800~1000℃，使得钕铁硼废料中的铁元素充分转化为三价铁的化合态；第 3 筒节及以后各筒节设置为室温，控制料体在第 3 筒节部位及以后各筒节部位的停留时间，通过控制引风量达到降温目的，经过预处理后的料体在最后一个筒节连续出窑。

（2）稀土回收。将经过预处理后的料体经过盐酸浸出、综合除杂、萃取分离、沉淀、焙烧得到稀土氧化物。

梁浩等人还发明了一种从钕铁硼废料中分段回收稀土的方法[15]。该方法利用分段化萃取分离的方法，在 4 段式多级萃取器中将稀土氯化物清晰地分为各个稀土元素组分，从而相互独立地通过后续沉淀焙烧工艺得到高纯度稀土氧化物。采用本方法，钕铁硼废料中有价稀土元素的回收率达到 98%，稀土氧化物品质得到充分保证。

该方法包括以下步骤（见图 3-7）：

（1）预处理。将钕铁硼废料进行预处理，在氧化焙烧环节控制废料体系中 Fe 元素转化为 Fe_2O_3 的转化率不小于 99.5%。

（2）盐酸优溶。将经过氧化焙烧后的物料用盐酸溶解，过滤得到过滤液 A 和残渣 A；检测残渣 A 中 REO 质量分数，将残渣 A 重复用盐酸溶解后过滤，所得过滤液合并到过滤液 A 中，直到残渣 A 中 REO 质量分数不大于 0.5%。

（3）碱液中和及氧化去铁。将过滤液 A 用碱液进行中和，用氧化剂进行氧化，过滤得到过滤液 B 和残渣 B；检测过滤液 B 中 Fe 元素质量分数，直到过滤液 B 中 Fe 元素质量分数不大于 0.5%。

（4）盐酸酸化及深度去铁。将过滤液 B 用盐酸进行酸化，用氧化剂进行氧化，过滤得到过滤液 C 和残渣 C；检测过滤液 C 中 Fe 元素质量分数，直到过滤液 C 中 Fe 元素质量分数不大于 0.2%。

（5）分段化萃取分离。将过滤液 C 进入到 4 段式多级萃取器的萃取 1 段后，在 P_{507}-磺化煤油-盐酸体系，通过萃取 1 段的萃取分离，使得 Pr、Nd 元素留在水相，而重组分 Gd、Tb、Dy、Ho 进入到有机相，得到萃余液 D 和反萃液 E；将反萃液 E 进入到萃取 2 段后，通过萃取 2 段的萃取分离，使得 Gd、Tb 元素以及少量 Dy 元素留在水相，而重组分 Dy、Ho 进入到有机相，得到萃余液 F 和反萃液 G；将反萃液 G 进入到萃取 3 段 1 区后，通过萃取 3 段 1 区的萃取分离，使得 Dy 元素留在水相，而重组分 Ho 进入到有机相，得到萃余液 H 和反萃液 I；将萃余液 F 进入到萃取 3 段 2 区后，通过萃取 3 段 2 区的萃取分离，使得 Gd、Tb 元素留在水相，而重组分 Dy 进入到有机相，得到萃余液 J 和反萃液 K；将反萃液 J 进入到萃取 4 段后，通过萃取 4 段的萃取分离，使得 Gd 元素留在水相，而重组分 Tb 进入到有机相，得到萃余液 L 和反萃液 M。

（6）沉淀焙烧。将萃余液 D 经过沉淀焙烧得到氧化镨钕；将萃余液 H 和反萃液 K 混合后，经过沉淀焙烧得到氧化镝；将萃余液 L 经过沉淀焙烧得到氧化钆；将反萃液 M 经过沉淀焙烧得到氧化铽；将反萃液 I 经过沉淀焙烧得到氧化钬。

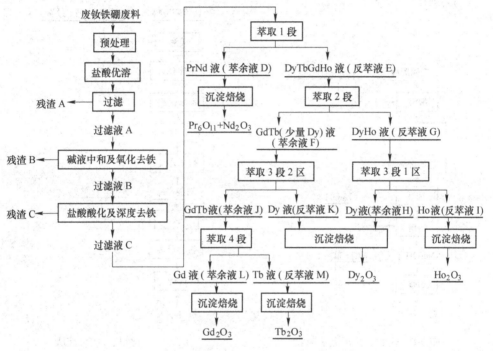

图 3-7 废旧钕铁硼磁体分段回收稀土工艺流程

在烧结钕铁硼磁体的生产过程中，各工序都会产生一定量的废料，如在制粉工序产生的超细粉（粒度约小于 $2\mu m$）以及在此工序中由于暴露在空气中而燃烧的磁粉、成形中散落的粉末废料、烧结中氧化的废品、机加工中产生大量的边角料和切磨粉末及电镀中的废品等。这些废料在总废料量中所占的比例不一样。机加工工序产生的废料最多，大约为 30%，其他各工序则产生约 1% 的废料，而全程产生的废料比为 40% 左右。这些废料中所含的物质有很大一部分是稀土金属 Nd 和 Dy 等。随着生产厂家对 Pr 或者 Pr-Nd 原料的采用，废料中还含有 Pr 的氧化物，这些都是不可再生的稀缺资源。

对这些废料中有价成分特别是稀土成分的回收，已有较多的报道。这些稀土回收方法各有优缺点，有的工艺简单，但是回收率相对较低，而有的回收率较高，但工艺又比较复杂或不太稳定，且回收率不稳定。唐杰等人则对比研究了一种比较简单可行的 Nd_2O_3 回收工艺[7,16]。分别采用了硫酸复盐沉淀法和草酸盐二次沉淀法，其流程如图 3-8 和图 3-9 所示。硫酸复盐沉淀法是通过酸分解、稀土沉淀、NaOH 溶解和灼烧得到 Nd_2O_3。该工艺流程短，操作简单，杂质含量较少，回收率达到了 82% 以上，所以成本较低。草酸盐二次沉淀法是通过酸分解、稀土沉淀、草酸稀土沉淀、烘干灼烧、再次稀土沉淀和灼烧得到 Nd_2O_3。该工艺流程较长，操作复杂，而且回收率不高，因而成本相对较高。

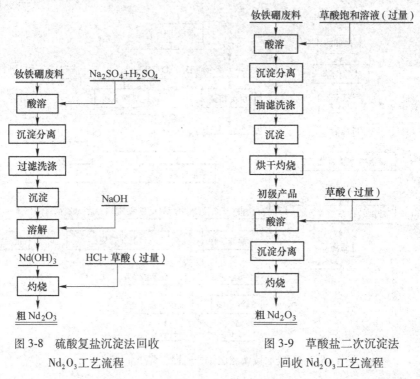

图 3-8　硫酸复盐沉淀法回收
Nd_2O_3 工艺流程

图 3-9　草酸盐二次沉淀法
回收 Nd_2O_3 工艺流程

　　两种方法的 Nd_2O_3 回收率存在差异的主要原因在于原料的溶解程度和稀土的沉淀是否完全。如果原料为氧化（燃烧）的粉料或金属边角料，则几乎没有油污，溶解比较完全，回收率相应较高。但是，废料如果是由机加工和电镀工序所产生，则会有较多的油污，从而使溶料不完全，Nd_2O_3 的回收率相应降低。

　　在硫酸复盐沉淀回收 Nd_2O_3 过程中，硫酸稀土的浓度很重要。由于硫酸稀土的溶解度随着温度的升高而下降，若其浓度过低则随溶解温度的上升将变得更小，从而所溶解的稀土会更少。而过高的浓度则会在稀土表面形成一层膜，阻止未溶解稀土的继续溶解，使稀土的溶解量变少，因而 Nd_2O_3 的回收率降低。

　　吴继平等人研究了从钕铁硼废料中提取稀土的工艺[17]，以及采用氧化焙烧—盐酸分解法钕铁硼废料回收稀土的工艺条件，探讨了焙烧温度和时间对铁的氧化率的影响，在浸出过程中考察了盐酸浓度、反应时间、反应温度以及液固比对稀土浸出率的影响，并分析 pH 值和陈化时间对浸出液除杂效果的影响。

钕铁硼废料中稀土和铁主要以单质形式存在，稀土主要为轻稀土，经过焙烧，稀土被氧化，铁元素变为 Fe_2O_3。用盐酸浸出过程中，稀土优先溶解，少部分铁和其他微量元素会进入溶液中。根据各种金属盐类生成氢氧化物沉淀时的条件，调节 pH 值可使稀土与其他金属元素分离。金属离子浓度不同，水解生成的氢氧化物沉淀时的 pH 值也有差异。加入适量过氧化氢保证 Fe^{2+} 完全转化为 Fe^{3+}，而 Fe^{3+} 沉淀 pH 值在 1.5~4.1 区间，控制溶液 pH 值在 3.0~4.5 范围内，溶液中 Fe^{3+} 基本生成氢氧化物沉淀，从而达到分离稀土的目的。该工艺流程如图 3-10 所示。

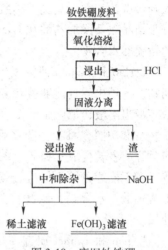

图 3-10 废旧钕铁硼提取稀土工艺流程

研究结果表明：在 700℃ 焙烧 1.5h，铁的氧化率最高，铁完全氧化成三价铁，在最佳浸出条件下稀土浸出率高达 99.33%，浸出液中和除杂时，调节 pH 值为 3.5，陈化时间大于 2h，料液中非稀土杂质含量低，铁仅为 0.0014g/L，浸出液完全达到稀土萃取的要求。

3.2.2.2 国外研究相关技术

国外废旧钕铁硼磁体回收稀土主要有分步结晶、全浸出、选择性焙烧和浸出、选择性浸出、水热、萃取等技术。

用分步结晶法分离相似元素的基本原理是基于不同盐类之间的溶解度的差别。溶解度较小的盐类容易结晶析出；相反，溶解度较大的则保留在液相中，这样就可实现分离的目的。不过，在生产中要达到令人满意的分离，必须根据各种盐类在固—液之间的分配不同，采用重复的结晶—溶解—结晶的分配过程。

在生产中一般采用以下两种方法进行：（1）蒸发结晶法，即蒸发除去部分溶剂而结晶析出。（2）冷却结晶法。对于具有较大溶解度温度系数的盐类，用第二种方法较为适宜。目前所用的一些分步结晶操作方法，原则上相同，只是在开始阶段和收尾阶段有些不同。

Sato 和 Nanjo 的团队研究了钕和铁之间的分步结晶分离[9]。按照回收的基本数据，$Nd_2(SO_4)_3$ 在 H_2SO_4-H_2O 和 $FeSO_4$-H_2O 系统中的溶解度是在 0~80℃ 的温度范围内测量的。随着温度的增加，$FeSO_4$ 在水中的溶解度增加，而 $Nd_2(SO_4)_3$ 的溶解度急剧减小。钕在 0~80℃ 范围内和在 80℃ 时分别被沉淀成 $Nd_2(SO_4)_3$·

$8H_2O$ 和 $Nd_2(SO_4)_3 \cdot 5H_2O$。随着 SO_4^{2-} 浓度的增长（H_2SO_4 和 $FeSO_4$ 集中），$Nd_2(SO_4)_3$ 的溶解度相对 SO_4^{2-} 浓度的曲线上有一个峰，表示随着温度变化 SO_4^{2-} 浓度的增长。使用通过控制温度和 SO_4^{2-} 浓度，硫酸盐分步结晶法来回收废弃稀土磁铁中的钕似乎是可以实行的。作为该研究项目的延续，Sato 等人报道了把乙醇加入到含有钕和铁的盐酸—硝酸溶液中能有效减小溶解度。他们通过金属硫酸盐的分步结晶以及添加乙醇和 H_2SO_4 获得废旧钕铁硼磁体 97.1% 回收率、96.8% 纯度的钕硫酸水合物。

Lyman 和 Palmer 研究了硫酸浸出、沉淀钕—（钠或铵）硫酸复盐作为一种中间物，这种中间物能够被转变成多种有用的产品[18]。铁通过由黄钾铁矾沉淀来脱离浸出溶液，消除了一个主要的处置问题。从钠和铵的系统回收钕的产率分别是 98% 和 70%。稀土回收之后的废水被用来形成钠和铵黄钾铁矾，这样它们能够被丢弃或者转变成赤铁矿。该工艺可以避免氟化或草酸直接沉淀工艺成本高的缺点。硼不能通过稀土复盐和黄钾铁矾的沉淀反应来沉淀，通过增加锌和 pH 值来形成硼酸锌水合物，以此移除黄钾铁矾废液当中的硼。硼酸锌一般作为阻燃剂使用。

Lyman 和 Palmer 研究了焙烧—磁选或选择性浸出过程[18]。将废旧钕铁硼磁体焙烧得到氧化钕，H_2-H_2O 水汽混合物以单质形态离开，展示出了 Nd_2O_3 和铁的一个共同稳定区域。

Yoon 等人研究了氧化焙烧—浸出—复盐沉淀工艺[19]，优化了焙烧和浸出工艺参数：钕铁硼废料的氧化焙烧温度为 500~700℃。硫酸浸出浓度为 2.0kmol/m^3，浸出温度 50℃，浸出时间为 2h 时，矿浆浓度为 15%。钕和铁的浸出产率分别是 99.4% 和 95.7%，复盐沉淀法分离钕的优化条件是 2 倍当量的硫酸钠、操作温度 50℃。钕的分离率在 99.9% 以上。

Lee 等人研究了空气焙烧—硫酸酸浸—硫酸盐沉淀过程[20]，并研究了浸出率与焙烧温度、H_2SO_4 浓度、浸出温度和时间的关系。由于焙烧温度升高会形成 $NdFeO_3$，降低稀土浸出率，但会选择性地浸出钕，延迟 Fe_2O_3 浸出。因此，浸出时间短、硫酸浓度低、浸出温度低将选择浸出钕。当废料 700℃ 焙烧，优化的浸出工艺为：硫酸浓度 4kmol/m^3、浸出温度 70℃、浸出时间 180min、矿浆浓度 100kg/m^3。70% 的钕选择性地作为 $Nd_2(SO_4)_3$ 沉淀过滤分离，沉淀物 Nd/Fe 比值是 18.3。

Koyama 和 Tanaka[21] 研究了废旧钕铁硼磁体的氧化焙烧—选择浸出—溶剂萃取工艺。每 1000kg 废旧钕铁硼磁酸溶需求量按式（3-1）和式（3-2）推算：

$$Nd + 3H^+ === Nd^{3+} + 3/2H_2 \tag{3-1}$$

$$Fe + 3/4O_2 + 3H^+ === Fe^{3+} + 3/2H_2O \tag{3-2}$$

HCl 溶解时，钕和铁需求量分别为 202kg 和 1420kg；H_2SO_4 溶解时，钕和铁需求量分别为272kg和1900kg。酸溶后铁存在于水相中，应该通过氢氧化物沉淀来去除：

$$Fe^{3+} + 3OH^- \Longrightarrow Fe(OH)_3 \qquad (3-3)$$

由反应式（3-3）计算可知，每1000kg的废旧钕铁硼磁体，需要1600kg的NaOH或者1100kg的CaO用于沉淀Fe^{3+}。图3-11是Fe-H_2O和Nd-H_2O系统的电势-pH图，显示出Nd和Fe选择浸出的原理。通过使用Fe_2O_3和Nd^{3+}的稳定区域，使Nd^{3+}离开残渣中的以Fe_2O_3形式存在的铁相。为了研究选择浸出的可能性，废旧钕铁硼磁体经过热退磁、压碎、在空气中900℃下焙烧6h，并且通过0.02kmol/m^3的HCl在180℃下浸出2h。超过99%的稀土被浸出，而浸出的铁少于0.5%。与之相反，在没有焙烧时尽管也有超过99%的稀土被浸出，却有超过50%的铁被浸出。在更低温度下的选择浸出也是可行的。表3-5显示了在60℃下24h使用不同浓度HCl的浸出实验的结果。使用0.01kmol/m^3的HCl，超过96%的稀土被浸出，而铁的溶解率是14%。

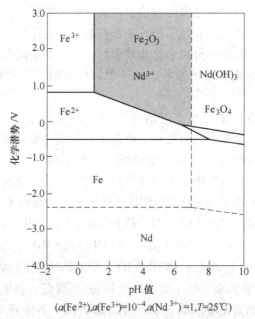

$(a(Fe^{2+}),a(Fe^{3+})=10^{-4},a(Nd^{3+})=1,T=25℃)$

图3-11　Fe-H_2O和Nd-H_2O系统的电势-pH图

表3-5　氧化焙烧后从钕磁铁中浸出的钕、镝和铁的质量分数

HCl/kmol·m^{-3}	$w(Nd)$/%	$w(Dy)$/%	$w(Fe)$/%
0.001	15.8	13.1	1.2
0.01	96.4	96.1	14.0
0.1	>99	>99	>99

　　水热法（Hydrothermal method）又称高温水解法。将一定形式的前驱物放置在高压釜水溶液中，在高温、高压条件下进行水热反应，再经分离、洗涤、干燥等后处理的制粉方法。按原料及反应形式分为水热氧化、合成、沉淀、还原、分解、结晶等类型。反应在物质高度分散、均匀的稀薄环境中进行，控制工艺条件可制得高纯、超细粉体。用于制备氧化物粉体 SiO_2、ZrO_2、Al_2O_3、SnO_2 以及 PZT、$BaTiO_2$ 等复合粉体，结晶完好，均可达到纳米尺度。还可用于制备某些纳米金属粉，如用碱式碳酸镍及氢氧化镍水热还原法可制成高纯超细的镍粉。

　　Itakura 等[22]研究了烧结钕铁硼磁体的水热处理。为将钕以草酸盐的形式回收，使用了盐酸和草酸的混合剂。优化的工艺参数为 110℃、6h、盐酸 $3kmol/m^3$、草酸 $0.2kmol/m^3$，可回收磁体中 99%的钕，得到纯度 99.8%的 $Nd_2(C_2O_4)_3$ 固体沉淀物。

　　溶剂萃取是指利用与水不相混溶的有机溶剂与试液一起振荡，试液中一些组分进入有机相而与其他组分分离的方法。溶剂萃取又叫液—液萃取，是最常用的分离方法之一，在工业生产和化学研究中都有着广泛的作用。溶剂萃取方法所需仪器设备简单，操作方便，分离和富集效果好，适用的浓度范围很宽。如果被萃取的组分对紫外可见光有强的吸收，则萃取后的有机相可直接用于分光光度法测定。

　　当有机溶剂（有机相）与水溶液（水相）混合振荡时，按照"相似相溶"原则，疏水性组分从水相转入有机相，而亲水性的组分留在水相中，这样就实现了提取和分离。某些组分本身是亲水性的，如大多数带电荷的无机离子或有机物，欲将它们萃取到有机相中，就要采取措施使它们转变成疏水的形态。

　　为了从废旧钕铁硼磁体的浸出液中回收稀土，用酸性有机磷试剂比如 PC-88A 进行溶剂萃取是经常使用的。RE^{3+} 和 PC-88A 的提取化学式表达为：

$$RE^{3+} + 3H_2L_{2org} = RE(HL_2)_{3org} + 3H^+ \tag{3-4}$$

式中，H_2L_2 和下标 org 分别表示 PC-88A 的二聚物和有机相。萃取出一个 RE^{3+}，3 个 H^+ 从有机相中释放出来，稀土离子浓度和 pH 值降低，提取率逐渐下降。通过使用部分中性萃取剂而克服萃取效率下降，即萃取前部分 H_2L_2 转变成了 NaL 或 NH_4L。Lee 等人完成了钕和 PC-88A 和部分来自氯化物溶液的中性 PC-88A 的溶剂萃取[20]。与钕和 H^+-type PC-88A 的分布系数相比，40%中性 PC-88A 的使用显著地提高了钕的提取率。

　　采用酸性有机磷试剂（PC-88A）可实现选择浸出分离镝[23]。pH=1 时，5%（体积分数）PC-88A 从 $3mol/m^3 DyCl_3$ 和 $20mol/m^3 NdCl_3$ 混合溶液中萃取出 85%的镝和 2%的钕。pH=1.1 时，D_{Dy}/D_{Nd} 萃取分离因数为 525。由于钕浓度比在浸出溶液中的镝浓度更高，一小部分钕不可避免地在有机相中提取出来。

Naganawa 和 Shimojo 的团队发现了一种针对稀土的新型萃取剂，N，N-dioc-tyldiglycol amic acid（DODGAA）[24]。这种萃取剂明显优于酸性的有机磷试剂（D2EHPA、PC-88A 和 Cyanex 272），即稀土比铁和锌有更好的选择性，以及镧系元素间具有更高的相互分离的能力。如图 3-12 所示，此优势对于钕和镨的相互分离也很有用处，钕和镨在稀土中是最难分离的一对。

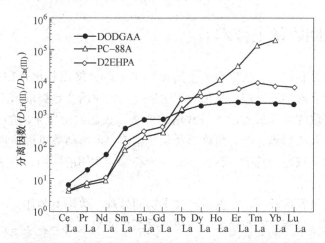

图 3-12　DODGAA 和有机磷萃取剂（D2EHPA、PC-88A）的分离因数对比

水相—pH＝1.5 的硝酸；有机相—30mol／m^3 的 n-己烷

Kubota 和 Goto 的团队通过使用 DODGAA 作为动态载体的一个液基离子支撑液膜（SLM），针对铁离子研究了镝和钕的选择性渗透[25]。因为 DODGAA 在离子液体，比如 1-辛基-3-甲基咪唑-二（三氟甲烷磺酰氯）酰亚胺（[C_8mim][Tf_2N]）中是可溶的，而且对稀土显示出良好的选择性和有效的剥离行为。尽管支撑液膜使用了常规的有机溶剂作为液体膜相，承受了薄膜的不稳定性，由于支撑液膜饱含 DODGAA 的 [C_8mim][Tf_2N]，镝和钕的稳定运输才得以成功实现。镝和钕是定量恢复到接收相中的，然而只有 10% 的铁离子被运输。这些结论启发了支撑液膜系统从废旧钕铁硼磁体的浸出溶液中回收稀土的一个潜在应用。对于选择浸出而言，浸出溶液中包含了大量或少量的铁。

3.2.3　混合型废旧稀土永磁材料提取稀土技术

由于钕铁硼磁体的发展，消费品中使用的钐钴磁体占比有所减少，但钐钴磁体数量仍然处于缓慢增长中。废旧稀土永磁材料中往往混杂有钐钴磁体和铁氧体磁体，这将会使稀土回收过程复杂化，因为钐在熔盐电解中会引起有害作用。Lyman 等人研究了混合的 $SmCo_5$ 磁体和钕铁硼磁体的磨削屑回收稀土工艺[18]。浮选—浸取过程中，钕铁硼磁体磨削屑被 H_2SO_4 溶解，$SmCo_5$ 在富集泡沫中，中间研磨的污染物下沉为残渣被去除。Lee M S 等[20]针对废旧钐钴磁体和钕铁硼磁体的混合物循环利用，研究了钐和钕分离萃取工艺，结果表明：盐酸溶解时的钕和钐的分离效率比硫酸溶解好，萃取剂组合为 PC-88A/TOPO 和 PC-88A/TOA，组合萃取剂的 $\Delta pH_{1/2}$ 值比单一萃取剂 PC-88A 大，更有利于钕和钐的萃取和分离，基本流程为氧化焙烧、盐酸浸出和溶剂萃取。

3.3　火法回收稀土技术

火法冶金是利用高温从矿石或金属废料中提取金属或其化合物的冶金过程。因火法冶金没有水溶液参加，又称为干法冶金。火法冶金是提取冶金的主要方法之一，也是提取纯金属最古老、最常用的方法。火法冶金所采用的步骤有焙烧、熔炼、吹炼、火法精炼、电解精炼以及化学精炼。电解精炼可以使用火法冶金炼出来的金属达到较高的纯度。算入环境保护和综合利用的费用，火法冶金的成本一般低于湿法冶金。

废旧稀土材料循环利用需要多种技术协同处理，火法冶金作为广泛应用的冶炼技术，在回收过程中有很重要的作用。采用火法冶金技术回收二次资源，称为火法回收技术。

3.3.1　气—固反应和固—液反应

对于废旧稀土永磁材料回收，已经提出了多种火法冶金方法。一般情况下，用气体的非均相反应，如气—固反应、固—液反应等，来实现稀土分离提取。图3-13 为从废旧稀土永磁材料中回收稀土元素的火法过程。

根据稀土氯化物蒸气压力的差异，Murase 等人根据沿着温度梯度化学气相转变，提出了一个从 Sm_2Co_{17}、$Nd_2Fe_{14}B$ 和 $LaNi_5$ 中回收稀土的过程[21]。在稀土氯化物作为气相化合物如 RAl_nCl_{3+3n} 的情况下，氯气和氯化铝分别被用作氯化和运输试剂[27]。对于 Sm_2Co_{17} 污泥，氯化钐液在高温区（700~1040℃）被浓缩至99.5%（摩尔分数），氯化钴液在低温区（350~700℃）被浓缩至99.1%（摩尔分数）。对于 $Nd_2Fe_{14}B$，得到了98.4%（摩尔分数）纯氯化稀土。该方法也可以从 $LaNi_5$ 中回收镧。相关人员还研究了由羰基化法从钕铁硼磁体中得到铁提取物。在硫作为催化剂的情况下，磁铁中的铁与一氧化碳发生反应，形成挥发性的 $Fe(CO)_5$。Itoh 等人发现通过氢化-歧化处理，可回收92%的铁[22]。

利用固—液反应可从废旧稀土永磁材料中回收稀土。Uda 利用氯化亚铁检测钕铁硼污泥中的稀土氯化物[28]，发现可从磁体污泥中提取96%的钕和94%的镝，同时得到了纯度为99.2%的钕镝化合物。根据该结果和其他实验结果，Uda 提出了一个氯循环过程。在这一过程中，氯化亚铁被用作稀土氯化试剂，通过稀土氯

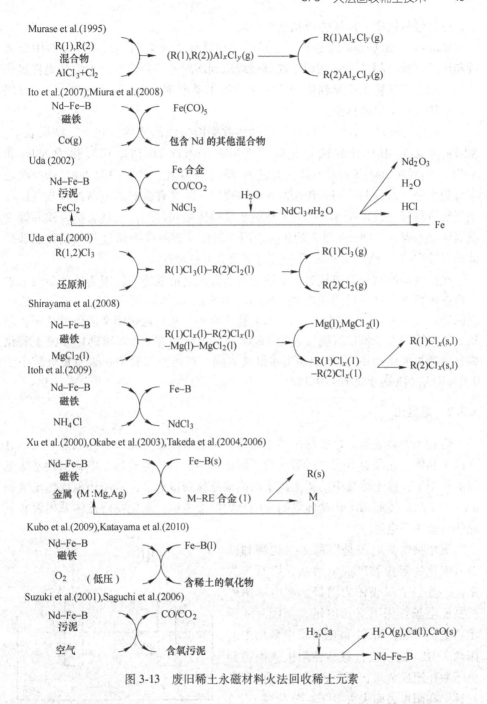

图 3-13　废旧稀土永磁材料火法回收稀土元素

化物的水合物转化为氧化物，得到稀土氧化物和 HCl，HCl 有效地用作金属铁或残留的磁泥的氯化剂，实现氯再循环。利用选择性还原和真空蒸馏相结合的方法，可将钐从钕中分离或将钕从镨中分离。

Shirayama 和 Okabe[29]进行了以熔融氯化镁作为萃取剂，从磁体废料中分离钕和镝的试验，超过 80%的稀土能够被提取到熔融的氯化镁中。然后升温将氯化镁以气相形式从稀土氯化物中分离，重复用于萃取剂。ZnI_2 与 $MgCl_2$ 一样，可用于从磁体废料中提取稀土。

Itoh 等人研究了氯化铵作为氯化剂回收废旧钕铁硼磁体的稀土。结果表明，$Nd_2Fe_{14}B$ 磁粉中 90%的钕转化成了 $NdCl_3$，$Nd_2Fe_{14}B$ 初始相转化为 α-Fe 和 $NdCl_3$，同时在 300~350℃下氯化处理 3h 得到 Fe-B 相。产物中的 $NdCl_3$ 选择性地溶解到水中，而 α-Fe 和 Fe-B 保留在固体残渣，因具有良好的电磁波吸收性能可用于吸波材料。钕可在 675~750℃溶解于镁熔体中获得的富钕镁合金，铁和硼则以固体状态存在。Okabe 等人的研究表明废旧钕铁硼磁体中超过 95%的钕能够被液态镁萃取[29]，然后 Mg-Nd 合金进行蒸馏分离钕和镁。

在回收中控制如碳或氧等非金属元素的含量是很重要的，因为这些杂质元素严重影响稀土永磁材料的磁性能。Suzuki 和 Saguchi 等人研究了废旧稀土永磁材料的碳和氧的去除[30]。通过在 800℃氧化去除碳，然后通过两个阶段的还原去除氧。第一阶段在 980℃用氢气还原 Fe_2O_3，第二阶段在 950℃用钙还原稀土氧化物，副产物氧化钙和可溶性 $CaCl_2$ 水淋洗去除。在还原材料中，碳质量分数小于 0.001%，氧质量分数小于 0.1%。

3.3.2　熔盐法

熔盐或称熔融盐，是盐的熔融态液体。形成熔融态的无机盐在固态时大部分为离子晶体，在高温下熔化后形成离子熔盐。稀土熔盐电解是在电解槽内室流电场的作用下，稀土熔盐中的稀土离子向阴极迁移获得电子，从而还原成稀土金属的生产方法。按照稀土熔盐体系的不同分为两类电解：氯化物熔盐体系电解和氧化物熔盐体系电解。

氯化物熔盐电解是以稀土氯化物和碱金属氯化物等盐类组成电解质，以石墨为阳极，液态金属或铂为阴极，在电解槽内的直流电场作用下进行电解，如图3-14所示。电解过程，$RECl_3$ 被电解，电解质中的阳离子 RE^{3+} 向阴极迁移，在阴极表面得到电子被还原成金属，而阴离子 Cl^- 则向阳极迁移，在阳极表面失去电子被氧化成 Cl_2 放出，总反应为：

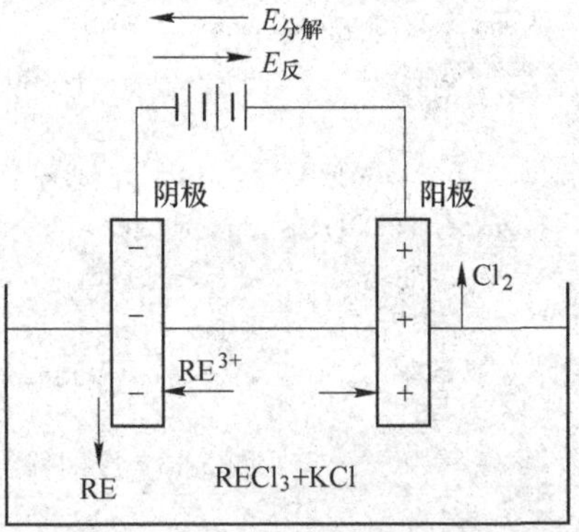

图 3-14　稀土氯化物熔盐电解示意图

$$2RECl_3 = 2RE + 3Cl_2 \qquad (3-5)$$

电解过程中消耗的是电能和 $RECl_3$，只要不断补充 $RECl_3$ 就能保持电解质成分不变，即能连续电解。

稀土氧化物熔盐电解是将稀土氧化物溶解在碱金属氧化物熔盐中，以石墨为阳极，以钨或钼为阴极进行电解，在阴极上析出稀土金属，阳极处析出氧，氧进一步与石墨作用生成 CO 或 CO_2，总反应为：

$$RE_2O_3 + 3C \Longrightarrow 2RE + 3CO （或 CO_2） \tag{3-6}$$

和稀土氯化物电解一样，只要不断补充稀土氧化物，电解就能连续进行。

大多数稀土金属是通过金属热还原或熔盐电解法生产的[16,17]。因此，当考虑从废旧稀土永磁材料中回收稀土时，熔盐作为反应介质的使用具有一定的优点。实际上，对于车间废料，在湿法冶金步骤后，最终通过熔盐电解法得到钕或钕镨合金。与水相比，熔盐作为反应介质的一般优点是化学稳定性高、电导率高、反应速率高、适用温度范围广、蒸发压力小等。熔盐电解可分为 3 个过程：第一个过程是电化学过程，它利用的是在熔盐中的每个元素的电化学行为的差异；第二个过程为熔渣或分离过程，利用每个元素的溶解度或分布系数的差异分离稀土元素；第三个过程是提纯过程，在熔融盐电化学反应后，利用稀土或其他化合物的蒸气压的差异进行提纯。

3.3.2.1 电化学过程

熔盐法的电化学过程比较复杂，包含稀土离子在熔盐中的电化学行为、稀土金属的熔盐电沉积、稀土合金形成等。一方面，熔盐中稀土金属比铁族金属更活泼，废旧稀土永磁体在阳极选择性溶解是有可能的；另一方面，杂质（如铁族金属）在阴极析出污染稀土金属或稀土合金。因此，熔盐电解还原稀土元素、分离杂质元素是十分重要的。

Itoh 提出了一个从废旧钕铁硼磁体中回收稀土金属的简单流程，利用双功能团的阳极或阴极[22]，电解分两个步骤完成：首先，磁体废料的稀土金属在阳极溶解（腐蚀），双功能团电极作为阴极；然后，在阴极上稀土离子还原形成稀土金属或稀土合金，双功能团电极作为阳极。该工艺简单，可实现高选择性还原稀土金属或稀土合金。

Oishi 等人也提出了熔盐—合金隔膜法回收稀土的工艺[31]，利用稀土—铁族合金作为隔膜，实现双电极功能进行稀土离子选择性渗透。如图 3-15 所示，通过以下步骤回收稀土金属或稀土合金：

（1）含稀土材料，如 Nd-Fe-B 磁废料，被用作阳极，稀土金属以离子形式选择性溶解进入熔体。

（2）在隔膜的阳极侧表面，溶解的稀土离子被还原，稀土原子通过隔膜扩散。

（3）稀土原子在隔膜的阴极侧表面以离子形式溶解。

（4）通过还原溶解的稀土离子，最终稀土在阴极以金属或合金的形式被回收。

由于在隔膜的阳极侧表面上的合金化步骤中的高选择性，该工艺可从废旧钕铁硼磁体中回收高纯稀土材料，或选择性回收稀土金属（如镝）。

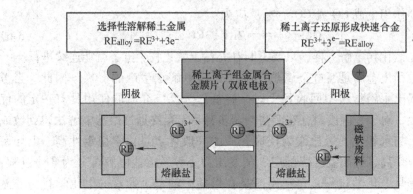

图 3-15　熔盐—合金隔膜法回收稀土流程

Kobayashi 等人在含钕离子的熔融氟化物中，也证实了类似的合金和去合金的现象[26]。这表明，熔盐—合金隔膜法也适用于氟化盐熔盐电解稀土金属及其合金。熔盐—合金隔膜法也有需要解决的技术问题，如提高稀土—铁族金属合金的机械强度、稳定合金隔膜在熔盐体系中成分等。

3.3.2.2　熔剂或熔渣过程

邓永春等人采用直接还原—渣金熔分法回收废旧钕铁硼磁体中铁合金和稀土氧化物渣。基于钕铁硼废料中铁元素与稀土元素化学活性差别较大的特性，开展了相关研究工作，采用直接还原—渣金熔分方法提取铁合金，同时将稀土富集于熔渣中[32]。

将钕铁硼废料粉和铁精矿粉按一定比例配成混合料，装入反应罐内，在反应罐内加入还原剂半焦，加入 182g 半焦粉和 341g 混合粉料，原料装入后，提出薄铁皮筒，使加入的原料为自然松装状态。为了保证实验的一致性，每次原料装入情况尽量保持一致。采用反应罐直接还原得到的海绵铁，经渣金熔分即可得到铁合金和稀土氧化物熔渣。为了防止在冷却过程中物料的二次氧化，装好料后，加盖石墨片。将加盖石墨片的物料放入马弗炉，设定温度、时间后升温，各工艺条件的升温时间均为 80min，当温度达到设定值时保温一定时间后，随炉冷却至 400℃取出坩埚，自然冷却至室温，取出物料，称量海绵铁的质量。将直接还原得到的海绵铁称量后，装入刚玉坩埚，再将刚玉坩埚放入真空碳管炉内，在氩气气氛保护下，升温到 1600℃，保温 0.5h，进行渣金熔分。

将废料以一定质量比配加到铁精矿粉中，在反应罐直接还原，物料中金属铁和钴的氧化物 FeO、CoO 被还原为金属单质 Fe 和 Co，Al、Mn、RE 等活性金属被氧化为 Al_2O_3、MnO、RE_2O_3；海绵铁渣金熔分中，呈单质态的元素 Fe、Co 形成合金，呈氧化态的稀土氧化物与铁精矿中的脉石形成 $REO\text{-}SiO_2\text{-}Al_2O_3$ 熔渣，渣中稀土氧化物质量分数达到 48.42%，具有很高的再利用价值。对熔分渣进行熔化性温度、扫描电镜和能谱微区成分分析及 X 射线衍射结构分析。分析表明，熔渣的流动性良好，当废料配入比大于 15% 时，熔渣的软化熔融温度区间变窄；渣中的稀土以氧化物和铝酸盐的形式存在，形成树枝状晶体。

熔剂或熔渣过程可以分为两组：去除废旧永磁体表面的稀土氧化物（净化）；将废旧永磁体中稀土氧化和造渣[32]。

稀土氧化物的形成是由于稀土永磁制造过程中氧化所致，它需要被去除，从而可以将废料再利用为稀土永磁体的中间合金。在这个过程中，熔融的氟化物如 $LiF\text{-}NdF_3$ 和 $LiFDyF_3$ 被用作熔剂，钕铁硼永磁废料中的稀土氧化物被提取出来，如图 3-16 所示。

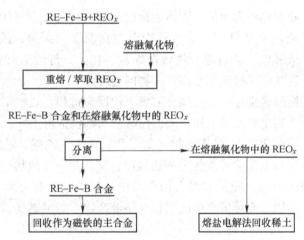

图 3-16　采用氟化物熔盐电解回收合金流程

在金属/渣分离后，纯化的 Nd-Fe-B 合金可以被重新用作磁体生产的母合金。稀土金属可以通过常规的熔盐电解法，从溶解在熔融氟化物中的稀土氧化物中回收，并已经成功地将 Nd-Fe-B 磁体废料中的氧含量从 5000×10^{-6} 降低到 200×10^{-6}，可作为 Nd-Fe-B 母合金。与传统的或其他回收工艺相比，该工艺简单、节能，而且具有成本效益。然而，这个过程的缺点之一是合金成分基本上不改变，这使得该过程很难应用于车间废料。换言之，只有在磁铁废料的原始成分是已知的情况下，该工艺过程才可能非常具有潜力。

Saito 等人提出玻璃渣方法回收稀土，适用于细颗粒的散装废料。在氩气气氛下，采用熔融 B_2O_3 作为氧化剂和萃取剂，从 Nd-Fe-B 磁体废料中萃取钕。

$Nd_2Fe_{14}B$ 合金和 B_2O_3 在氮化硼坩埚加热熔化得到铁硼合金和含钕玻璃渣[33]。分析结果表明：几乎所有的钕进入玻璃相。玻璃渣法也适用于 Sm-Fe-N 和 Sm-Fe 磁体。Kubo 等人采用玻璃渣法，通过添加碳降低熔点，渣相被分离为 B_2O_3 和 Nd_2O_3-B_2O_3 两液相。研究表明：几乎所有的钕、镝、镨被萃取进入 Nd_2O_3-B_2O_3 渣相。使用熔融的 B_2O_3 作为炉渣相，能很好地分离稀土和铁族金属，而且铁族金属以金属形式保持存在。但是，必须将稀土氧化物和 B_2O_3 进一步分离后才能得到稀土金属。

Yamamoto 在 1550℃、氩气保护下（氧分压为 10^{-10} ~ 10^{-25} 标准大气压），可将钕铁硼油泥分离为铁液和固体稀土氧化物[34]，所有钕、镨、镝和铽均以氧化物相存在，氧化相铁质量分数小于 0.4%。

3.4　热解处理废旧粘结稀土永磁材料

热解在工业上也称为干馏。固体废物的热解是利用废物中有机物质的热不稳定性，在无氧或缺氧条件下，使有机物质在高温下热裂解，最终生成可燃气、油、固态炭（或残渣）的过程。热解在煤炭、化工、炼油等行业的应用已有相当长的历史，近几十年被应用于固体废物的处理。

热解与焚烧的区别在于：焚烧是需氧氧化反应过程，热解则是无氧或缺氧反应过程；焚烧产物主要是 CO_2 和 H_2O，热解产物则包括可燃气态低分子物质（如氢气、甲烷、一氧化碳）、液态产物（如甲醇、丙酮、乙酸、乙醛等有机物及焦油、溶剂油等）以及焦炭或炭黑等固态残渣；焚烧是一个放热过程，而热解是吸热过程；焚烧产生的热能量大时可用于发电，热能量小时可作为热源或产生蒸汽，适于就近利用，而热解产生的贮存性能源产物，如可燃气、油等可以贮存或远距离输送。

与焚烧相比，固体废物热解还具有以下优点：受原料成分波动的影响小，操作弹性大；由于是缺氧分解，排气量少，简化了烟气净化系统；残渣量较少，不溶出重金属；反应温度较焚烧法低，产生的 NO 较少；热解处理设备构造比焚烧炉简单，投资费用低。热解与焚烧相比的不足之处在于：由于热解温度低，并且是还原性反应，因此在彻底减容及无害化方面与焚烧有一定差距；热解应用范围比焚烧小，几乎所有有机物质都可以进行焚烧处理，而热解目前主要集中在废橡胶、废塑料、农业废物、污泥等方面的应用或研究上。

环氧树脂因其高密度，一般被用作 Nd-Fe-B 熔纺粉末凝固成型的黏结剂。松下电器实业有限公司的研究人员利用在溶剂中固化环氧树脂的液相热解，开发了一种制造和回收 Nd-Fe-B 熔纺粉末的工艺，如图 3-17 所示[35]。将浸泡在相同重量的溶剂中（1，2，3，4-tetrahydronaphtaline）的预破碎的含 2.5%（质量分数）

的环氧树脂黏结剂的粘结磁体，在 280℃、0.49MPa 氮气、用高压反应釜中加热 80min。环氧树脂粘结磁体通过热解反应分解成粉末，然后将溶剂蒸馏，并转移到另一个高压釜。冷却下来后，通过粉碎和筛选得到再生的熔纺粉末。最后，用所获得的熔融纺丝粉末制造环氧树脂粘结磁铁。

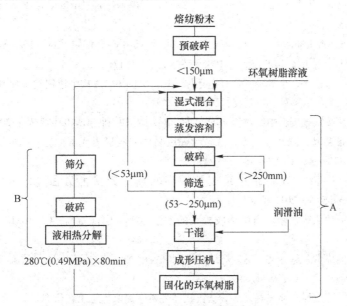

图 3-17　环氧树脂粘结磁体的制备和回收过程

参 考 文 献

[1] Gunnarsson O, Schönhammer K. Handbook on the physics and chemistry of rare earths [J]. Elsevier, Amsterdam, 1987 (10)：103.

[2] 李钊. 从钕铁硼废料中提取稀土氧化物 [D]. 包头：内蒙古科技大学, 2015.

[3] Binnemans K, Jones P T, Blanpain B, et al. Recycling of rare earths：a critical review [J]. Journal of Cleaner Production, 2013：1-22.

[4] Tanaka M, Oki T, Koyama K, et al. Recycling of rare earths from scrap [J]. Handbook on the physics and chemistry of rare earths, 2012, 43 (3)：159.

[5] 许涛, 张翼明. 钕铁硼磁性材料废料的综合利用 [R]. 全国稀土分析化学学术报告会, 2005.

[6] 沈小东, 侯永根. 磁性废料的利用 [J]. 江苏化工, 2003, 31 (3)：45-47.

[7] 尹小文, 刘敏, 赖伟鸿, 等. 草酸盐沉淀法回收钕铁硼废料中稀土元素的研究 [R]. 全国磁学和磁性材料会议, 2013.

[8] H. Koshimura. Recovery of samarium from scrap of samarium-cobalt alloy by a batch counter

current extractor [R]. Report of Tokyo Metropolitan Industrial Technology Center, 1988, 17: 83-88.

[9] Sato N, Wei Y, Nanjo M, et al. Recovery of samarium and neodymium from rare earth magnet scraps by fractional crystallization method-fundamental study on the recycling of rare earth magnet (2nd Report) [J]. Journal-Mining and Materials Processing Institute of Japan, 1997, 113: 1082-1086.

[10] Sanuki S, Sugiyama A, Kadomachi K, et al. Recovery of metal values from Sm-Co magnets scrap [J]. J. Jpn. Inst. Met., 1995, 59 (2): 169-176.

[11] 张选旭，郭连平，余党华，等. 电还原—P$_{507}$萃取分离法从废钕铁硼中回收稀土工业试验 [J]. 有色金属科学与工程, 2009, 23 (3): 30-31.

[12] 刘斌. 从钕铁硼废料中回收稀土的方法 [P]. 中国专利: CN103146925A. 2013-06-12.

[13] 李军，张大鸣，夏芋栗，等. 从钕铁硼废料中回收稀土元素的方法 [P]. 中国专利: CN102011020A, 2011-04-13.

[14] 梁浩. 一种从钕铁硼边角废料中回收稀土元素的方法 [P]. 中国专利: CN102154557A, 2011-08-17.

[15] 梁浩. 一种从钕铁硼废料中回收稀土的方法 [P]. 中国专利: CN 102154558A, 2011-08-17.

[16] 唐杰，魏成富，赵导文，等. 烧结钕铁硼废料中 Nd$_2$O$_3$ 的回收 [J]. 稀有金属与硬质合金, 2009, 37 (1): 9-11.

[17] 吴继平，邓庚凤，邓亮亮，等. 从钕铁硼废料中提取稀土工艺研究 [J]. 有色金属科学与工程, 2016, 7 (1): 119-124.

[18] Lyman, J. W., Palmer, G. R.. Recycling of neodymium iron boron magnet scrap [R]. Report of Investigations 9481: United States Bureau of Mines, 1993.

[19] Yoon H S, Kim C J, Lee J Y, et al. Separation of neodymium from NdEeB permanent magnetic scrap [J]. Korean Inst. Resources Recycling, 2003 (12): 57-63.

[20] Lee M S, Lee J Y, Kim J S, et al. Solvent extraction of neodymium ions from hydrochloric acid solution using PC88A and saponified PC88A [J]. Separation and Purification Technology, 2005, 46 (1): 72-78.

[21] Murase K, Machida K, Adachi G. Recovery of rare metals from scrap of rare earth intermetallic material by chemical vapour transport [J]. Journal of alloys and compounds, 1995, 217 (2): 218-225.

[22] Itakura T, Sasai R, Itoh H. Resource recovery from Nd-Fe-B sintered magnet by hydrothermal treatment [J]. Journal of Alloys and Compounds, 2006, 408: 1382-1385.

[23] 胡伯平. 稀土永磁材料的现状与发展趋势 [J]. 磁性材料及器件, 2014 (2): 66-77.

[24] Naganawa H, Shimojo K, Mitamura H, et al. A new "green" extractant of the diglycol amic acid type for lanthanides [J]. Solvent Extraction Research and Development-japan, 2007: 151-159.

[25] Kubota F, Shimobori Y, Koyanagi Y, et al. Uphill transport of rare-earth metals through a

highly stable supported liquid membrane based on an ionic liquid ［J］. Analytical Sciences, 2010, 26 （3）: 289-290.

［26］ Kobayashi S, Sano N, Itoh J. NMR measurement of internal field and electric quadrupole interaction in ferromagnetic dy metal ［J］. Journal of the Physical Society of Japan, 1966, 21 （7）: 1456-1460.

［27］ Murase K, Machida K, Adachi G, et al. Recovery of rare metals from scrap of rare earth intermetallic material by chemical vapour transport ［J］. Journal of Alloys and Compounds, 1995, 217 （2）: 218-225.

［28］ Uda T, Jacob K T, Hirasawa M, et al. Technique for enhanced rare earth separation ［J］. Science, 2000, 289 （5488）: 2326-2329.

［29］ Shirayama S, Okabe T. Selective extraction of Nd and Dy from rare earth magnet scrap into molten salt ［C］. The Minerals, Metals and Materials Society-3rd International Conference on Processing Materials for Properties 2008. 2009, 1: 469-474.

［30］ Suzuki R O, Saguchi A, Takahashi W, et al. Recycling of rare earth magnet scraps: Part II Oxygen removal by calcium ［J］. Materials Transactions, 2001, 42 （12）: 2492-2498.

［31］ Oishi T, Konishi H, Nohira T, et al. Separation and recovery of rare earth metals by molten salt electrolysis using alloy diaphragm ［J］. Kagaku Kogaku Ronbunshu, 2010, 36 （4）: 299-303.

［32］ 邓永春, 吴胜利, 姜银举, 等. 直接还原—渣金熔分法回收钕铁硼废料 ［J］. 稀土, 2015 （5）: 8-13.

［33］ Saito T, Sato H, Motegi T, et al. Extraction of Sm from Sm-Fe-N magnets by the glass slag method ［J］. Journal of Alloys and Compounds, 2005, 403 （1）: 341-344.

［34］ Lai W, Liu M, Li C, et al. Recovery of a composite powder from NdFeB slurry by co-precipitation ［J］. Hydrometallurgy, 2014: 27-33.

［35］ Terada T, Onishi H, Kawakam T. New solvolysis and its application to epoxy resin and bonded magnets ［J］. J. Japan Inst. Metals, 2001 （65）: 627-634.

4　废旧稀土发光材料循环利用技术

4.1　废旧稀土发光材料的收集

废旧材料循环利用是世界各国共同积极倡导的新型产业。废旧 CRT、荧光灯等显示和光源器件的无害化处置和资源化利用，不仅防止汞污染，而且有利于稀土资源循环利用。废旧 CRT 和荧光灯回收处理基本思路是相同的，经物理拆解、机械破碎、分选、收集得到金属、玻璃和荧光粉等，然后进行逐一回收处理[1]。

4.1.1　CRT 显示器拆解及荧光粉收集技术

CRT 屏玻璃的荧光粉涂层较薄，且与屏玻璃结合不紧密，去除较简单，可采取干法工艺和湿法工艺。干法工艺有带吸收单元金属刷的负压抽吸、高压气流喷砂吹洗等。湿法工艺有超声波清洗法、高压水冲击、酸碱清洗法等方法[2-4]。

现行的荧光粉回收主要以干法工艺为主[5]。在欧盟、日本以及我国的一些废旧电器电子产品拆解示范企业应用较多的是负压抽吸法。负压抽吸法主要原理是：在吸取 CRT 屏玻璃荧光粉涂层时，刷子剥离屏玻璃上的荧光粉涂层、吸尘器抽吸荧光粉。该荧光粉收集系统安装了空气抽取和过滤装置，可以防止荧光粉的逸散，妥善收集荧光粉。

4.1.2　废旧稀土荧光灯的破碎分选技术

4.1.2.1　破碎回收技术

破碎回收技术分干法破碎和湿法破碎，主要工艺过程是：先将废荧光灯整体破碎，然后通过分离设备将汞、荧光粉、金属和玻璃进行分类回收[6]。汞蒸气经精制后再利用，荧光粉、金属和玻璃送给有关企业再利用或处置。该工艺破碎设备简单，但分离设备比较复杂。荧光粉与玻璃细粒分离后经过蒸馏得到粗汞，精炼后可市场销售，荧光粉是具有重要价值的稀土二次资源，可回收铕铽。

4.1.2.2　切端吹扫分离技术

切端吹扫分离技术是先将灯管的两端切掉，吹入高压空气将含汞的荧光粉吹出后收集，再通过真空加热器回收汞。该系统可将废旧荧光灯分成灯头、玻璃和荧光粉[7]。灯头经特制的粉碎器粉碎成碎片，通过气流床被加速，相互推进、摩擦，配合电磁分离器，有效地分离成铝、导线、玻璃和塑料。回收的荧光粉主要为稀土荧光粉，是重要的二次资源。

4.1.2.3 拆分回收技术

拆分回收技术工艺过程是：先将荧光灯的冒头（或底座）等组件与灯管（灯泡）拆分开，用高速气流将荧光粉吹出，荧光粉被回收；玻璃管直接或经过破碎、热空气处理后回收利用；冒头（或底座）经过压碎分离回收金属；含汞荧光粉经过蒸馏后，含汞气体（包括空气）流经活性炭净化回收汞，汞精制后再利用。该技术能使废弃荧光灯组件的回收率达到99%。目前，拆分回收技术已在德国的 WEREC（Wertstoff-Recycling）Berlin 公司、日本 NKK 环境和日本的神钢朋太克公司等废旧荧光灯处理公司得到应用[8]。

4.1.3 汞蒸馏回收技术

废旧稀土发光材料循环利用关键是汞的回收与利用、稀土的分离和提纯。由于新荧光灯最初充的是汞蒸气，以汞原子的形式存在，使用后，原子态的汞与荧光粉发生氧化还原反应[9]，同时原子态的汞会渗透到玻璃中的氧化层或者灯头中，最终形成金属氧化物[10]。汞价态是+1、+2，研究表明，+1、+2 价的汞是以氧化物形式存在的，当荧光灯工作时，其放电区会发生碱金属氧化物的分解，释放出氧气，充入的汞蒸气与氧气反应生成 HgO[11,12]。

汞在荧光灯不同部位的存在形式不同，其无害化处理的工艺主要是：

（1）酸洗法。将经过物理破碎的荧光灯玻璃管碎片置于混合酸（体积分数为5%的硝酸和体积分数为5%的盐酸按体积比 1:1 混合）中浸泡，在搅拌器的作用下于室温搅拌（18 ± 2）h，浸出液用冷原子蒸汽法检验其中的汞含量。

（2）热脱附法。将经过物理破碎的荧光灯玻璃管碎片在不同温度下加热一段时间，汞脱附后回收。Min 等比较了上述两种方法，指出热脱附法是回收吸附在玻璃上的汞的有效方法。经100℃、1h 热处理后，含汞量低于 $4\mu g/g$；当温度高于400℃时，其中的汞基本上完全脱附[13]。Claudio 等针对不同形式的汞在不同温度下的脱附作了比较实验，并得出不同形式的汞的脱附速率大小为 $Hg < HgCl < HgCl_2 < HgO$[14]。

汞含量因荧光灯（线性管与紧凑型荧光灯）型号、瓦数和制造年份的不同而异，但由于日益严格的环保和新技术的发展，汞含量正稳步下降[15]。1994 年美国的一项研究显示，当时使用的荧光灯的汞含量为 0.72~115mg/只，平均值为33mg/只，而在新灯具中的汞含量为 14.3~44.8mg/只，平均为 25.19mg/只[15]。根据欧盟法规，2012 年之后功率低于 50W 以下的紧凑型荧光灯不允许含有超过3.5mg/只。美国 13W 螺旋紧凑型荧光灯的含汞量为 0.17~3.6mg/只[16]。在灯的使用过程中，汞原子或离子会化学结合到玻璃壁和荧光体颗粒，荧光粉层的汞浓度随着时间逐渐变高[17-22]，当紧凑型荧光灯达到使用寿命时，超过85%的汞累积在荧光粉层。玻璃表面上附着的荧光粉汞含量比经过灯破碎收集的松散荧光粉汞含量高[23]。废旧荧光粉中的汞浓度比新灯中的荧光粉汞含量高近40倍[24]。废旧荧光灯中含有Hg（0）、Hg（Ⅰ）和Hg（Ⅱ），但不一定均存在于荧光粉中。目前研究除汞的工艺也不少[25,26]，将荧光粉经过热处理除汞，真空下加热至400~600℃，大部分的汞将去除。然而要完全除去汞，必须将荧光粉加热到800℃以上致使其分解或者添加有机还原剂[27]。蒸馏和其他热处理除汞工艺需要复杂的设备，且耗能很高，所以并未被使用，在一些欧洲荧光灯处理厂，湿法筛分常用于将荧光粉、玻璃和金属分离。

4.1.4　废旧稀土荧光粉分选技术

直管型荧光灯采用两端切除法，很容易用空气吹出荧光粉，紧凑型荧光灯采用机械破碎方式，再进行物理分选收集荧光粉。工业上一般采用机械破碎—物理分选富集稀土荧光粉。

4.1.4.1　介质分选

由于荧光粉的密度不同，在干法分离中风力分选是最合适的方法。Takahashi等采用离心式风力分选器（Turbo Classifier TC-25，Nisshin Engineering Inc.）分选富集稀土荧光粉。实验用原料含13.3%稀土荧光粉，82.6%卤磷酸盐荧光粉 $[(Sr,Ca)_{10}(PO_4)(Cl,F)_2:Sb^{3+}、Mn^{2+}(\rho=3.07g/cm^3)]$ 和4.1%玻璃，研究了稀土荧光粉 $[Y_2O_3:Eu^{3+}(\rho=5.12g/cm^3)、(Sr,Ca,Ba,Mg)_5(PO_4)_3Cl:Eu^{2+}(\rho=4.34g/cm^3)$ 和 $(Gd,Mg)B_5O_{12}:Ce^{3+},Tb^{3+}(\rho=5.23g/cm^3)]$ 的含量和回收率与离心转速（4000~8000r/min）和空气流量（约0.03~0.06m³/s）的关系[28]。离心转速越高，稀土荧光粉的含量越高，但卤磷酸盐荧光粉含量也随之增加。最佳的分选的工艺条件为离心转速为5000r/min，空气流量为0.053m³/s，最终的稀土荧光粉回收率为70%，将稀土荧光粉质量分数从13.3%富集到29.7%。上述实验表明：风力分选未能高效分离稀土荧光粉和卤磷酸盐荧光粉，因为稀土荧光粉的颗粒大小约为5μm，更适用于湿法分选。Takahashi等同时研究采用重介质，二碘甲烷（CH_2I_2，密度为3.3g/cm³），进行选矿法分选。采用样品与上述干法一样，卤磷酸盐荧光粉密度为3.07g/cm³，稀土荧光粉密度为4.34~5.23g/cm³[29,30]。因此，稀土荧光粉下沉，而卤磷酸盐荧光粉被浮选出来。实验结果见表4-1，稀土荧光粉被富集大约4~5倍。

表4-1　重介质分选荧光粉产物组成　　　　（质量分数/%）

产物	稀土荧光粉	卤磷酸盐荧光粉	玻璃
样品	13	83	3

产物	稀土荧光粉	卤磷酸盐荧光粉	玻璃
产物 1	54	45	1
产物 2	65	34	1

注：产物 1—浆料浓度 100kg/m³；产物 2—浆料浓度 40kg/m³。

同时，Takahashi 的实验结果也表明颗粒尺寸差异性比颗粒的密度对分选的结果影响更大：小而重的颗粒和大而轻的颗粒的沉降速度相当。Hirajima 采用二碘甲烷作为离心介质，用油酸钠为表面活性剂，通过离心工艺分选荧光粉，在介质二碘甲烷中，90%的卤磷酸盐荧光粉进入上层悬浮液被回收，然而稀土荧光粉进入底层，回收率和分离效率分别达到 97.34%和 0.84[31]。分离效果与离心速度、颗粒物浓度和表面活性剂的吸附预处理等因素有关，但离心时间对分离效率影响不明显。下沉物分析表明稀土荧光粉的回收率达到 48.61%，99.8%的二碘甲烷可以回收利用。但该工艺成本较高，而且介质二碘甲烷有毒，回收过程中容易污染环境。

4.1.4.2 超临界液相萃取

Shimizu 采用了溶解与超临界萃取相结合方法回收稀土金属，与传统萃取法相比具有一定优势[32]。在超临界 CO_2 的介质中将三丁基磷酸盐（TBL）、硝酸和水按一定比例配置成超临界萃取溶剂。超临界流体装置的原理如图 4-1 所示，主要包含由 316 不锈钢构成的反应单元和高压单元、注射泵、液态 CO_2 存储罐、预加热线圈、回压控制器和收集单元。实验用荧光粉的 Y、Eu、La、Ce 和 Tb 的质量分数分别为 29.6%、2.3%、10.6%、5.0%和 2.6%。在超临界条件下萃取，当混合物中 $TBL：HNO_3：H_2O$ 的摩尔比为 1.0：1.3：0.4，在 120min、15MPa、

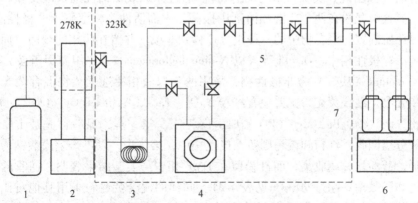

图 4-1 超临界液相萃取工艺流程

1—CO_2 储存罐；2—注射泵；3—预加热线圈；4—高压单元；

5—反应单元；6—回压控制器；7—收集单元

323K 条件下，能够使 Y 和 Eu 的萃取效率分别为 99.7% 和 99.8%。超临界萃取克服了常压条件下萃取过程中 TBL 复合物黏度大、需要稀释剂稀释、导致萃取效率下降等缺点，大大提高了稀土金属的回收率和萃取速率。该体系本质上是将硝酸溶解荧光粉与萃取分离过程融为一体，但反应的不确定性容易导致体系不稳定，影响分离过程。

4.1.4.3 浮选

浮选法常用于采矿，利用矿物表面的物理化学性质差异，采用气泡选择性分离矿物颗粒。采用浮选工艺从废旧荧光粉中浮选出荧光粉比矿物浮选复杂，主要是因为荧光粉中的磷酸盐、铝酸盐、硼酸盐和氧化物均是疏水性的，并且荧光粉的颗粒大小（3~8μm）远小于矿物的颗粒（−50μm）。

Hirajima 分别测量了纯的白色、红色、绿色和蓝色荧光粉的表面 Zeta 电位，以及 4 种荧光粉混合物（比例为 17∶1∶1∶1）Zeta 电位，同时也测量了废弃荧光粉的 Zeta 电位，考察了一种阳离子浮选剂十二烷基醋酸铵（DAA）和两种阴离子浮选剂 ［sodiumdodecylsulfate（SDS）and sodiumoleate］ 以及分散剂 Na_2SiO_3 在不同 pH 值范围内对荧光粉浮选分离效果[33]。研究结果表明，影响浮选回收率的主要因素是浮选剂和 pH 值，当 pH<4.5 时，卤磷酸盐荧光粉可以全部去除，而稀土荧光粉留下，但在这种酸性条件下，红粉几乎全部溶解。以十二烷基醋酸铵为浮选剂，当 pH 值介于 9 与 10 之间时，卤磷酸盐荧光粉可以去除，但不同的稀土荧光粉很难一一分开，结果显示，DAA 可浮选回收 70%~90% 的稀土荧光粉，SDS 可回收 66%~82% 的稀土荧光粉（d_{50}<13μm）。

与上述浮选法相比，两步液相浮选（见图 4-2）更适合于颗粒较小的荧光粉（小于 10μm），浮选介质包括极性溶剂 ［如水或者二甲基甲酰胺（DMF）］ 和非极性溶剂（如己烷、庚烷、辛烷或壬烷）。通过添加表面活性剂来改变颗粒的润湿性，混合荧光粉在两个非混相溶剂中振荡，表面活性剂将溶解于非极性溶剂，混合搅拌后静置。混合物中的一种组分迁移到非极性并留在两相的表面，而其他组分则留在极性相中。Otsuki 等人以 N-dimethylformamide（二甲基甲酰胺）为极性相，heptane（庚烷）为非极性相，采用两步双液相浮选工艺将混合荧光粉进行逐步分离，混合荧光粉主要包含红粉 Y_2O_3∶Eu^{3+}，绿粉 $LaPO_4$∶（Ce^{3+}，Tb^{3+}）和蓝粉（Sr，Ca，Ba，Mg）$_5$（PO_4）$_3$Cl∶Eu^{3+}[34]。第一步，绿粉首先被十二烷基醋酸铵分离回收，红粉和蓝粉则留在极性相中；第二步，以正辛烷磺酸钠为表面活性剂，蓝粉被分离收集，而红粉留在 DMF 相中。实验结果表明，回收的荧光粉纯度和回收率均超过 90%（见表 4-2）。同样的混合荧光粉采用其他对比的表面活性剂，例如两种阳离子表面活性剂：十二胺（DDA：CH_3（CH_2）$_{11}$$NH_2$）、油脂十八胺（$CH_3$（$CH_2$）$_{17}$$NH_2$），以及两种阳离子表面活性剂：十八烷磺酸钠（SDBS：$C_{18}H_{29}SO_3Na$）、辛烷磺酸钠（CH_3（CH_2）$_7$$SO_3Na$）进行分离[35,36]。

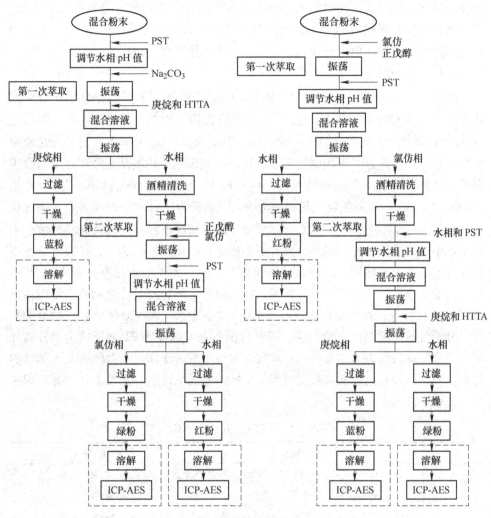

图 4-2 荧光粉两步液相浮选工艺流程

表 4-2 液—液分离结果

第一产物（绿粉末）		第二产物（蓝粉）		第三产物（红粉）	
纯度/%	回收率/%	纯度/%	回收率/%	纯度/%	回收率/%
90.0	95.2	92.2	91.8	95.3	90.9

4.1.4.4 发射光谱识别

通过识别荧光粉来分选荧光灯。比利时废弃物处理公司 Indaver 与飞利浦照明公司就开发线性荧光灯管回收荧光粉合作[26]。该过程的创新部分是在荧光灯点亮的瞬间，记录该灯发射的光谱。由于各种混合荧光粉具有独特的发射光谱，可以从它的发射光谱进行识别，再通过"切端"工艺，从不同类型的荧光灯中收集不同的荧光粉。但到现在为止，该工艺还未能实现商用。

4.1.4.5 磁选

磁分离是由 Horikawa 开发的，基于不同荧光粉具有不同的磁化率而分离回收单一稀土荧光粉的一种新方法[37]。铽基荧光粉，例如 $LaPO_4$：（Ce^{3+}，Tb^{3+}）、（Gd，Mg）B_5O_{12}：（Ce^{3+}，Tb^{3+}）和（Ce，Tb）$MgAl_{11}O_{19}$ 大体上比铕基荧光粉顺磁性更强一些，并且对磁场吸引更强。Tanaka 实现用强磁场从生产车间中回收废弃的三基色荧光粉。实验以红粉（Y_2O_3：Eu）、绿粉（$LaPO_4$：Tb，Ce）、蓝粉（$BaAl_{10}O_{17}$：Eu）三基色荧光粉和卤磷酸盐荧光粉为研究对象，设备为高梯磁选机（HGMS），最大磁场强度 2T[38]。具体分离步骤如下：首先将荧光粉分散于去离子水中，然后注入有磁场的分离容器中磁化，磁化率高的荧光粉经磁场分选吸附在容器壁，消磁后用去离子水冲刷收集。不同荧光粉的磁化率见表 4-3，其中绿粉的磁化率高于其他颜色的磁化率，因此绿粉也最容易被分离回收。不同颜色的荧光粉各取 1g，均匀分散于去离子水中，并添加 0.1%（质量分数）的聚羧酸型高分子分散剂配制成实验料浆。将浆液倒入磁场强度为 2T 网形的金属分离柱中，消磁后绿粉用去离子水冲刷后收集。最终重复 3 次即可获得纯度大于 99% 的绿粉。磁化率相近的蓝粉和红粉可添加不同的表面活性剂并重复上述步骤，即可从荧光粉中分离。

表 4-3 不同荧光粉的磁化率

编号	荧光粉（颜色）	磁 化 率
1	$LaPO_4$：Tb，Ce（LAP，绿粉）	1.55×10^{-3}
2	$BaAl_{10}O_{17}$：Eu（BMA，蓝粉）	1.78×10^{-4}
3	Y_2O_3：Eu（YOX，红粉）	8.56×10^{-4}
4	Calciumhalophosphate（冷白）	9.55×10^{-4}
5	Calciumhalophosphate（暖白）	1.89×10^{-4}

目前采用物理法分离荧光粉的工艺如上所述共 5 种：介质分选，超临界液相萃取，浮选，发射光谱识别和磁选。这些方法的优缺点对比见表 4-4。

表 4-4 荧光粉不同的物理法分离方法对比

方法	优 点	缺 点
介质分选	工艺相对简单； 可以有效分离钙卤磷酸盐和三基色稀土荧光粉	成本较高； 有机介质（二碘甲烷 CH_2I_2）污染环境

方法	优 点	缺 点
超临界液相萃取	萃取效率高； 溶质除去完全和迅速	稀土荧光粉分离不完全； 荧光粉质量降低
浮选	工艺相对简单； 化学试剂消耗少	产物纯度不高； 荧光粉质量降低
发射光谱识别	仅需物理手段； 环境友好	难以适用于大规模商用； 效率低
磁选	仅需物理手段； 单一荧光粉可被分离； 环境友好	成本高； 难以适用于大规模商用

尽管采用分离再生的稀土荧光粉重复用于新灯具生产似乎是很好的选择，但目前这种方法并不推荐。因为：第一，通过物理方法很难获得纯度达到 5N 的荧光粉；第二，荧光粉使用过程中长期暴露于紫外线辐射和汞原子或离子轰击，对其造成污染；第三，随着时间的推移汞趋于积聚在荧光粉层；第四，废旧荧光粉的混合荧光粉的品质通常不同；第五，该分离方法也将改变荧光粉本身的粒度，最终导致回收的荧光粉质量下降，进而影响新灯具的发光效果和寿命。

4.2 稀土荧光粉分解提取技术

废旧稀土荧光粉稀土氧化物质量分数高达 27.9%，是稀土元素（如铕和铽）的重要来源。但实际荧光粉的稀土（以氧化物计算）回收率约 10%（质量分数）[39]。不同类型荧光粉耐酸的能力差异较大，如红粉 Y_2O_3：Eu^{3+} 和卤磷酸盐荧光粉可溶于稀酸，然而磷酸盐绿粉 $LaPO_4$：（Ce^{3+}，Tb^{3+}）（LAP）、铝酸盐绿粉（Ce，Tb）$MgAl_{11}O_{19}$（CTMA）和蓝粉 $BaMgAl_{10}O_{17}$：Eu^{3+}（BMA）由于其晶体结构稳定，具有较强的耐酸性。

4.2.1 直接浸出技术

Takahashi 等开展了湿法分离回收废旧荧光粉中的稀土元素研究。研究了不同条件下硫酸浸出率，优化的浸出条件为：硫酸浓度为 $1.5 kmol/m^3$、料浆浓度为 $30 kg/m^3$、$70℃$ 下酸浸 1h 时，92% 的钇和 98% 的铕被浸出，杂质元素如钙、钠、磷、氯、镁、锑、锰、铁和铝伴随着稀土元素一并被浸出。但绿粉（BMA）中的镧、铈和铽不溶解。用氨水调节 pH 值至 10，钠、磷、氯、钙和镁保留在上清液，沉淀稀土、锑、锰、铁和铝，沉淀物再经盐酸酸解，采用草酸沉淀回收稀土元素，而锑、镁和铝则留在上清液中，因为这些元素不形成草酸盐沉淀[40-45]。

采用螯合树脂也可分离回收废旧稀土荧光粉的稀土元素。浸出过程分两个步骤进行：（1）先用 1.5kmol/m³ 硫酸选择性浸出红粉，获得主要含钇、铕的溶液。（2）残渣继续采用 18kmol/m³ 硫酸为了浸出并获得含镧、铈和铽溶液。分别采用亚氨基二乙酸和氨三乙酸三钠酸型树脂进行稀土元素之间的相互分离。经过草酸盐沉淀和煅烧之后，获得单一稀土氧化物，产率和纯度分别为：氧化钇，50% 和99.8%；氧化铕，50% 和 98.3%；氧化镧，30% 和 96.0%；氧化铈，30% 和87.3%；氧化铽，90% 和 91.8%[46]。用 1.5kmol/m³ 硫酸选择性浸出得到的钇和铕，用溶剂 PC-88A 进行萃取使其相互分离。pH＝1.5 时，钇先被萃取，当 pH＝2.0 时，铕被萃取，所得钇和铕氧化物的纯度分别为 99.3% 和 97%，稀土总回收率为 65%[47]，杂质如铝、硅、锰、锶、磷、镁、钠很少被萃取，因此，可以较好地除杂。稀土氧化物中，含有 CaO 和 Sb₂O₃ 等典型杂质，氧化钇含 0.20%（质量分数）CaO 和 0.05%（质量分数）Sb₂O₃，氧化铕含 1.95%（质量分数）CaO和 0.40%（质量分数）Sb₂O₃[48]。图 4-3 为废旧稀土荧光粉回收稀土氧化物流

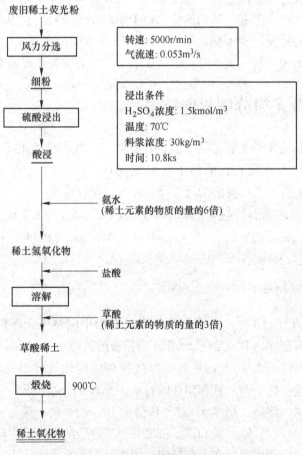

图 4-3 废旧稀土荧光粉回收稀土氧化物流程

程。Shimakage 等采用高压釜反应器，在 40~120℃进行盐酸浸出钇和铕动力学研究，计算其活化能分别为 20.3kJ/mol 和 18.5kJ/mol，浸出反应过程中的 H^+ 扩散受能斯特边界层限制[49]。

Radeke 等提出了一种从废旧卤磷酸盐和三基色荧光粉中先后分离汞、钙、钇和重稀土元素的工艺，如图 4-4 所示。其中荧光粉中的 Y_2O_3：Eu^{3+} 经盐酸溶解和多级萃取分离，得到钇富集溶液。然后通过草酸沉淀和焙烧，最终获得纯度为 99.99%的氧化钇[50]。

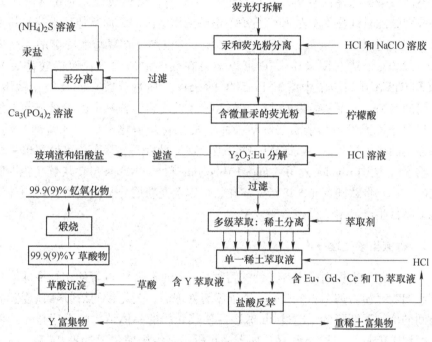

图 4-4　废旧荧光粉萃取分离稀土流程

三基色稀土荧光粉混合物的浸出实验表明，当盐酸浓度为 4mol/L，添加浓度为 4.4g/L 的过氧化氢具有较强的浸出效果[40]。稀土三基色荧光粉则可与碳酸钠混合在 1000℃进行碱熔[51]。在红粉 Y_2O_3：Eu^{3+} 进行机械活化球磨后，更容易溶于酸。机械化学处理可以使晶体结构发生畸变，使得其在较温和的条件下溶解[52]。

Rabah 采用 H_2SO_4/HNO_3 混合酸对废旧荧光粉的钇和铕进行回收，将含有红粉和卤磷酸盐的荧光粉与混合酸混合装入高压反应釜，在 125℃、5MPa 下酸解 4h，质量分数为 96.4%的钇和 92.8%的铕被浸出[53]。De Michelis 等研究了不同种类酸（HCl、HNO_3、H_2SO_4）和氨对稀土浸出效率的影响，以及优化回收钇的工艺[54]。实验结果表明，用氨回收钇的效率较低，而酸浸效率高，其中硝酸浸出钇的效率最高，但产生有毒气体，盐酸和硫酸的使钇浸出效果相似。然而，浸出用硫酸是较好的，因为能减少杂质钙、铅和钡的浸出。根据 Yang 的研究结果，大量的 Al_2O_3 存在于荧光粉中（从阻挡层）是有利于提高稀土萃取效率的，因为当用硝酸酸解，生成的 $Al(NO_3)_3$ 可以在后续有机萃取稀土元素过程中充当盐析出剂[55]。

欧司朗（西门子）开发了一种从废旧荧光粉中回收所有稀土元素的方法。首先将荧光灯机械拆解，将荧光粉进行筛分，筛孔为 $20\sim25\mu m$。不同的荧光粉经过不同酸解被选择性浸出，在温度低于 30℃ 时，卤磷酸盐荧光粉溶解于稀盐酸溶液中，此时红粉 Y_2O_3：Eu^{3+} 几乎不溶解或微量溶解，而其他稀土荧光粉不溶解[56]。当温度为 $60\sim90$℃，红粉 Y_2O_3：Eu^{3+} 可以溶解在稀盐酸或硫酸，当温度为 $120\sim230$℃，磷酸镧绿粉 LAP 可以溶解在热的浓硫酸中，而铝酸盐荧光粉 BMA 和 CTMA 在高压釜中溶解于 150℃ 的 35%（质量分数）的氢氧化钠溶液。欧司朗的专利公开了从卤磷酸盐荧光粉和稀土荧光粉混合物中回收稀土元素的方法，包含分解荧光粉和杂质去除等技术。荧光粉是由热硝酸（或盐酸）溶解，然后经热的浓氢氧化钠溶液或碳酸钠溶液处理，最后经过萃取分离得到单一稀土化合物[57]。法国 Rhodia 公司宣布在 LaRochelle 和 Saint-Fons 启动从荧光粉中回收稀土的项目，将欧洲荧光粉进行资源化，但因荧光粉成分不同，需要进一步优化工艺，降低生产成本，提高资源效率。

4.2.2 机械化学处理技术

在温和条件下提高稀土荧光粉的溶解率，Zhang 和 Saito 等使用行星球磨化学处理废旧荧光粉，如图 4-5 所示，经过球磨处理后，荧光粉的衍射峰强度随着球磨时间的增加逐渐降低，经过 2h 球磨后使荧光粉的晶体结构的无序化，从而使得在室温下能够浸出稀土元素。如图 4-6 所示，经机械化学处理 2h 后，采用 1 $kmol/m^3$ HCl 在室温下酸解，钇、铕、镧、铈、铽浸出率分别为 99.5%、92.0%、90.0%、81.0% 和 89.5%[58,59]。

Shiratori 研究机械化学处理工艺，经 1$kmol/m^3$ H_2SO_4 酸解的渣和 10$kmol/m^3$ KOH 混合，采用行星磨机械化学处理，在将荧光粉磨细的同时，使得结构稳定的稀土荧光粉转换为氢氧化物。但结果显示经 3h 的球磨后再浸出，铽、铈和镧的浸出率仍没有提高，仅为 10%[60,61]。

4.2.3 碱熔技术

因稀土荧光粉中的铝酸盐（Ce，Tb）$MgAl_{11}O_{19}$（CTMA）和 $BMAgAl_{10}O_{17}$：Eu^{2+}（BMA）晶体结构稳定，具有较强的耐酸碱性，均难以溶解，造成稀土回收率低。广州有色金属研究院的倪海勇公开了一种回收废弃荧光灯中稀土元素的方

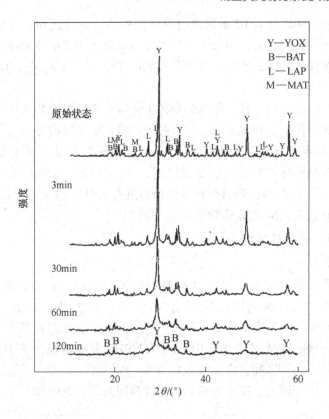

图 4-5 不同球磨时间荧光粉的 XRD 图谱

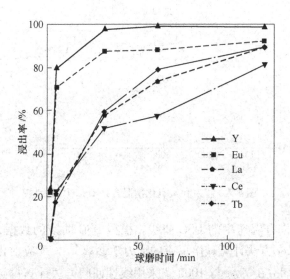

图 4-6 球磨时间对稀土元素浸出率的影响

法。荧光粉用 NaOH 或 KOH 熔融进行分解结构稳定的荧光粉，碱熔物加水，得到水浸不溶物和碱性滤液；用盐酸溶解水浸不溶物，获得中性滤液，然后再进行萃取分离、沉淀和焙烧，实现了稀土元素 Eu、Tb、Ce、Y 与 Mg、Ba、Ca 等碱土金属分离[62]。

为高效回收蓝绿粉中铕、铽和铈等稀土元素，张深根团队系统研究了蓝绿粉碱熔过程晶体结构转变和稀土离子浸出过程。将蓝粉和绿粉分别与氢氧化钠按质量比 1∶1 球磨混合均匀，以 10℃/min 升温速率进行室温~700℃ DSC-TG 分析，根据失重和吸热峰确定碱熔反应温度区间；然后在碱熔温度区间，以 25℃ 为间隔进行不同温度碱熔 2h，碱熔产物经洗涤后进行 XRD、SEM 和 XPS 等分析，阐述碱熔机理并建立碱熔崩塌模型。

4.2.3.1　蓝粉碱熔解离

A　热重分析

图 4-7 是蓝粉和氢氧化钠混合物的 DSC-TG 曲线。从 DSC 曲线可以看出，290.50℃ 为吸热峰，为碱熔反应开始温度。从 TG 曲线可以看出，在室温~290.50℃ 之间样品的失重率为 22.93%（质量分数），主要是样品中氢氧化钠潮解水蒸发所致。DSC 曲线显示 293.01℃ 和 313.07℃ 为吸热峰，从 TG 曲线可以看出，在 290.5~500℃ 区间，样品失重率为 4.34%（质量分数），超过 350.70℃ 样品几乎没有失重。因此。确定蓝粉碱熔温度范围为 290.50~350.70℃。

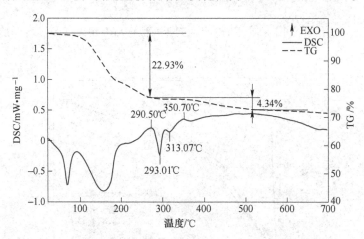

图 4-7　蓝粉和氢氧化钠混合物 DSC-TG 曲线

图 4-8 是不同升温速率的 DSC 曲线。根据 DSC 曲线的数据，采用非模型拟合动力学 Kissinger 方法计算碱熔反应的动力学参数[63]，反应活化能 $E_a(\alpha)$ 按式（4-1）计算，对 $\ln(\beta/T^2)$ 与 $1000/T$ 采用线性回归方法计算得到活化能 $E_a(\alpha)$，如图 4-9 所示。

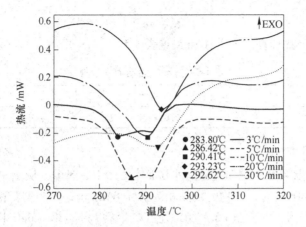

图 4-8 不同升温速率的 DSC 曲线

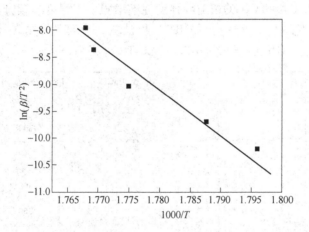

图 4-9 不同加热速率下 $\ln(\beta/T^2)$ -1000/T 关系图

$$E_a(\alpha) = -R \frac{\mathrm{d}\ln(\beta/T^2)}{\mathrm{d}(1/T)} \tag{4-1}$$

式中 R——理想气体常数，8.314J/(mol·K)；

  T——DSC 吸热峰的温度，℃；

  β——加热速率，10℃/min。

根据式（4-2），计算指前因子 A：

$$A = \frac{\beta E_a e^{E_a/RT}}{RT^2} \tag{4-2}$$

式中，T 是升温速率为 10℃/min 时的吸热峰峰温度。反应速率常数 K 通过式（4-3）计算[64]：

$$K = Ae^{-\frac{E_a}{RT}} \tag{4-3}$$

通过以上公式计算的 E_a、A 和 K 见表 4-5。

表 4-5　蓝粉碱熔动力学参数

$E_a/\mathrm{kJ \cdot mol^{-1}}$	$A/\mathrm{min^{-1}}$	$K/\mathrm{min^{-1}}$
583.78	2.95×10^{54}	2.27

B　物相分析

图 4-10 为蓝粉在不同温度碱熔水洗产物的 XRD 图谱。从图中可以看出，当碱熔温度低于 300℃时，产物的主晶相为蓝粉 BMA 相，未产生新相；当温度升高到 325℃时，产物中除蓝粉 BMA 相，还有少量的 Eu_2O_3 相、MgO 相和 $BaCO_3$，说明已经发生了碱熔反应。随着碱熔温度升高，BMA 相的衍射峰强度逐渐减弱，Eu_2O_3 相、MgO 相和 $BaCO_3$ 的衍射峰强度逐渐增强。当温度继续升高到 375℃时，蓝粉碱熔反应完全，产物中蓝粉 BMA 相消失，全部为 Eu_2O_3 相、MgO 相和 $BaCO_3$ 的衍射峰。XRD 分析与图 4-7 的 DSC-TG 分析吻合。

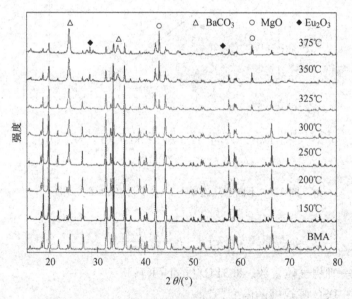

图 4-10　蓝粉在不同温度碱熔水洗产物的 XRD 图谱

图 4-11 为不同碱熔温度产物 XRD 局部放大图谱。可以看出，当碱熔温度为 150~250℃时，蓝粉 BMA 相的衍射峰发生向小角度偏移，在 250℃后衍射峰先向大角度偏移然后向小角度偏移，衍射峰出现分裂现象，如图 4-11（a）所示。根据布拉格方程式（4-4）推断，晶体常数先变大后变小，表明晶体结构发生变化，250℃时出现 $BaCO_3$ 衍射峰。当碱熔温度继续升高，BMA 相衍射峰强度逐渐减弱

并消失，在 300℃时出现 MgO 衍射峰，在 350℃时出现 Eu_2O_3 衍射峰，如图 4-11 (b) 所示。

$$2d\sin\theta = n\lambda \quad (n = 1,2,3,\cdots) \tag{4-4}$$

式中　d——晶面间距，Å；

　　　θ——入射 X 射线与相应晶面的夹角，(°)；

　　　λ——X 射线的波长，Å；

　　　n——衍射级数。

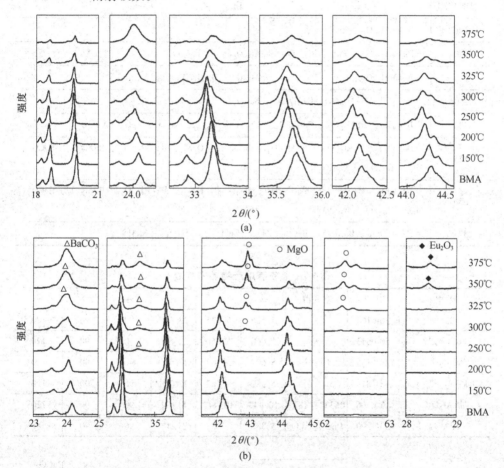

图 4-11　不同碱熔温度产物 XRD 局部放大图谱

根据图 4-10 和图 4-11，蓝粉碱熔过程物相变化见表 4-6，各物相晶格常数见表 4-7，碱熔过程物相变化过程如图 4-12 所示。碱熔反应过程中，首先 BMA [P63/mmc(194)] 中的 Eu^{3+} 从晶格镜面层中迁移出来与介质中的 O 形成 Eu_2O_3，随后尖晶石层的 Mg^{2+} 也相应迁移出晶格。同时由于 Eu^{3+} 和 Mg^{2+} 的迁出，主晶相由

BMA 逐渐转变成同一空间群结构的 $BaAl_{12}O_{19}$ [P63/mmc (194)] 和 $Ba_{0.83}Al_{11}O_{17.33}$ [P63/mmc (194)]。碱熔温度高于 325℃，出现 $BaAl_2O_4$ [P6322 (182)]，$Ba_{0.83}Al_{11}O_{17.33}$ [P63/mmc (194)] 转变成 $BaAl_2O_4$ [P6322 (182)]，晶格常数 a 和 b 增大近一倍、c 减小一半以上，可以推断晶格中镜面层分离并重新组合成新的晶体结构，最后分解成 $NaAlO_2$ [Pna21 (33)] 和 $BaCO_3$。

表 4-6 蓝粉不同温度碱熔产物

温度/℃	物 相
室温	$BaMgAl_{10}O_{17} : Eu^{2+}$
150	$BaMgAl_{10}O_{17} : Eu^{2+}$、$Ba_{0.9}Eu_{0.1}MgAl_{16}O_{27}$
200	$BaMgAl_{10}O_{17} : Eu^{2+}$、$Ba_{0.9}Eu_{0.1}MgAl_{16}O_{27}$、$BaAl_{12}O_{19}$
250	$Ba_{0.9}Eu_{0.1}MgAl_{16}O_{27}$、$BaAl_{12}O_{19}$、$BaCO_3$
300	$Ba_{0.9}Eu_{0.1}MgAl_{16}O_{27}$、$BaAl_{12}O_{19}$、$Ba_{0.83}Al_{11}O_{17.33}$、$BaCO_3$、MgO、($NaAlO_2$)
325	$Ba_{0.9}Eu_{0.1}MgAl_{16}O_{27}$、$BaAl_{12}O_{19}$、$Ba_{0.83}Al_{11}O_{17.33}$、$Ba_2Al_{10}O_{17}$、$BaAl_2O_4$、$BaCO_3$、MgO、$Eu_2O_3$、($NaAlO_2$)
350	$Ba_{0.9}Eu_{0.1}MgAl_{16}O_{27}$、$BaAl_{12}O_{19}$、$Ba_{0.83}Al_{11}O_{17.33}$、$Ba_2Al_{10}O_{17}$、$BaAl_2O_4$、$BaCO_3$、MgO、$Eu_2O_3$、($NaAlO_2$)
375	$Ba_2Al_{10}O_{17}$、$BaAl_2O_4$、$BaCO_3$、MgO、Eu_2O_3、$BaAl_2O_4$、($NaAlO_2$)

表 4-7 蓝粉碱熔产物晶格常数

晶相	PDF	空间群	a	b	c	α	β	γ
BMA	26-0163		5.625	5.625	22.625	90	90	120
$Ba_{0.9}Eu_{0.1}MgAl_{16}O_{27}$	50-0513	P63/mmc	5.660	5.660	22.660	90	90	120
$BaAl_{12}O_{19}$	26-0135	(194)	5.607	5.607	22.900	90	90	120
$Ba_{0.83}Al_{11}O_{17.33}$	48-1819		5.587	5.587	22.721	90	90	120
$BaAl_2O_4$	17-0306	P6322 (182)	10.447	10.447	8.794	90	90	120
$NaAlO_2$	33-1200	Pna21 (33)	5.387	7.033	5.218	90	90	90

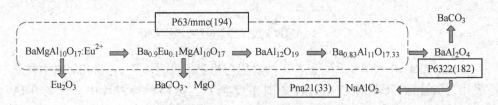

图 4-12 蓝粉碱熔过程物相变化示意图

图 4-13 是蓝粉 BMA 在不同温度碱熔水洗产物的 SEM 图。碱熔前，蓝粉为 3~5μm 表面光滑的不规则颗粒如图 4-13（a）所示；当碱熔温度为 300℃时，蓝粉颗粒表面被熔融 NaOH 腐蚀而发生反应，出现平行状沟壑，如图 4-13（b）所示；当温度为 325℃时，蓝粉颗粒解离成 0.5~1.0μm 长的棒状小颗粒，并且团聚明显，如图 4-13（c）所示；当碱熔温度继续升高到 350℃时，颗粒解离成 200~400nm 的小颗粒，如图 4-13（d）所示。

图 4-13　BMA 与碱熔产物的 SEM 图
（a）BMA；（b）300℃；（c）325℃；（d）350℃

C　碱熔颗粒反应模型

根据图 4-13 所示的 BMA 颗粒碱熔微观形貌变化，碱熔过程可以描述为缩核反应[65]，图 4-14 为 BMA 颗粒碱熔反应示意图。碱熔反应步骤为：

（1）随着碱熔反应温度的逐渐升高，NaOH 熔融成液态并呈离子状态。

（2）反应体系从固相间反应转变为固液反应过程中使得离子扩散加快，蓝粉颗粒经机械球磨处理后使其晶格无序化，颗粒表面缺陷处优先反应，并且产物扩散至 NaOH 熔融体中。

（3）随着反应进行，颗粒表面变得粗糙，形成空隙和裂缝，随后裂解成片状或棒状颗粒。

（4）最后反应完全结束，颗粒分解成产物小颗粒团聚在一起。

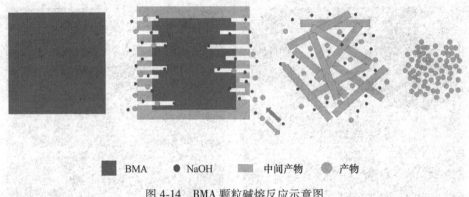

■ BMA   ● NaOH   ▬ 中间产物   ● 产物

图 4-14 BMA 颗粒碱熔反应示意图

D XPS 分析

利用 XPS 对不同碱熔温度下产物进行 Ar^+ 离子溅射测定其元素组成。图 4-15（a）为 BMA 和碱熔产物的 XPS 全谱分析。结果表明：碱熔产物粉体除 Ba、Eu、Mg、Al 和 O 元素外，在碱熔温度超过 300℃ 的产物中还存在少量 Na 元素。碱熔过程中 Na^+ 离子扩散进 BMA 晶体表面，同时 C1s 的峰位于 284.78eV。图 4-15（b）为不同碱熔温度产物的 Al/O 摩尔比，Al/O 摩尔比由 250℃ 时的 0.5882 逐渐升高到 300℃ 时的 0.6347，350℃ 时降低到 0.5。结合图 4-12 碱熔过程物相变化，说明在碱熔过程中 Al/O 摩尔比变化与晶体结构变化相关。

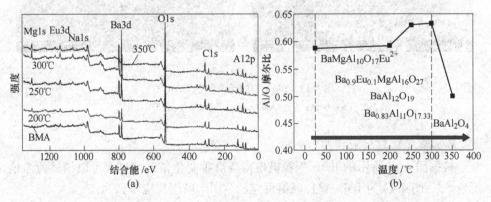

（a）   （b）

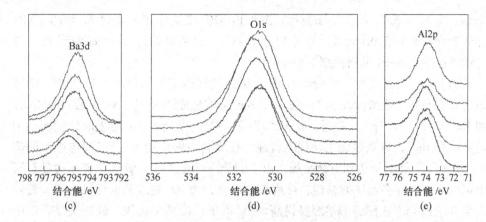

图 4-15　BMA 和碱熔产物的 XPS 全谱分析（a）、碱熔产物的 Al/O 摩尔比（b）、
Ba3d XPS 扫描图（c）、O1s XPS 扫描图（d）和 Al2p XPS 扫描图（e）

图 4-15（c）、（d）、（e）分别为碱熔产物结构中 Ba3d、O1s 和 Al2p 的 XPS
扫描图。从图中可以看出 Ba3d、O1s 和 Al2p 的结合能分别为 795.53eV、
530.98eV 和 74.3eV。当碱熔温度升高，Ba3d 和 Al2p 峰向低能级偏移了 0.9eV
和 0.5eV，而 O1s 峰则是先升高后降低，说明 Ba—O 和 Al—O 的键发生明显变
化，氧原子的数量降低。图 4-16 为 300℃ 时碱熔产物中的钠元素 XPS 图，其中

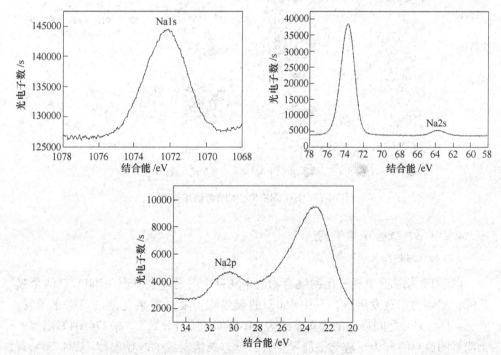

图 4-16　BMA 碱熔产物的 Na1s、Na2s 和 Na2p 的 XPS 图

Na1s、Na2s 和 Na2p 峰位如图所示。图 4-10 XRD 图谱中未发现含 Na 物相，XPS 分析产物表面中含 Na 元素质量分数为 1.43%，说明碱熔过程中 Na^+ 随着反应进行逐渐扩散至 BMA 晶格内部。

综上所述，从晶胞层面分析对 BMA 碱熔过程机理做出如图 4-17 分析。随着碱熔温度升高，铝酸盐晶格振动加剧，NaOH 熔融成离子态。Na^+ 半径（102pm）和 Eu^{3+} 半径（94.7pm）相近，比 Ba^{2+} 半径（135pm）小。Na^+ 首先取代镜面层中的 Eu^{3+} 和 Ba^{2+}，导致镜面层呈现电负性。在库仑力的作用下，Na^+ 周围产生间隙 Na^+ 或（和）氧空位达到电荷平衡，由于间隙 Na^+ 或（和）氧空位破坏尖晶石层中铝氧四面体和多面体的结构，导致晶格畸变，为 Na^+ 进入晶格提供通道，置换出来 Ba^{2+} 和 Eu^{3+}。随着碱熔温度提高，Na^+ 离子扩散越来越快。破坏尖晶石层中铝氧四面体和多面体的结构，空间群由 P63/mmc（194）逐渐变成 P6322（182）。随着碱熔反应推进，晶格畸变加剧，导致镜面层断裂，晶胞整体失稳，促进 Na^+ 置换尖晶石层 Mg^{2+}，进而致尖晶石层崩塌，$\beta\text{-}Al_2O_3$ 型晶体结构解体，生成 $NaAlO_2$（Pna21（33））。置换出的 Ba^{2+}、Eu^{3+} 和 Mg^{2+} 最终与 OH^-、CO_2 等生成 $BaCO_3$、Eu_2O_3、$MgO^{[66]}$。

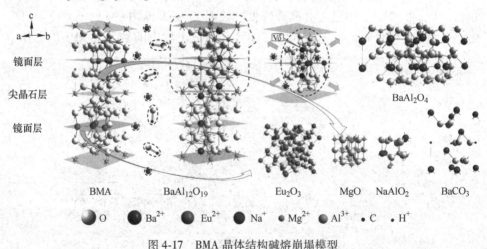

图 4-17 BMA 晶体结构碱熔崩塌模型

4.2.3.2 绿粉碱熔解离

A 热分析

图 4-18 为绿粉和氢氧化钠混合物的 DSC-TG 图谱。在室温~200℃有两个吸热峰，主要为水蒸发所致，其中 150℃ 的吸热峰主要是氢氧化钠的吸附水蒸发，室温~274.04℃之间样品的失重率约为 24.44%（质量分数）。在 274.04℃出现一个明显的放热峰，为反应势垒能量释放，标志碱熔反应的起始温度。294.06℃有一个明显的吸热峰，表明发生剧烈的碱熔反应。结合 TG 曲线，270.04~500℃样

品失重率约为 4.34%（质量分数）。350℃以上，DSC 和 TG 曲线均趋于平稳，表明绿粉碱熔反应温度在 270~350℃。

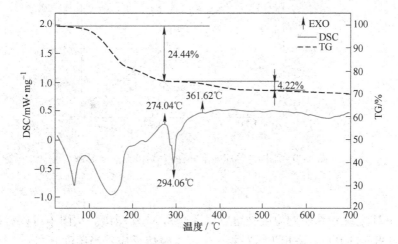

图 4-18 绿粉和氢氧化钠混合物的 DSC-TG 图谱

图 4-19 是绿粉和氢氧化钠混合物在不同升温速率的 DSC 曲线。采用非模型拟合动力学 Kissinger 方法计算碱熔反应的动力学参数，见表 4-8。对 $\ln(\beta/T^2)$ 与 $1000/T$ 采用线性回归方法计算得到活化能 $E_a(\alpha)$，如图 4-20 所示。

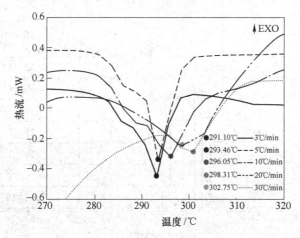

图 4-19 绿粉和氢氧化钠混合物不同升温速率的 DSC 曲线

表 4-8 绿粉碱熔动力学参数

$E_a/\text{kJ} \cdot \text{mol}^{-1}$	A/min^{-1}	K/min^{-1}
550.72	7.29×10^{50}	2.045

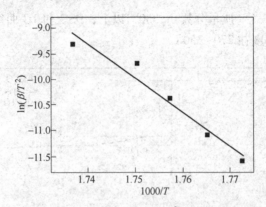

图 4-20   不同加热速率下 $\ln(\beta/T^2)$-$1000/T$ 关系图

B   物相分析

图 4-21 是绿粉在不同温度碱熔后水洗产物 XRD 图谱。从图中可以看出，当碱熔温度低于 300℃，渣相为绿粉相，未产生碱熔反应；当温度升高到 325℃时，衍射峰以 $Ce_{0.6}Tb_{0.4}O_{2-x}$ 相为主，其次为绿粉相、少量的 Tb_2O_3 相和 MgO 相，说明发生了碱熔反应；碱熔温度为 350℃时，衍射峰为 $Ce_{0.6}Tb_{0.4}O_{2-x}$ 相、MgO 相和 Tb_2O_3 相，绿粉相衍射峰消失，产物为 $Ce_{0.6}Tb_{0.4}O_{2-x}$、Tb_2O_3 和 MgO。

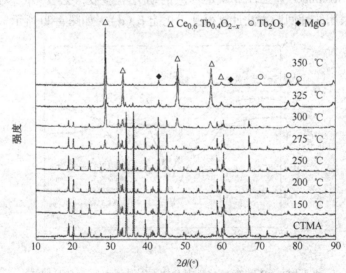

图 4-21   绿粉在不同温度碱熔后的水洗产物 XRD 图谱

图 4-22 为不同温度下碱熔产物的 XRD 局部放大图。当碱熔温度低于 275℃时，绿粉相的衍射峰发生向小角度偏移，在 300℃后衍射峰发生向大角度偏移，同时出现部分分峰的现象，如图 4-22（a）所示。根据布拉格方程推断，绿粉晶

体常数有所减小，同时伴随着晶相的转变。随着碱熔温度逐渐升高，绿粉相的衍射峰强度逐渐降低，当继续升高到325℃，绿粉相衍射峰几乎消失，并相继在275℃时出现CeO_2相的衍射峰，在300℃时出现Tb_2O_3相的衍射峰以及在325℃时出现MgO和$Ce_{0.6}Tb_{0.4}O_{2-x}$相的衍射峰，如图4-22（b）所示。

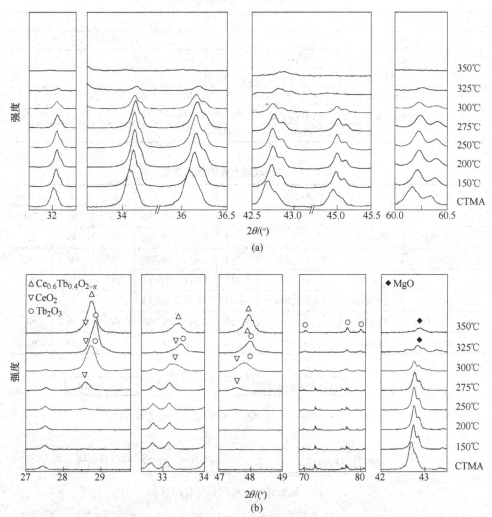

图4-22 不同温度碱熔产物的XRD局部放大图

根据图4-22分析，绿粉不同温度碱熔产物见表4-9，各物相晶格常数见表4-10。绿粉碱熔过程物相变化过程如图4-23所示。碱熔反应时，绿粉相[$P6_3/mmc(194)$]中的Tb^{3+}和Mg^{2+}首先从晶格镜面层中迁移出来，与O形成Tb_2O_3和MgO，随后尖晶石层的Mg^{2+}也相应迁移出晶格。由于Tb^{3+}和Mg^{2+}的迁出，绿粉相逐渐转变成同一空间群结构的 $CeAl_{11}O_{18}$[P63/mmc(194)]，晶格常数 c 有所增大，a 和 b 不变。当温度继续升高，最后分解成 $NaAlO_2$[Pna21(33)] 和 CeO_2，Tb_2O_3 和 CeO_2 会结合成 $Ce_{0.6}Tb_{0.4}O_{2-x}$。

表 4-9　绿粉不同温度碱熔产物

$T/℃$	物　相
RT	$CeMgAl_{11}O_{19}$：Tb^{3+}
150-250	$CeMgAl_{11}O_{19}$：Tb^{3+}、$CeAl_{11}O_{18}$
275	$CeMgAl_{11}O_{19}$：Tb^{3+}、$CeAl_{11}O_{18}$、CeO_2、（$NaAlO_2$）
300	$CeMgAl_{11}O_{19}$：Tb^{3+}、$CeAl_{11}O_{18}$、CeO_2、$Ce_{0.6}Tb_{0.4}O_{2-x}$、（$NaAlO_2$）
325	$CeAl_{11}O_{18}$、CeO_2、$Ce_{0.6}Tb_{0.4}O_{2-x}$、Tb_2O_3、MgO、（$NaAlO_2$）
350	CeO_2、$Ce_{0.6}Tb_{0.4}O_{2-x}$、Tb_2O_3、MgO、（$NaAlO_2$）

表 4-10　绿粉碱熔产物的晶格常数

晶相	PDF	空间群	a	b	c	α	β	γ
CTMA	36-0073	P63/mmc（194）	5.558	5.558	21.905	90	90	120
$CeAl_{11}O_{18}$	48-0055		5.558	5.558	22.012	90	90	120
$NaAlO_2$	33-1200	Pna21（33）	5.387	7.033	5.218	90	90	90
CeO_2	34-0394	Fm-3m（225）	5.411	5.411	5.411	90	90	90
Tb_2O_3	23-1418	La-3（206）	10.73	10.73	10.73	90	90	90
$Ce_{0.6}Tb_{0.4}O_{2-x}$	52-1303	F	5.394	5.394	5.394	90	90	90
MgO	45-0946	Fm-3m（225）	4.211	4.211	4.211	90	90	90

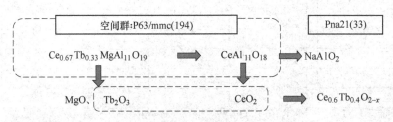

图 4-23　绿粉碱熔过程物相变化示意图

图 4-24 为不同温度碱熔产物的 Al/O 摩尔比。随着碱熔温度升高，Al/O 摩尔比从 0.5789 逐渐升高到 0.6111，超过 325℃后降低到 0.5，说明碱熔过程中 Al-O 的数量也在发生相应变化，这是由绿粉相晶体结构发生 Al—O 键的断裂和重组造成的。

图 4-25 是绿粉在不同温度碱熔水洗产物的 SEM 图。绿粉为 2~3μm 表面光滑的不规则颗粒，如图 4-25（a）所示；当碱熔温度为 275℃时，绿粉颗粒表面受熔融 NaOH 腐蚀而发生反应，表面变得粗糙并出现裂纹，如图 4-25（b）所示；

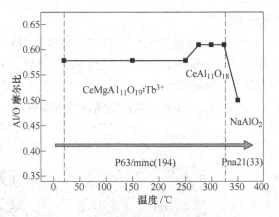

图 4-24　不同温度碱熔产物的 Al/O 摩尔比

当温度为 300℃时，绿粉颗粒解离成 500nm~1μm 的块状小颗粒，并且团聚明显，如图 4-25（c）所示；当碱熔温度继续升高到 325℃时，颗粒继续变小，解离成 100~300nm 的小颗粒，如图 4-25（d）所示，团聚严重。

图 4-25　绿粉与碱熔产物的 SEM 图

（a）绿粉；（b）275℃；（c）300℃；（d）325℃

C 碱熔颗粒反应模型

由图 4-25 可以看出，绿粉碱熔过程可用缩核反应模型解释。图 4-26 为颗粒碱熔反应示意图。碱熔反应步骤为：温度升高到 300℃ 以后，NaOH 熔融成离子熔体；然后在颗粒表面晶格缺陷处先反应，反应产物扩散至 NaOH 离子液体；颗粒表面随着反应进行变得粗糙，形成空隙和裂缝，随后裂解成小颗粒；小颗粒团聚形成大颗粒。

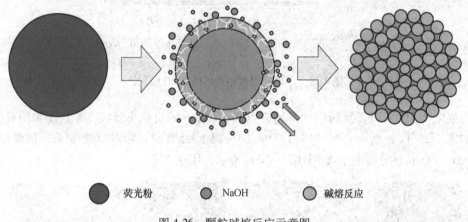

荧光粉   NaOH   碱熔反应

图 4-26 颗粒碱熔反应示意图

图 4-27 是从晶胞层面分析绿粉碱熔过程机理示意图。随着碱熔反应温度升高，铝酸盐晶格振动加剧，NaOH 熔融成离子态。由于 Na^+（102pm）、Ce^{3+}（94.7pm）和 Tb^{3+}（92.3pm）的半径十分相近，离子半径差距小于 10%，Na^+ 易取代镜面层中的 Ce^{3+} 和 Tb^{3+} 离子，导致镜面层呈现电负性。在库仑力的作用下，在取代后的 Na^+ 离子位置周围将产生间隙 Na^+，或者铝氧八面体共顶/共棱的氧原子位置分别产生氧空位（V''_{O1} 和 V''_{O2}），才能达到晶体结构的电荷平衡。这些晶体缺陷也将成为 Na^+ 扩散进入晶格和置换出来的 Ba^{2+} 和 Eu^{3+} 通道。随着碱熔温度逐渐提高，离子扩散越来越快。破坏尖晶石层中铝氧四面体和多面体的结构，空间群由 P63/mmc（194）逐渐变成 P6322（182）。随着反应进程，晶格畸变加剧，导致镜面层首先崩塌，晶胞整体失稳，促进 Na^+ 置换尖晶石层 Mg^{2+}，进而致尖晶石层崩塌，生成 $NaAlO_2$[Pna21(33)]。置换的 RE^{3+} 和 Mg^{2+} 最终与 OH^- 以及空气中的 CO_2 生成 $BaCO_3$、Eu_2O_3 和 MgO，以及 H_2O[67]。

4.2.4 两代酸解技术

废旧稀土荧光粉传统的碱熔—酸解工艺，酸碱消耗量大，回收率较低，仅50% 左右，造成资源利用率低，环境负担重。为提高废旧稀土荧光粉资源效率，降低物耗，减少污染，在蓝绿粉碱熔崩塌机理的指导下，开发出两代酸解（酸解

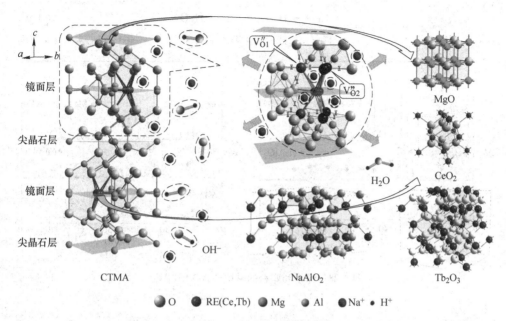

图 4-27 绿粉碱熔机理示意图

—碱熔—酸解，DHA）工艺回收稀土，进而提高稀土回收率、降低回收成本、减少环境污染[68,69]。

废旧三基色荧光粉主要由红粉 Y_2O_3：Eu^{3+}、蓝粉 $BaMgAl_{10}O_{17}$：Eu^{2+}（BMA）和绿粉 $CeMgAl_{11}O_{19}$：Tb^{3+}（CTMA）组成，其中红粉为稀土氧化物，能溶于酸，蓝粉和绿粉不溶于酸。先用盐酸将废旧稀土荧光粉中的红粉溶解、过滤，蓝粉和绿粉进入渣相，渣相再经过碱熔分解，进行二次酸解，可以分别获得 Y-Eu 富集滤液和 Ce-Tb 富集滤液。两步酸解有利于提高蓝粉和绿粉碱熔效率、节约酸碱用量，简化后期萃取分离提纯，从而减少三废排放，并降低成本。

两代酸解工艺原理如下：

（1）一次酸解。红粉 Y_2O_3：Eu 被优先溶解，反应方程式如下：

$$Y_2O_3：Eu^{3+} + HCl \longrightarrow YCl_3 + EuCl_3 + H_2O \tag{4-5}$$

碱熔：未溶解的蓝粉 BMA 和绿粉 CTMA 经碱熔处理，碱熔产物 XRD 图谱如图 4-28 所示。其反应方程式如下：

$$BMA + NaOH + CO_2 \longrightarrow NaAlO_2 + MgO + BaCO_3 + Eu_2O_3 + H_2O \tag{4-6}$$

$$CTMA + NaOH \longrightarrow NaAlO_2 + MgO + CeO_2 + Tb_2O_3 + H_2O \tag{4-7}$$

（2）二次酸解。水洗去除过量的 NaOH 和生成的 $NaAlO_2$，干燥后得到的稀土氧化物再次酸解，反应方程式如下：

$$Eu_2O_3 + H^+ \longrightarrow Eu^{3+} + H_2O \tag{4-8}$$

$$CeO_2 + H^+ \longrightarrow Ce^{4+} + H_2O \tag{4-9}$$

$$Tb_2O_3 + H^+ \longrightarrow Tb^{3+} + H_2O \tag{4-10}$$

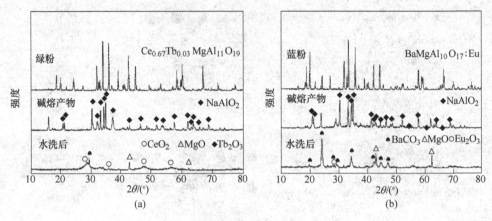

图 4-28 绿粉和蓝粉的碱熔产物 XRD 图谱
(a) 绿粉碱熔；(b) 蓝粉碱熔

废旧稀土荧光粉的硅杂质含量与来源密切相关。从废旧稀土荧光灯收集的硅杂质含量高，从稀土荧光粉和制灯等生产厂家收集的硅杂质含量低，其化学组成见表 4-11。

表 4-11   废旧稀土荧光粉化学组成   （质量分数/%）

偏号	Y	Eu	Tb	Ce	Al	Si	Ba	Mg	Ca	P	其他
1	15.51	0.95	0.43	0.70	7.73	10.27	1.51	2.80	14.61	8.98	36.51
2	11.30	0.73	4.10	6.19	32.08	0.54	0.14	2.82	2.53	1.62	37.95

注：1—高硅废粉；2—低硅废粉。

采用两代酸解工艺浸出稀土元素：(1) 用 3~6mol/L 盐酸在 60℃下酸解废旧稀土荧光粉，固液比为 1:3~1:5，搅拌 4h，转速为 250r/min；(2) 一次酸解渣与烧碱按质量比 1:0.5~1:2 球磨混合，然后进行 400~1000℃碱熔 2h；(3) 碱熔产物经去离子水多次洗涤至 pH<10，水洗渣采用 5mol/L 盐酸在 60℃进行二次酸解 2h 后，得到 Y-Eu 和 Ce-Tb 富集滤液。传统的直接碱熔—酸解工艺和两代酸解工艺如图 4-29 所示。

4.2.4.1 一次酸解

采用不同浓度盐酸和不同固液比 60℃酸解高硅废旧稀土荧光粉 6h，一次酸解渣经洗涤烘干后，失重率如图 4-30 所示。从图中可以看出，随着盐酸的浓度升高和固液比降低，失重率逐渐升高，当盐酸浓度为 4mol/L 时，固液比为 1:3，失重率为 57.18%。继续提高盐酸浓度和盐酸用量，失重率变化不大。由于玻璃

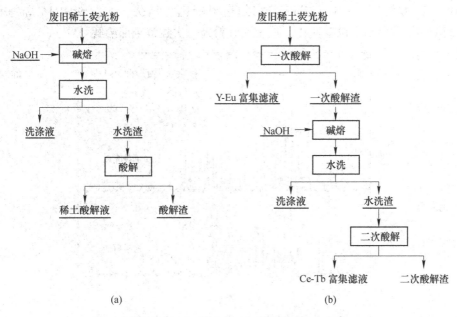

图 4-29 稀土浸出工艺流程图

（a）碱熔—酸解工艺；（b）两代酸解工艺

等硅杂质，蓝粉和绿粉不溶于酸，只有红粉（Y_2O_3：Eu^{2+}）被酸解浸出。综合考虑浸出效率和成本，一次酸解较优工艺为盐酸浓度 4mol/L、固液比为 1∶3。

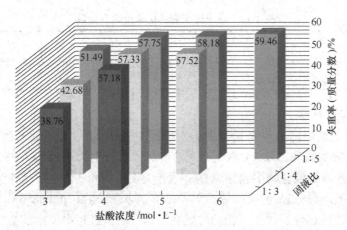

图 4-30 一次酸解的失重率

图 4-31 为一次酸解渣和废旧荧光粉的 XRD 对比分析，从图中可以，废旧荧光粉的主要物相为：红粉 Y_2O_3：Eu^{3+}（JCPDS 25-1011）、蓝粉 BMA（JCPDS 50-0513）和绿粉 CTMA（JCPDS 36-0073），同时还有少量的 Al_2O_3（JCPDS 10-0173）。

经过一次酸解后，Y_2O_3：Eu^{3+} 晶相的衍射峰完全消失，而蓝粉 BMA 和绿粉 CTMA 的衍射峰基本没有变化，这说明红粉经一次酸解全部溶解。

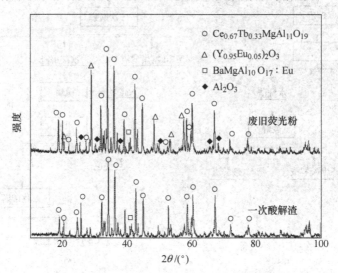

图 4-31　废旧荧光粉和一次酸解渣的 XRD 图谱

表 4-12 为一次酸解液的化学组成及含量，主要含有 Y 和 Eu 元素，按氧化物计算质量分数分别为 91.86% 和 5.06%，不含 Ce 和 Tb 元素，其他杂质元素含量均很低。说明一次酸解溶解红粉，而蓝粉和绿粉没有被酸解。

表 4-12　一次酸解液的化学组成及含量

氧化物	Y_2O_3	Eu_2O_3	Tb_4O_7	CeO_2	Al_2O_3	SiO_2	CaO	Fe_2O_3
质量/g	19.41	1.07	—	—	0.21	0.01	0.35	0.08
质量分数/%	91.86	5.06	—	—	0.99	0.05	1.66	0.38

4.2.4.2　碱熔

图 4-32 为废旧稀土荧光粉与 NaOH 以质量比为 1:1 混合的 DSC-TG 曲线。可以看出在 96.0℃ 和 208.3℃ 有两个吸热峰，失重分别为 4% 和 13.38% 左右。在 96.0℃ 的吸热峰是混合物中自由水的蒸发所导致，208.3℃ 的吸热峰为废粉中有机物烧损导致。436.2℃ 的吸热峰为 NaOH 熔融吸热产生。在 208.3℃ 和 634.2℃ 出现两个较宽吸热峰，初步判断为硅酸盐结构在碱熔过程中发生高温分解或结构转变所导致的吸热现象。在 650℃ 之后，DSC-TG 曲线趋于平稳。因此，碱熔温度选定为 400℃、600℃、800℃ 和 1000℃ 进行对比实验。

图 4-33 为一次酸解渣不同温度下碱熔产物的 XRD 图谱。可以看出，当碱熔温度为 400℃ 时，主晶相为 $NaAlSiO_4$（JCPDS 33-1203）和 $NaAlSi_2O_6$（JCPDS 22-1338），蓝粉（BMA）晶体的衍射峰已经基本消失，绿粉（CTMA）晶体的衍射

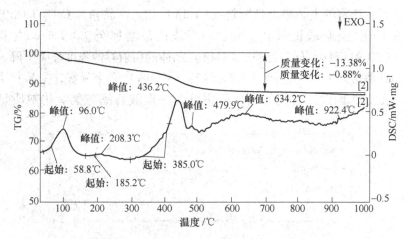

图 4-32 废旧稀土荧光粉混合后的 DSC-TG 曲线

峰变弱，但仍存在，说明绿粉开始分解，但未完全分解；当碱熔温度升到 600℃时，主晶相转变为 $NaAlO_2$(JCPDS 33-1200)，同时伴随着少量的 CaO(JCPDS 37-1497)和绿粉（CTMA）晶相，绿粉晶体的衍射峰也明显变弱；当温度继续升到800℃时，绿粉（CTMA）晶体衍射峰基本已经完全消失，主晶相转变为 $NaAlO_2$、CaO 和少量的 CeO_2，到温度继续升高至 1000℃时，坩埚部分融化于产物，且产物无法取出，因此较优的碱熔温度为 800℃。

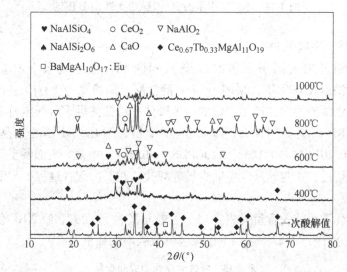

图 4-33 一次酸解渣在不同温度下碱熔产物的 XRD 图谱

图 4-34 为在不同碱用量 800℃碱熔产物的 XRD 图谱。从图中可以看出，当一次酸解渣与氢氧化钠质量比为 1：0.5 时，蓝粉（BMA）晶体的衍射峰已经基

本消失，碱熔产物的主晶相仍是绿粉（CTMA）相，次晶相为 CeO_2（JCPDS 34-0394）和 CaO，说明绿粉未完全分解；当该比值增加至 1:1 时，主晶相为 $NaAlO_2$、CaO 和 CeO_2，同时绿粉（CTMA）晶体的衍射峰的强度显著下降，基本消失；当比值达到 1:1.5 甚至 1:2，绿粉（CTMA）完全分解，主晶相明显转变为偏铝酸钠。因此，较优的碱熔碱用量为一次酸解渣与氢氧化钠质量比为 1:1.5。

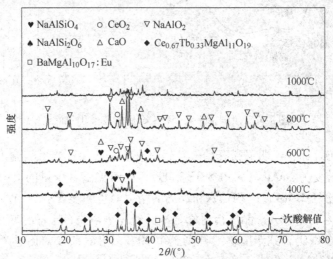

图 4-34　不同碱用量的 800℃ 碱熔产物 XRD 图谱

4.2.4.3　二次酸解

碱熔产物采用去离子水多次洗涤至 pH < 10，去除残余 NaOH 和生成的 $NaAlO_2$。水洗渣在 60℃ 下，采用 3mol/L 的盐酸、固液比为 1:10 进行搅拌酸解 2h，大部分水洗渣溶解，产生少量的白色胶体，经抽滤烘干后胶体粉末（二次酸解渣）的 XRD 图谱如图 4-35 所示。从图中可以看出，胶体的主晶相为 $SiCl_4$（JCPDS 10-0220）和 $Ca(AlSi_2)O_8$（JCPDS 31-0248），主要是废旧稀土荧光粉中的硅杂质在碱熔过程中与碱反应生成少量硅酸盐，在二次酸解过程中与酸反应生成硅酸胶体。

胶体的化学组成及含量见表 4-13，主要元素为 Si 元素，经 XRF 分析主要为 SiO_2（质量分数为 72.69%）和少量被包覆或吸附的稀土元素。

表 4-13　胶体的化学组成和含量　　　　　　（质量分数/%）

SiO_2	Cl	CaO	Y_2O_3	P_2O_5	Al_2O_3	Fe_2O_3	CeO_2	Eu_2O_3	Tb_4O_7	其他
72.69	11.00	4.71	2.65	2.36	1.65	0.97	0.46	0.20	0.14	3.17

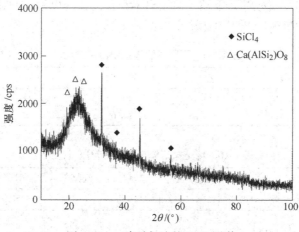

图 4-35 二次酸解渣的 XRD 图谱

表 4-14 为二次酸解液的化学组成及含量，主要含 Ce 和 Tb 元素，按氧化物计质量分数分别为 42.86% 和 24.03%，少量的 Y 和 Eu 元素，按氧化物计质量分数分别为 5.84% 和 3.25%，同时含有质量分数为 17.53% 的 Al_2O_3。

表 4-14 二次酸解液的化学组成和含量

成分	Y_2O_3	Eu_2O_3	Tb_4O_7	CeO_2	Al_2O_3	SiO_2	CaO	Fe_2O_3
质量/g	0.09	0.05	0.37	0.66	0.27	0.01	0.08	0.01
质量分数/%	5.84	3.25	24.03	42.86	17.53	0.67	5.30	0.67

4.2.4.4 稀土浸出率

采用式（4-11）和式（4-12）计算，两代酸解工艺稀土元素的总浸出率为 94.60%，其中 Y、Eu、Ce 和 Tb 的浸出率分别为 94.60%、99.05%、71.45% 和 76.22%。

$$总浸出率 = (m_{REEs1} + m_{REEs2})/m_{REEs} \tag{4-11}$$

$$浸出率 = (m_{REE1} + m_{REE2})/m_{REE} \tag{4-12}$$

式中　m_{REEs1}——一次酸解液中稀土总质量，g；

m_{REEs2}——二次酸解液中稀土总质量，g；

m_{REEs}——废旧稀土荧光粉稀土总质量，g；

m_{REE1}——一次酸解液中某稀土质量，g；

m_{REE2}——二次酸解液中某稀土质量，g；

m_{REE}——废旧稀土荧光粉某稀土质量，g。

4.2.4.5 不同酸解体系

采用氢离子浓度相同的硫酸，在相同工艺参数下进行两代酸解实验，稀土浸出情况见表 4-15。硫酸体系下稀土总浸出率和各元素浸出率均明显降低，主要原因是硫酸稀土的溶解度低于氯化稀土，见表 4-16。

表 4-15 不同酸解体系浸出率对比 （质量分数/%）

体系	RE	钇（Y）	铕（Eu）	铽（Tb）	铈（Ce）
硫酸	67.92	73.12	51.65	58.24	40.19
盐酸	94.60	99.05	98.02	71.75	76.22

表 4-16 稀土盐溶解度，20℃常压（水） （g/100mL）

YCl_3	$Y_2(SO_4)_3$	$EuCl_3$	$Eu_2(SO_4)_3$	$CeCl_4$	$Ce(SO_4)_2$	$TbCl_3$	$Tb_2(SO_4)_3$
77.30	7.30	可溶	2.56	100	9.84	可溶	3.56

4.2.4.6 对比试验

对比研究直接碱熔—酸解传统工艺与两代酸解工艺，重点研究稀土元素浸出效果和浸出率。

A 碱熔—酸解工艺

将废旧稀土荧光粉与氢氧化钠以质量比为 1:1.5 混合均匀后，在 800℃下碱熔 2h。图 4-36 是废旧稀土荧光粉碱熔前后的 XRD 图谱，主晶相为 $NaYO_2$（JCPDS 32-1203）和 $NaAlO_2$（JCPDS 33-1200），还有少量的 $BaFe_{12}O_{19}$（JCPDS 27-1029）相。主要是其中的红粉 Y_2O_3:Eu（JCPDS 25-1011）直接碱熔反应生成 $NaYO_2$。

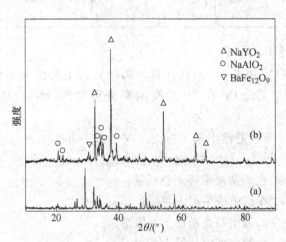

图 4-36 废旧稀土荧光粉碱熔前后 XRD 图谱
（a）碱熔前；（b）碱熔后

碱熔产物经洗涤、水洗渣烘干后，进行酸解浸出。表 4-17 为浸出液的化学组成及含量。

表 4-17 碱熔—酸解浸出液的化学组成和含量

成分	Y_2O_3	Eu_2O_3	Tb_4O_7	CeO_2	Al_2O_3	SiO_2	CaO	Fe_2O_3
质量/g	8.18	0.75	0.48	0.74	0.45	0.01	0.40	0.07

B 两代酸解工艺

图 4-37 为低硅废粉盐酸一次酸解前后的 XRD 图谱。由图可知，废旧稀土荧光粉的主要物相为：红粉 Y_2O_3：Eu^{3+}（JCPDS 25-1011）、绿粉 CTMA（JCPDS 36-0073）和杂质 Al_2O_3（JCPDS 10-0173），而蓝粉 BMA（JCPDS 50-0513）因含量相对较少，从 XRD 中无法观测。经酸解后可以明显看出，Y_2O_3：Eu^{3+} 晶相的衍射峰完全消失，这说明红粉在一次酸解后，几乎全部溶解于盐酸。一次酸解液的化学组成和含量见表 4-18。

表 4-18 一次酸解液的化学组成和含量

成分	REO	Y_2O_3	Eu_2O_3	Tb_4O_7	CeO_2	其他
质量/g	15.34	13.45	0.76	0.46	0.58	0.09
配分（质量分数）/%	—	87.68	4.95	3.00	3.78	0.59

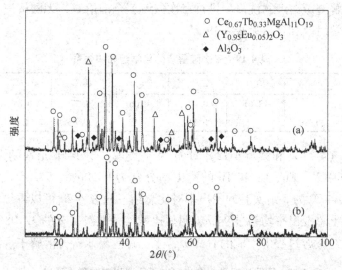

图 4-37 废旧稀土荧光粉一次酸解前后的 XRD 图谱

(a) 酸解前；(b) 酸解后

图 4-38 为低硅废粉的一次酸解渣碱熔产物洗涤前后的 XRD 图谱。由图可知，碱熔产物的主要物相为 $NaAlO_2$（JCPDS 33-1200）和少量 MgO（JCPDS 45-0946）。经洗涤后，$NaAlO_2$ 衍射峰完全消失，主晶相为 Tb_2O_3（JCPDS 23-1418）和 CeO_2（JCPDS 34-0394），衍射峰变得明显。

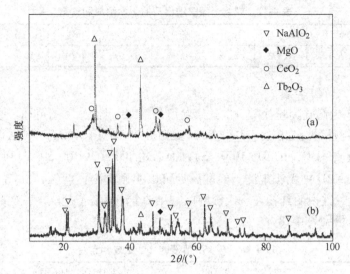

图 4-38　一次酸解渣碱熔产物洗涤前后的 XRD 图谱

(a) 洗涤后；(b) 洗涤前

一次酸解渣碱熔产物洗涤后进行二次酸解，全部溶解，无酸解渣，得到二次酸解液，化学组成和含量见表 4-19。

表 4-19　二次酸解液的化学组成和含量

成　分	REO	Y_2O_3	Eu_2O_3	Tb_4O_7	CeO_2	其他
质量/g	12.61	0.77	0.06	4.27	6.88	0.63
配分（质量分数）/%		6.11	0.48	33.86	54.56	5.00

采用式（4-11）和式（4-12）计算两代酸解工艺稀土元素的总浸出率为 98.60%，其中 Y、Eu、Ce 和 Tb 的浸出率分别为 99.06%、97.38%、98.22% 和 98.15%。表 4-20 为 3 组实验的浸出率对比总结。从表 4-20 可以看出，采用两代酸解工艺稀土总浸出率均超过 94%，明显比碱熔—酸解工艺的 42.08%[69]。主要原因是红粉在碱熔过程中生成的 $NaYO_2$，水洗过程易水解并溶解于洗涤水中。

表 4-20　不同废旧稀土荧光粉在不同浸出工艺稀土浸出对比

（质量分数/%）

元　素	高硅废粉		低硅废粉
	碱熔—酸解	两代酸解	两代酸解
总浸出率	42.08	94.60	98.60
钇（Y）	41.53	94.60	99.06
铕（Eu）	67.88	99.05	97.38

元　素	高硅废粉		低硅废粉
	碱熔—酸解	两代酸解	两代酸解
铽（Tb）	94.52	71.45	98.22
铈（Ce）	86.14	76.22	98.15

用红粉 Y_2O_3：Eu 与 Na_2O_2 在 600℃保温 2h，合成纯 $NaYO_2$，取 10g 在 50mL 水中搅拌 10min，发现 $NaYO_2$ 水解，不溶物分离烘干分析。图 4-39 是 $NaYO_2$ 水解前后的 XRD 图谱。从图中可以看出，$NaYO_2$ 部分水解转变成 $Y(OH)_3$，化学性质类似 $NaAlO_2$，部分溶解于水中，导致稀土元素部分在水洗工艺中损失。

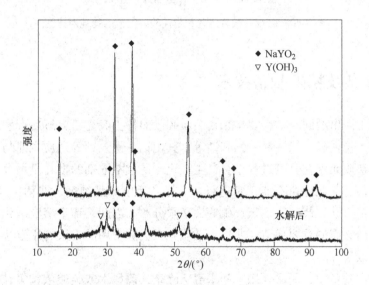

图 4-39　$NaYO_2$ 水解前后的 XRD 图谱

图 4-40 为碱熔—酸解工艺和两代酸解工艺物耗对比。每回收 1t 废旧稀土荧光粉，采用碱熔—酸解工艺消耗盐酸 12t、片碱 1.2t，采用两代酸解工艺消耗盐酸 7t，片碱消耗 0.75t，分别降耗 41.67%和 37.5%。两代酸解工艺获得 Y-Eu 富集和 Ce-Tb 富集的滤液，也有利于稀土的萃取分离提纯，降低物耗，实现了整体降低回收成本。

低硅废粉的稀土浸出率为 98.6%，高硅废粉获得的稀土浸出率为 94.6%，但 Ce 和 Tb 的浸出率相比。主要原因是硅杂质在碱熔过程中易生成 $NaSiO_3$，在二次酸解过程中生成胶体，易吸附稀土离子，导致浸出不完全，Ce 和 Tb 元素的浸出率低。

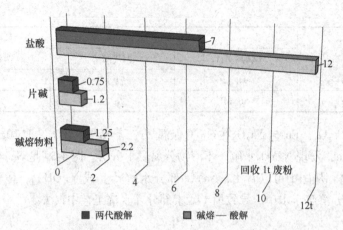

图 4-40 碱熔—酸解工艺和两代酸解工艺的物耗对比图

4.3 除杂及精矿制备技术

在稀土浸出的同时，会浸出来自杂质和废旧稀土荧光粉分解后产生的非稀土杂质元素，包括硅、铝、铁、钙和镁等。其中铝、铁、钙等杂质也能与草酸形成沉淀，硅杂质元素在分离过程中会产生乳化，造成萃取剂的损耗量增大使产品成本增高，甚至萃取作业不能正常进行。为提高稀土产品纯度，非稀土杂质元素，钙、硅、铝、铁、镁、氟、氯、硫等，必须分离。因此，稀土溶液净化除杂是稀土萃取分离必需的重要环节。非稀土杂质元素去除常用的方法有水解法、沉淀法和溶剂萃取法等。

在精矿制备中，通常采用中和水解法除杂，以氨水或碳酸氢铵等碱性物质为中和剂，加到稀土浸出液中进行中和，调整溶液的 pH＝4~5，非稀土杂质离子水解形成氢氧化物沉淀而稀土离子不沉淀，从而达到与溶液中稀土离子分离的目的。一些常见的非稀土杂质离子形成氢氧化物的溶度积常数和沉淀完全（残留离子浓度小于 10^{-5} mol/L）的 pH 值见表 4-21。

表 4-21 非稀土金属氢氧化物 K_{sp} 及沉淀完全 pH 值

元素	氢氧化物	溶度积 K_{sp}	沉淀完全 pH 值
Al	$Al(OH)_3$	$1.3×10^{-33}$	5.2
Mg	$Mg(OH)_2$	$1.8×10^{-11}$	12.4
Ca	$Ca(OH)_2$	$5.5×10^{-6}$	13.56
Fe	$Fe(OH)_2$	$8.0×10^{-16}$	9.7
	$Fe(OH)_3$	$4.0×10^{-38}$	4.1

在浸出液除杂过程中，有时酸度如果控制不当，稀土在一定条件下也能形成氢氧化稀土沉淀，稀土各元素生成氢氧化物的溶度积常数、在水中的溶解度及其沉淀完全（残留离子浓度小于 10^{-5} mol/L）的 pH 值见表4-22。

表 4-22　氢氧化稀土的溶度积常数、沉淀 pH 值及其在水中的溶解度

RE(OH)$_x$	溶度积 K_{sp}	水溶解度（25℃）/μmol·L^{-1}	沉淀完全 pH 值
La(OH)$_3$	1.0×10^{-19}	13.2	8.0
Y(OH)$_3$	1.6×10^{-23}	3.1	6.8
Eu(OH)$_3$	3.4×10^{-22}	2.7	—
Ce(OH)$_3$	1.5×10^{-20}	3.1	7.4
Ce(OH)$_4$	4.0×10^{-51}		0.8
Tb(OH)$_3$	—	1.9	—

用氨水和碳酸氢铵联合沉淀除杂较为适宜。利用氨水的弱碱性在溶液中提供 OH^- 离子与一些金属离子（如 Fe^{3+}、Al^{3+} 等）形成氢氧化物沉淀。碳酸氢铵在溶液中提供 CO_3^{2-}、HCO_3^{2-} 等离子与一些金属离子（如 Ca^{2+} 等）形成碳酸盐（$CaCO_3$）沉淀，也会有碱式碳酸盐及复盐沉淀。当使用氨水和碳酸氢铵沉淀稀土料液中非稀土杂质时，也有少量稀土离子会形成氢氧化物 [RE(OH)$_3$]、碳酸盐 [RE$_2$(CO$_3$)$_3$]、碱式碳酸盐及复盐 [RE(OH)CO$_3$·H$_2$O、K$_2$CO$_3$·RE$_2$(CO$_3$)$_3$·3H$_2$O]。

实验证明，以氨水—碳酸氢铵联合除杂，可大大提高氧化稀土纯度，对有害杂质铝、铁的去除率较高。经一次处理氧化稀土纯度可达98%以上，铝降至万分之几，铁降至十万分之几，有利于后续工艺。在除杂时部分稀土与杂质共沉淀进入滤渣，可将滤渣集中起来处理，即能回收这部分稀土，减少损耗。经除杂后，采用草酸或纯碱沉淀即可获得稀土精矿，待后续萃取分离进一步除杂及提纯。

参 考 文 献

[1] 程鹏，周斌. 废旧灯管回收处理的法制和设施建设 [J]. 江苏环境科技，2005，18（增刊）：173-175.

[2] 赵新，何丽娇，胡嘉琦，等. 显像管回收处理技术 [J]. 日用电器，2009（1）：33-37.

[3] 王纯勉，孙秋山. 报废显像管的使用处理方法 [J]. 再生资源与循环经济，2008，1（1）：36-37，44.

[4] 吴霆，李金慧，李永红. 废旧计算机 CRT 监视器的管理和资源化技术 [J]. 环境污染治理技术与设备，2003，4（11）：86-91.

[5] 廖小红，田晖. 阴极射线管荧光粉回收利用现状及技术 [J]. 再生利用，2010，3（6）：36-39.

［6］Mahmoud A R. Recovery of aluminium, nickel-copper alloys and salts from spent fluorescent lamps ［J］. Waste Management, 2004 (24): 119-126.

［7］梅光军, 解科峰, 李刚. 废旧荧光灯无害化、资源化处置研究进展 ［J］. 再生资源研究, 2007, 6: 29-35.

［8］王涛. 废旧荧光灯的回收利用及处理处置 ［J］. 中国环保产业, 2005 (3): 26-28.

［9］Hildenbrand V D, Denissen J M, Geerdinck L M, et al. Interaction softh in oxide films with alow pressure mercury discharge ［J］. Thin Solid Films. 2000, 371 (1/2): 295-302.

［10］Hildenbrand V D, Denissen J M, et al. Reduction of mercury loss in fluorescent lamps coated with thin metal-oxide films ［J］. J. Electro chem. Soc. , 2003, 150 (7): 147-155.

［11］Foust D F, Haitko D A, Dietrich D K. Control of leachable mercury in fluorescent lamps by iron addition ［P］, US Patent: 5998927, 1999.

［12］Klinedinst K A, Shinn D B, Fowler R A. Mercury vapor discharge lamp containing means for reducing leachable mercury ［P］. US Patent: 6169362, 2001.

［13］Min J, Seung M H, Jae K P. Characterization and recovery of mercury from spent fluorescent lamps ［J］. Waste Management, 2005, 25 (1): 5-14.

［14］Claudio R, Claudio C, Wlater A D J. Mercury speciation in fluorescent lamps by thermal release analysis ［J］. Waste Management, 2003, 23 (10): 879-886.

［15］Nance P, Patterson J, Willis A, et al. Human health risks from mercury exposure from broken compact fluorescent lamps (CFLs) ［J］. Regulatory Toxicology and Pharmacology, 2012, 62 (3): 542-552.

［16］Battye W, Mcgeough U, Overcash C. Evaluation of mercury emissions from fluorescent lamp crushing ［R］. North Carolina: Control Technology Center, 1994.

［17］Li Y, Jin L. Environmental release of mercury from broken compact fluorescent lamps ［J］. Environmental Engineering Science, 2011, 28 (10): 687-691.

［18］Thaler E G, Wilson R H, Doughty D A, et al. Measurement of mercury bound in the glass envelope during operation of fluorescent lamps ［J］. Journal of the Electrochemical Society, 1995, 142 (6): 1968-1970.

［19］Doughty D A, Wilson R H, Thaler E G. Mercury-glass interactions in fluorescent lamps ［J］. Journal of the Electrochemical Society, 1995, 142 (10): 3542-3550.

［20］Dang T A, Frisk T A, Grossman M W, et al. Identification of mercury reaction sites in fluorescent lamps ［J］. Journal of the Electrochemical Society, 1999, 146 (10): 3896-3902.

［21］Dang T, Frisk T, Grossman M. Applications of surface analytical techniques for study of the interactions between mercury and fluorescent lamp materials ［J］. Analytical and Bioanalytical Chemistry, 2002, 373 (7): 560-570.

［22］Rey-Raap N, Gallardo A. Determination of mercury distribution inside spent compact fluorescent lamps by atomic absorption spectrometry ［J］. Waste management, 2012, 32 (5): 944-948.

［23］Jang M, Hong S M, Park J K. Characterization and recovery of mercury from spent fluorescent lamps ［J］. Waste Management, 2005, 25 (1): 5-14.

[24] Raposo C, Windmöller C C, Durão Júnior W A. Mercury speciation in fluorescent lamps by thermal release analysis [J]. Waste Management, 2003, 23 (10): 879-886.

[25] Kuehl B. Verfahren und Vorrichtung zur Entsorgung von mit Leuchtstoff versehenen quecksilberhaltigen Lampen [P]. German Patent: DE3932772 A1, 1991.

[26] Indaver. Treatment of mercury containing waste [EBOL]. www. indaver. be/fileadmin/indaver. be/fiches/eng/Relight_ kwik_ E2000. pdf.

[27] Fujiwara K, Fujinami K. Method and apparatus for mercury recovery from waste fluorescent lamps [P]. European Patent: EP 2002252277A, 2007.

[28] Takahashi T, Takano A, Saito T, et al. Separation and recovery of rare earth elements from phosphors in waste fluorescent lamp (part Ⅲ) -Separation and recovery of rare earth elements by multistage countercurrent extraction [R]. Reports of the Hokkaido Industrial Research Institute, 1999, 298: 37-47.

[29] Takahashi T, Takano, A, Saitoh T, et al. Separation and recovery of rare earth elements from phosphor sludge in processing plant of waste fluorescent lamp by pneumatic classification and sulfuric acidic leaching [J]. Journal of the Mining and Materials Processing Institute of Japan, 2001, 117 (7): 579-585.

[30] Takahashi T, Takano A, Saitoh T, et al. Proceedings of the 6th international symposium on East Asian resources recycling technology [R]. Seoul: The Korean Institute of Resources Recycling, 2001.

[31] Hirajima T, Sasaki K, Bissombolo A, et al. Feasibility of an efficient recovery of rare earth-activated phosphors from waste fluorescent lamps through dense-medium centrifugation [J]. Separation and Purification Technology, 2005, 44 (3): 197-204.

[32] Shimizu R, Sawada K, Enokida Y, et al. Supercritical fluid extraction of rare earth elements from luminescent material in waste fluorescent lamps [J]. The Journal of Supercritical Fluids, 2005, 33 (3): 235-241.

[33] Hirajima T, Bissombolo A, Sasaki K, et al. Floatability of rare earth phosphors from waste fluorescent lamps [J]. International Journal of Mineral Processing, 2005, 77 (4): 187-198.

[34] Otsuki A, Dodbiba G, Shibayama A, et al. Separation of rare earth fluorescent powders by two-liquid flotation using organic solvents [J]. Japanese Journal of Applied Physics, 2008, 47: 5093.

[35] Rao P, Mitsuaki M, Toyohisa F. Separation of red (Y_2O_3: Eu^{3+}), blue (Sr, Ca, Ba)$_{10}$ (PO_4)$_6Cl_2$: Eu^{2+} and green ($LaPO_4$: Tb^{3+}, Ce^{3+}) rare earth phosphors by liquid/liquid extraction [J]. Journal of Wuhan University of Technology-Mater. Sci. Ed. , 2009, 24 (3): 418-423.

[36] Rao P, Matsuda M, Fujita T. Separation of red (Y_2O_3: Eu^{3+}), blue ($BaMgAl_{10}O_{17}$: Eu^{2+}) and green ($CeMgAl_{10}O_{17}$: Tb^{3+}) rare earth phosphors by liquid/liquid extraction [J]. Journal of Wuhan University of Technology-Mater. Sci. Ed. , 2009, 24 (4): 603-607.

[37] Horikawa T, Machida K. Reuse and recycle processing for rare earth phosphors [J]. Mater.

Integr. , 2011, 24: 37-43.

[38] Tanaka M, Oki T, Koyama K, et al. Chapter 255-Recycling of rare earths from scrap [J]. Handbook on the Physics and Chemistry of Rare Earths, 2013, 43 (255): 159-211.

[39] Wang X H, Mei G J, Zhao C L, et al. Recovery of rare earths from spent fluorescent lamps [C]. 5th International Conference on Bioinformatics and Biomedical Engineering, (ICBBE), Wuhan (China), 10-12 May 2011: 1-4.

[40] Takahashi T, Tomita K, Sakuta Y, et al. Separation and recovery of rare earth elements from phosphors in waste fluorescent lamp (Part I) [R]. Reports of the Hokkaido Industrial Research Institute, 1994, 293: 7-13.

[41] Takahashi T, Takano A, Saitoh T, et al. Separation and recovery of rare earth elements from phosphor sludge in processing plant of waste fluorescent lamp by pneumatic classification and sulfuric acidic leaching [J]. Journal of the Mining and Materials Processing Institute of Japan. 2001, 117 (7): 579-585.

[42] Takahashi T, Takano A, Saitoh T, et al. Proceedings of the 6th international symposium on East Asian resources recycling technology [R]. Seoul: The Korean Institute of Resources Recycling, 2001.

[43] Takahashi T, Takano A, Saitoh T, et al. Synthesis of rare earth phosphor from phosphor sludge in processing plant of waste fluorescent lamp [R]. Reports of the Hokkaido Industrial Research Institute, 2001, 300: 1-8.

[44] Takahashi T, Takano A, Saitoh T, et al. Separation and recovery of rare earth elements from phosphor sludge in processing plant of waste fluorescent lamp by pneumatic classification and sulfuric acidic leaching [J]. Journal of the Mining and Materials Processing Institute of Japan, 2001, 117: 579-585.

[45] Takahashi T, Takano A, Saitoh T, et al. Synthesis of red phosphor (Y_2O_3: Eu^{3+}) from waste phosphor sludge by coprecipitation Process [J]. Journal of the Mining and Materials Processing Institute of Japan, 2002, 118 (5/6): 413-418.

[46] Takahashi T, Tomita K, Sakuta Y, et al. Separation and recovery of rare earth elements from phosphors in waste fluorescent lamp (part Ⅱ) -Separation and recovery of rare earth elements by chelate resin [R]. Reports of the Hokkaido Industrial Research Institute, 1996, 295: 37-44.

[47] Takahashi T, Takano A, Saitoh T, et al. Separation and recovery of rare earth elements from phosphors in waste fluorescent lamp (part Ⅲ) -Separation and recovery of rare earth elements by multistage countercurrent extraction [R]. Reports of the Hokkaido Industrial Research Institute, 1999, 298: 37-47.

[48] Takahashi T, Takano A, Saitoh T, et al. Separation and recovery of rare earth phosphor from phosphor sludge in waste fluorescent lamp by multistage countercurrent solvent extraction [R]. Reports of the Hokkaido Industrial Research Institute, 2003, 302: 41-48.

[49] Shimakage K, Hirai S, Seki M, et al. Kinetics and mechanism of hydrochloric acid leaching of

rare earth oxide used for a fluorescence substance ［J］. Journal of Mining and Materials Processing institute of Japan, 1996, 112: 953-958.

［50］ Radeke K H, Riedel V, Weiss E, et al. Investigations to the luminant recycling ［J］. Chemische Technik, 1998, 50 (3): 126-129.

［51］ Porob D G, Srivastava A M, Nammalwar P K, et al. Rare earth recovery from fluorescent material and associated method ［P］. US Patent: 8137645, 2012.

［52］ Mio H, Lee J, Nakagawa T, et al. Estimation of extraction rate of yttrium from fluorescent powder by ball milling ［J］. Materials transactions-JIM, 2001, 42 (11): 2460-2464.

［53］ Rabah M A. Recyclables recovery of europium and yttrium metals and some salts from spent fluorescent lamps ［J］. Waste Management, 2008, 28 (2): 318-325.

［54］ De Michelis I, Ferella F, Varelli E F, et al. Treatment of exhaust fluorescent lamps to recover yttrium: Experimental and process analyses ［J］. Waste management, 2011, 31 (12): 2559-2568.

［55］ Yang H, Wang W, Cui H, et al. Recovery of rare earth elements from simulated fluorescent powder using bifunctional ionic liquid extractants (Bif-ILEs) ［J］. Journal of Chemical Technology and Biotechnology, 2012, 87 (2): 198-205.

［56］ Otto R, Wojtalewicz-Kasprzac A. Method for recovery of rare earths from fluorescent lamps ［P］. US Patent: 2012/0027651A1, 2012.

［57］ Braconnier J J, Rollat A. Process for recovery of rare earths starting from a solid mixture containing a halophosphate and a compound of one or more rare earths ［P］. Patent: WO2010118967A1, 2010.

［58］ Zhang Q, Saito F. Non-thermal extraction of rare earth elements from fluorescent powder by means of its mechanochemical treatment ［J］. Journal of the Mining and Materials Processing Institute of Japan, 1998, 114: 253-257.

［59］ Zhang Q, Lu J, Saito F. Selection extraction of Y and Eu by non-thermal acid leaching of fluorescent powder activated by mechanochemical treatment using a planetary mill ［J］. Journal of the Mining and Materials Processing Institute of Japan, 2000, 116 (2): 137-140.

［60］ Shiratori G, Minami S, Murayama N, et al. Preprint of the society of chemical engineers Japan 75th annual meeting ［R］. Tokyo: The Society of Chemical Engineers, Japan, 2010.

［61］ Shiratori G, Murayama N, Shibata J, et al. Preprint of the society of chemical engineers Japan 42nd autumn meeting ［R］. Tokyo: The Society of Chemical Engineers, 2010.

［62］ 倪海勇. 一种回收废弃荧光灯中稀土元素的方法 ［P］. 中国专利: CN 101307391, 2008-11-9.

［63］ Kissinger H E. Reaction kinetics in differential thermal analysis ［J］. Analytical Chemistry, 1957, 29 (11): 1702-1706.

［64］ Supriya N, Catherine K B, Rajeev R. DSC-TG studies on kinetics of curing and thermal decomposition of epoxy-ether amine systems ［J］. Journal of thermal analysis and calorimetry, 2013, 112 (1): 201-208.

[65] Mgaidi A, Jendoubi F, Oulahna D, et al. Kinetics of the dissolution of sand into alkaline solutions: application of a modified shrinking core model [J]. Hydrometallurgy, 2004, 71 (3): 435-446.

[66] Shengen Zhang, Hu Liu, De'an Pan, et al. Complete recovery of Eu from $BaMgAl_{10}O_{17}$: Eu^{2+} by alkaline fusion and mechanism [J]. RSC Advance, 2015, 5: 1113-1119.

[67] Hu Liu, Shengen Zhang, De'an Pan, et al. Mechanism of $CeMgAl_{11}O_{19}$: Tb^{3+} alkaline fusion with Sodium Hydroxide [J]. Rare Metals, 2015, 34 (3): 189-194.

[68] Hu Liu, Shengen Zhang, Jianjun Tian, et al. Rare earth elements recycling from waste phosphor by dual hydrochloric acid dissolution [J]. Journal of Hazardous Materials. 2014, 272: 96-101.

[69] Shengen Zhang, Min Yang, Hu Liu, et al. Recovery of waste rare earth fluorescent powders by two steps acid leaching [J]. Rare Metals, 2013, 32 (6): 609-615.

5 废旧镍氢电池循环利用技术

镍氢电池是重要的二次电池之一，因能量密度高、循环寿命长、安全可靠，广泛应用于移动电源。废旧镍氢电池含大量的镧铈稀土、镍和钴等，是宝贵的二次资源。废旧镍氢电池如处置不当或不处置，将造成镍、钴、稀土等金属元素大量转入生态系统中，会对动植物及人类造成不利的影响。因此，废旧镍氢电池循环利用，不仅可以回收宝贵的有价金属，而且可以减少开采原矿，保护生态环境。随着我国稀土矿藏资源急剧减少、钴镍金属资源对外依存度日益提高，废弃镍氢电池循环利用具有十分重要的战略意义。

但目前我国对废旧镍氢电池的危害性和资源性认识不足、回收处理的重视程度不够，导致绝大多数废旧镍氢电池仍滞留在消费者手中或被随意丢弃，既浪费资源又对生态环境造成威胁。进入 21 世纪，我国日益重视废旧镍氢电池循环利用，研发了稀土、钴镍等有价金属回收技术，逐步建成了若干家具有规模的回收企业，促进了镍氢电池产业的可持续发展。

5.1 预处理技术

废旧电池成分和结构复杂，具有较高回收价值的电极材料通常被塑料或金属外壳包裹，因此，必须采取一定的预处理措施，提高废旧电池的处理效率和资源利用率。废旧电池的预处理工艺一般包括拆解、破碎、分选等工序，提高金属的解离度和分离率，高效回收有价金属。经过破碎分选后，采用湿法冶金工艺可大幅提高有价金属酸解效率和浸出率。

拆解是一种机械处置方法，将废旧电池中特定的成分或部分分离下来（部分拆解），或将废旧电池完全分解成不同组分（完全拆解）。破碎是利用外力克服固体质点间的内聚力而使大块固体分裂成小块的过程。破碎可以使废旧镍氢电池电极材料中的各种成分最大限度地分离，将金属部分与隔板和糊状物有效分离。分选是根据各组分不同的物理特性，如磁性、密度、导电性等进行分离。废旧电池的预处理通常由拆解、破碎和分选组成。拆解阶段，通常将电池的塑料和金属外壳与电极材料分离；破碎阶段，通过破碎设备，如球磨机，将废旧电池磨碎至所需粒径，以提高不同材料的解离度；分选阶段，根据材料的物理特性，采用重力、磁力或电力等对破碎料进行分离。图 5-1 是废旧镍氢电池预处理流程[1]，主

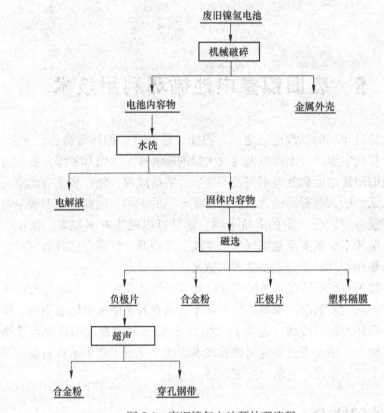

图 5-1 废旧镍氢电池预处理流程

要分为以下几个步骤：

（1）机械破碎。电池的破碎应当使用温和的方式。首先将废旧镍氢电池余电放掉，然后将塑料和金属外壳剥离，再将金属外壳与电池内芯分离。

镍氢电池正负极活性材料分别涂敷在泡沫镍和穿孔钢带上，并使用隔膜使电极材料隔离，避免直接接触。为了使后续处理较为方便，电极片应切成 1~5cm 见方的碎片。

（2）电解液与其他固体内容物的分离。采用水洗—过滤把电池固体内容物电解液去除，实现电解液与固体物质分离。固体物质包含正极片、负极片、隔膜和储氢合金粉。

（3）正极片、隔膜与负极片的分离。使用磁选工艺可将正极片、负极片、隔膜和储氢合金粉完全分离。负极片（穿孔钢带）、正极片、储氢合金粉的磁力依次减弱，隔膜是无磁材料，不产生磁力。磁选得到的负极片通常附着一些储氢合金粉，经超声震动可以完全脱落，再次磁选或过筛，将穿孔钢带和储氢合金粉分离。

5.2　火法回收技术

火法，又称干法或烟法，该法首先要对废弃电池进行分类筛选、破碎，然后放入焙烧炉中在高温下焙烧，主要是利用废弃电池中各种金属的熔沸点不同，采取控温蒸发，然后使目的组分冷凝回收，该技术通常以镍铁合金为回收目标。目前火法处理技术有常压处理技术和真空处理技术两种方法[2,3]。常压火法处理技术所有作业均在空气中进行，真空火法处理技术则是在密闭的负压环境条件下进行。火法处理工艺流程如图 5-2 所示。

火法冶金技术具有处理过程简单、物料处理量大、可直接利用现有的处理废弃镍镉电池设备等优点，但由于该技术回收得到的产品价值较低，一些贵重金属如钴等未被回收；另外，稀土成分也转入炉渣，资源浪费极大。处理过程对设备要求也高，能耗大，在常压冶金法中，由于有空气参与反应，易造成二次污染。真空处理技术虽克服了常压冶金技术的二次污染问题，但其对有价值金属镍钴回收效率也不高，并且能耗较高。因此，为了达到最佳回收效果，并减少污染，目前，倾向于将真空处理技术和其他工艺结合起来处理废弃镍氢电池。

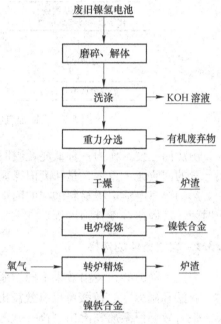

图 5-2　火法处理工艺流程

5.3　湿法回收技术

废旧镍氢电池经机械破碎、去碱液、磁选和重力分离处理后，分离得到含铁物质；然后酸溶合金粉，过滤去除不溶物，得到含镍、钴、稀土、锰、铝等金属盐溶液；最后再利用化学沉淀、萃取、置换等方法回收有价金属。

与火法工艺相比，湿法工艺可将各种金属分别回收，回收的金属纯度高、能耗低、产生的废气少、废液易于控制，在一定程度上降低了环境污染的风险。但湿法工艺流程往往比较复杂，处理成本高，废液量大。但与火法冶金相比，湿法工艺处理废旧镍氢电池仍有很大的优势，其研究重点和难点多集中在镍、钴和稀土等有价金属回收。图 5-3 为废旧镍氢电池湿法回收工艺流程[4]。

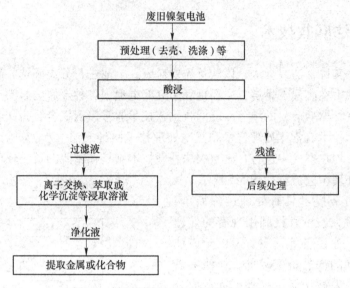

图 5-3　废旧镍氢电池湿法回收工艺流程

湿法回收技术作为一种低能耗废旧镍氢电池处理方法被广泛应用。酸浸对金属元素的回收尤为重要，是从废旧镍氢电池回收镍、钴及稀土元素的重要环节之一。影响镍氢电池电极材料酸浸的因素主要包括酸的种类、浓度、浸出温度、浸出时间、液固比、搅拌强度等。

5.3.1　酸浸条件的选择

采用不同的酸，浸出效果不同。邓锋认为在湿法处理工艺，酸浸主要采用盐酸、硫酸和硝酸[5]。硫酸可以有效浸出镧，但其他金属提取不完全；硝酸对镍钴浸出最有效，但杂质铁浸出率高；盐酸是铁浸出率最低的。硝酸和盐酸易挥发，易腐蚀设备，浸出时挥发到空气中易污染环境。因此，常用硫酸作为酸浸液。

Zhang Pingwei 等研究镍、钴、稀土的酸浸条件，在酸浸处理时间 3h、温度 95℃、盐酸浓度 3mol/L、液固比 9∶1 的条件下，镍、钴、稀土的浸出率最高，电极中 96% 的镍、99% 的稀土及 100% 的钴浸出[6]。Sakultung 等利用盐酸酸浸镍钴电池，在酸浸时间 60min、温度 80℃、盐酸浓度 5mol/L、液固比 15∶1 的条件下，镍钴浸出效果最好，镍钴浸出率分别为 92%、84%[7]。徐艳辉等对浸出条件的研究表明，室温下 AB5 镍氢电池在 4mol/L 的盐酸中浸 2h，活性物质中的钴可以全部浸出，92%~93% 的镧和铈以及 73.6% 的镍浸出；AB2 型电池，50℃ 时在 6mol/L 的盐酸中酸浸 30min，锆、钛、钴可以全部浸出，铬、镍、钒的浸出率分别是 85.3%、65.1% 和 95.6%[8]。

Rabah 等用加有少量 H_2O_2 的 1.5mol/L 硫酸，在 90℃ 条件下酸浸废旧镍氢电池 2h，镍钴回收分别达到 99.9% 和 99.4%[9]。Pietrelli 等用 2mol/L 硫酸，在

95℃条件下酸浸废旧镍氢电池，可使负极中的镍、钴和锰全部浸出，正极的镍、钴、锰和稀土浸出率也较高[10]。Nan 等利用加有 3% H_2O_2 的 3mol/L 硫酸，在温度70℃、液固比 15∶1、酸浸 5h 的条件下，镍、钴、稀土回收率在 94% 以上[11]。Mantuano 研究发现，体积比8%的硫酸，在液固比 50∶1、温度 50℃、酸浸时间 1h 的条件下，镍的浸出率达到100%[12]。吴巍等利用稀硫酸酸浸镍氢电池储氢合金粉末发现影响因素的排序为：浸出时间>液固比>稀硫酸初始浓度>温度，得出的优化浸出条件为：浸出时间 3.8h，液固比为 15∶1，硫酸初始浓度为1.8mol/L，浸出温度80℃[13]。图 5-4 ~ 图 5-7 分别为其试验中浸出时间、温度、液固比和稀硫酸初始浓度与镍、钴、稀土平均浸出率的关系。

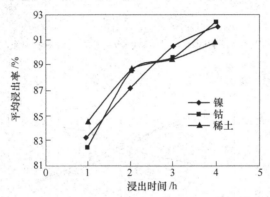

图 5-4 浸出时间与镍、钴、稀土平均浸出率的关系

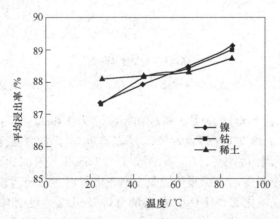

图 5-5 温度与镍、钴、稀土平均浸出率的关系

张志梅等研究了影响废旧镍氢电池正极材料回收条件，发现在 pH=3，用加有少量 H_2O_2 的 2mol/L 硫酸在温度80℃条件下浸出正极材料，碳酸镍和硫酸钴的回收率均超过98%[14]。廖华等人研究了硫酸浸出废旧氢镍电池正极材料，采用正交实验方法考查了浸出条件，优化的条件为：氧化剂的加入量为 0.38mL/g，

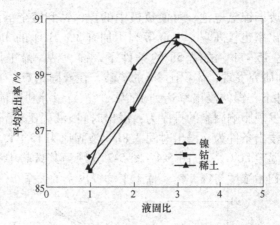

图 5-6 液固比与镍、钴、稀土平均浸出率的关系

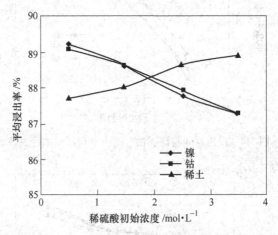

图 5-7 稀硫酸初始浓度与镍、钴、稀土平均浸出率关系

浸出时间 60min，浸出温度 80℃，硫酸初始浓度为 3.0mol/L。在此条件下，钴、镍的浸出率分别为 99.7%、99.1%[15]。夏煜等确定了影响镍浸出的最佳工艺：浸出时间 30min，浸出温度常温，硫酸浓度 1.8mol/L，液固比 5∶1，搅拌强度 600r/min[16]。夏李斌等研究了浸出镍氢电池正极材料的影响因素，确定了镍钴浸出最佳工艺条件：氧化剂（H_2O_2）加入量为 0.38mL/g，浸出时间 9.5min，浸出温度 85℃，硫酸初始浓度为 2.0mol/L[17]。梅光军等研究不同因素对稀硫酸浸出废旧镍氢电池稀土的影响，发现在浸出时间为 60min、稀硫酸浓度为 2.5mol/L、液固比为 10∶1、搅拌速度为 800r/min 的条件下，稀土浸出率为 92.50%[18]。玉荣华等研究硫酸浸提负极板材料，得出在浸出时间为 30min、硫酸浓度为 2.0mol/L、初始温度为常温、液固比为 6∶1 的条件下，镍钴和稀土浸出率最高，镍钴浸出率 98% 以上，稀土浸出率在 90% 以上[19]。王大辉等在反应时间 2h、硫

酸浓度 0.3mol/L、温度 80℃、液固比 20∶1、搅拌速度 350r/min 的条件下成功实现了负极材料中的活性物质和基体的分离[20]。

大多数学者研究湿法处理废旧镍氢电池，选择以硫酸为主，浓度 1.5~3mol/L，浸出温度一般选择在 80~95℃之间，浸出时间在 1~3h 之间，液固比 6~15。

Larsson 等研究镍氢动力电池电极活性物质在酸性条件下的溶解规律，发现当利用非氧化性酸（如盐酸和稀硫酸）在贫氧环境下溶解时，酸的用量可节省 37%，因为此时酸可充分溶解阴极活性物质而不会溶解阴极上的金属镍。溶解的最佳条件为 pH=1，反应时间不少于 3min[21]。

浸出液中含有镍、钴、锌、铁、锰、铝和稀土元素等，其中镍、钴、稀土为主要回收的金属元素。铝、铁（Ⅲ）金属氢氧化物的 pK_{sp} 分别为 32.9 和 37.4，远远大于其他金属氢氧化物所对应的值，因此，通过调节 pH 将铝和铁选择性沉淀出后，再对浸出液中的镍、钴、锰等元素进行下一步的处理回收。常用的回收方法有化学沉淀法、盐析法、离子交换法、萃取法和电沉积法。Margarido 等研究发现最优的萃取顺序为稀土、锰、钴，可以最低的成本得到最高的分离效率[22]。

5.3.2　稀土元素的回收

在回收废旧镍氢电池中稀土方面，Pietrelli 等研究了回收 AB2 型和 AB5 型储氢合金中稀土，采用 H_2SO_4 浸出金属元素后，以 NaOH 调节 pH<1.5，对溶液进行加热，稀土元素则以难溶物 $NaRE(SO_4)_2 \cdot H_2O$（RE＝La、Ce、Pr、Nd、Pm、Sm、Eu、Sc）形式沉淀析出[23]。而 $Fe(OH)_3$ 在 pH＝2.5~3 时才沉淀。因此，Fe 的存在不会对稀土沉淀造成太大影响。经计算，1t 废旧镍氢电池可回收 37.5kg 纯度约 80% 的稀土元素。Zhang 等调节溶液 pH≈1.2，加入 25%（质量分数）的二磷酸（D2EHPA）煤油溶液作为萃取液，沉淀物用酸溶解后再以草酸进一步沉淀提纯，可将混合稀土氧化物纯度提高至 99%，产率达 98%[24]。Fernandes 等萃取除去浸出液中 Zn（Ⅱ）、Fe（Ⅲ）、Co（Ⅱ）、Ni（Ⅱ）后，以 2-乙基己基膦酸-2-乙基单酯（PC-88A）为萃取剂，在 pH＝1 的条件下萃取镧系金属，回收率超过 99.9%[25]。Innocenzi 等将镍氢电池破碎后的粉末（小于 500μm）依次采用 2mol/L 硫酸在 80℃下浸出 3h 和 1mol/L 硫酸在 25℃下浸出 1h 得到浸出液，直接以 NaOH 调节 pH＝1.6，稀土金属以硫酸盐沉淀析出，回收率为 99%，其中含 64%（质量分数）镧硫酸盐和 28%（质量分数）铈硫酸盐[26]。Gasser 等合成出一种吸附剂（Mg-Fe-LDH-A），对浸出液中的 La 和 Nd 进行选择性吸附分离。在 5g/L La（Ⅲ）、5g/L Nd（Ⅲ）、pH＝1 的溶液中，进行 2h 吸附，分离因子 $S_{La/Nd}$ 可达 23.2，La（Ⅲ）和 Nd（Ⅲ）的吸附容量分别为 481mg/g 和 192mg/g[27]。

5.3.3　Ni、Co 等金属的回收

有机磷萃取剂常用于萃取浸出液中 Ni、Co 和 Cu 等金属元素，常用的有二

（2，4，4-三甲基戊基）次膦酸（Cyanex 272）、D2EHPA、三烷基氧膦混合物（Cyanex 923）、2-乙基己基膦酸单、2-乙基己基酯（P_{507}）和一些非磷萃取剂三辛胺（TOA）、Acorga M5640 等。这些萃取剂能与 Co 结合形成稳定的配合物，分离水相和有机相后，将 Co 和其他金属离子分离，调节 pH 值或加入沉淀剂得到相应的 Co 盐。Cyanex 272 常用作分离 Ni 和 Co 的萃取剂。当 Mn 存在时，Cyanex 272 失去对 Co 的选择性萃取能力。因此，Granata[28]等采用多种萃取剂分步萃取废旧锂离子电池和镍氢电池混合浸出液中的 Mn、Co 和 Ni。先以 D2EHPA 在 pH =4、$n(D2EHPA)/n(Mn)$ = 2 时萃取 Mn，再用 Cyanex 272 在 pH = 5～6、$n(Cyanex)/n(Co)$ = 4 时萃取 Co，剩余溶液提纯回收 Ni，总金属回收率超过 50%。Zhang 等采用质量分数为 25%的 TOA（三辛胺）煤油溶液几乎可完全萃取回收 Co，剩余溶液主要含 Ni，再通过添加草酸铵得到相应草酸盐沉淀；Co 的纯度高达 99%，Co 和 Ni 的回收率分别为 98%和 96%[24]。Innocenzi 等对比 D2EHPA 和 Cyanex 272 萃取镍氢电池浸出液中的 Mn 和 Zn，发现 D2EHPA 比 Cyanex 272 具有更高的萃取率[29]。近年来，有研究者以 Cyanex 923 萃取废旧镍氢电池中金属元素。镍氢电池电极浸出液经萃取剂（8%Cyanex 923、10%TBP、82%煤油）预萃取后，有机相含有 Fe 和 Zn，经 3mol/L 的 HCl 清洗后再进行洗脱得到 Fe 和 Zn 溶液，有机相分离循环使用[30,31]；无机相中含有 Al、Co、K、Mg、Mn、Ni 和 Y，加入萃取剂（70% Cyanex 923、10%TBP、10%煤油、10%1-癸醇）后，所得无机相含 Ni、Mg 和 K，有机相含 Al、Co、Mn、Y（可能含有少量 Ni）；用硝酸洗涤有机相，洗出液含 Co、Mn（可能含有少量 Ni），有机相含 Al 和 Y；再用 1mol/L 盐酸洗涤有机相，洗出液含 Al 和 Y，有机相可循环使用。如果浸出液含有 Ce、La、Nd、Pr 等其他的稀土元素，可与 Y 同时被回收。Chen 等以 P_{507} 作萃取剂时，Co（Ⅱ）萃取率和沉淀得到的草酸钴纯度分别为 93%和 99.9%[32]。

　　除了常用的萃取法和电沉积法，还有一些其他的方法，如李长东等提出镍氢电池正极废料中提取制备超细金属镍粉，用硫酸和过氧化氢浸出后，经萃取和反萃，再以水合肼作为还原剂制得粒径约 0.4μm 的镍粉，回收率达 98.5%，纯度高于 99.7%[33]。

5.4　熔盐电解

　　在直流电流作用下，含稀土熔盐电解质中的稀土离子在电解槽阴极获得电子还原成金属的稀土金属制取方法。熔盐电解是制取混合稀土金属、轻稀土金属镧、铈、镨、钕、稀土铝合金和稀土镁合金的主要工业生产方法。熔盐电解有氯化物电解和氟化物电解两种方法，工业上主要采用前一种方法。稀土金属产品的纯度一般为 95%～98%，主要作为合金成分或添加剂广泛应用于冶金、机械、新材料等领域。与金属热还原法制取稀土金属相比，此法具有成本较低、易实现连续化生产等优点。

赫里布兰德（W. Hillebrand）等人在 1857 年首次用稀土氯化物熔盐电解法制取稀土金属。1940 年，奥地利特雷巴赫化学公司（Treibacher Chemische Werke A G）实现了熔盐电解制取混合稀土金属的工业化生产。1973 年，西德戈尔德施密特公司（Th. Goldschmidt AG）以氟碳铈镧矿高温氯化制得的氯化稀土为原料，用 50000A 密闭电解槽电解生产稀土金属。1902 年，姆斯马（W. Munthman）提出用氟化物熔盐电解法制取稀土金属。20 世纪 80 年代，苏联采用这种熔盐电解法在 24000A 电解槽中电解生产稀土金属。

我国从 1956 年开始研究氯化物熔盐电解法，20 世纪 70 年代初又开始研究氟化物熔盐电解法，80 年代用于金属钕的工业生产，现已发展到数万安培电解槽电解生产混合稀土金属、镧、铈、镨、钕等。

熔盐电解制取稀土金属和合金有如下特性：

（1）熔盐的电导大，离子扩散速度和化学反应速度快，稀土离子与液态稀土金属的界面之间具有较大的交换电流，因此，电解稀土金属的阴极电流密度可以达到 $4 \sim 10 A/cm^2$（有的甚至达到 $30 \sim 40 A/cm^2$），这在电化学冶金中是少见的。

（2）稀土离子的析出电位较负，因此，在电解质中如有电位较正的阳离子杂质，将先于稀土析出。这就给原料带来了苛刻的要求，同时也对电解质成分的选择带来了更多的限制。

（3）轻稀土金属的化学活性强，其熔点又比铝、镁还高，在高温熔化时它几乎能与所有元素作用。因此，选择电解槽、电极、金属或稀土合金盛器材料很困难。

（4）稀土氯化物容易吸水和水解，稀土金属能分解水，又与氧、碳、硫、氮、磷及许多金属杂质有很强的亲和力，因此，要求氯化稀土和氟化稀土原料要脱水完全，电解空间的湿度低和空气含量尽量少等。

（5）某些稀土金属，特别是衫、铕等在熔盐电解过程中呈现多种价态变化，在阴极上不完全放电，成为低价离子，而后又被氧化成高价状态，如此循环往复，空耗电解电流。因此，稀土原料中要尽量降低其含量。

（6）稀土金属尤其是钕在其自身氯化物熔盐中的溶解度比镁在氯化镁中的要大数十倍，溶解速度也快。溶解生成的低价稀土化物又容易被阳极析出的氯气和空气中的氧所氧化，也容易在阳极上被氧化成高价离子，这是稀土电解电流效率不高的重要原因之一。

（7）稀土金属化学活性高，易氧化，除了少数场合用它作还原剂、吸气剂外，稀土金属自身很少被单独使用。稀土金属往往作为合金（含金属间化合物）的组分之一，或作为添加剂用于冶金或新材料之中。

5.4.1 氯化物熔盐电解

以碱金属和碱土金属氯化物为电解质，以稀土氯化物为电解原料的熔盐电解方法,从阴极析出液态稀土金属,阳极析出氯气。这种方法具有设备简单、操作方便、电解槽结构材料易于解决等特点,但也存在氯化稀土吸水性强、电流效率低等问题。$RECl_3$-KCl 是目前较理想的电解质体系,由于 NaCl 比 KCl 价廉,所以 $RECl_3$-KCl-NaCl 三元系也是工业上常用的电解质体系。

5.4.1.1 电解原理

当 $RECl_3$-KCl 熔盐电解质在以石墨为阳极、钼或钨为阴极的电解槽中进行电解时,电解质在熔融状态下离解为 RE^{3+}、K^+ 和 Cl^- 离子,在直流电场作用下,RE^{3+}、K^+ 向阴极迁移,Cl^- 向阳极迁移,由于离子的电极电位不同,电极电位较高的 RE^{3+} 首先在阴极上获得电子被还原成金属:

$$RE^{3+} + 3e \longrightarrow RE \tag{5-1}$$

Cl^- 在阳极上失去电子生成氯气:

$$3Cl^- - 3e \longrightarrow 3/2Cl_2 \tag{5-2}$$

电解结果,在阴极得到熔融稀土金属,在阳极析出氯气,同时消耗熔盐电解质中的氯化稀土和直流电量。阴极析出的少部分稀土金属溶解于熔盐电解质中,产生低价氯化物的二次反应,使电流效率降低。

在熔盐电解过程中,钐、铕等变价稀土元素离子发生不完全放电,难以在阴极被还原成金属。如 Sm^{3+} 在阴极上被还原成 Sm^{2+} 后,转移到阳极区又被氧化为 Sm^{3+},造成电流空耗,降低了电流效率。

5.4.1.2 电解工艺

电解质、电解温度、电流密度、极间距等工艺条件对熔盐电解电流效率有显著影响。

熔盐电解质中的 $RECl_3$ 含量一般控制在 35%~40%(质量分数)。氯化稀土含量过高,熔盐电解质电阻大、黏度也大,阳极气体逸出困难。金属珠在阴极区聚集不良,分散于熔体中易被阳极气体氧化;稀土含量过低,会发生碱金属和稀土离子共同放电,这两种情况均使电流效率降低,电量消耗量增加。此外,电解原料要少含水分、氧氯化物、变价稀土元素和杂质。要求氯化稀土中的 $w(Sm_2O_3) < 1\%$、$w(Si) < 0.05\%$、$w(Fe_2O_3) < 0.07\%$、$w(SO_4^{2-}) < 0.03\%$、$w(PO_4^{3-}) < 0.01\%$,脱水氯化稀土含 $w(H_2O) < 5\%$,水不溶物质量分数小于 10%,以减少泥渣生成。熔盐电解质中的碳会妨碍阴极金属凝聚,需采用致密石墨制造的阳极和坩埚。

电解温度与熔盐电解质组成和金属熔点有关,一般采用高于稀土金属熔点 50K 左右的电解温度。混合稀土金属的电解温度为 1143~1173K,镧、铈、镨的电解温度分别为 1193K、1143K、1203K 左右。电解温度过高,金属与熔盐电解质的二次反应加剧,金属溶解损失增加;电解温度过低,则熔盐电解质黏度大,电流效率下降。

阴极电流密度（J_k）一般为 $3\sim6A/cm^2$，适当提高 J_k 可加快稀土金属的析出速度；但 J_k 过大，碱金属会同时析出，并会使熔盐过热，导致二次反应加剧。阳极电流密度（J_a）一般为 $0.6\sim1.0A/cm^2$，超过此上限值，易产生阳极效应。极间距需依电极形状、电极配置及槽型而定，适当增大极间距可减少金属在阳极区的氧化。

电解槽主要有小型石墨圆形槽（见图 5-8）[33] 和大型陶瓷槽（耐火砖砌成）两种类型。前者结构简单，使用方便，电流效率可达 $40\%\sim50\%$，金属直接回收率在 85% 以上，但烧蚀严重，槽电压高，电能消耗大，生产能力小（工作电流 $800\sim1000A$）。后者生产能力大（工作电流 $3000\sim10000A$ 或更高），电能消耗低，但电流分布不匀，金属溶解和二次反应严重，电流效率低（一般为 $30\%\sim40\%$），金属直接回收率为 $80\%\sim85\%$。当阴极产物积累到一定量时，应定期取出铸锭，冷却后表面抛光、装桶、蜡封保存。产出的混合稀土金属纯度为 $95\%\sim98\%$。

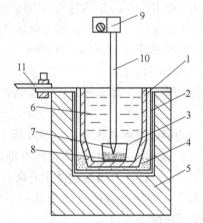

图 5-8　稀土金属电解槽示意图

1—石墨坩埚；2—钢壳；3—瓷皿；4—碳粉；5—耐火砖隔热体；
6—熔融电解质；7—钼阴极；8—析出的稀土金属；
9—阴极电源插头；10—瓷套管；11—阳极接头

5.4.2　氟化物熔盐电解

以氟化物或氟化物混合熔盐为电解质、以稀土氧化物为电解原料的熔盐电解方法。目前生产上常用 REF_3-LiF 或 REF_3-LiF-BaF_2 电解质体系。这种电解质体系的熔点和蒸气压较低，导电性好，金属离子比较稳定。稀土氧化物在其中的溶解度为 $2\%\sim5\%$。此法适用于电解生产熔点高于 1273K 的单一稀土金属钕、钇等，也可用于电解生产其他单一稀土、混合稀土金属及其合金。与氯化物熔盐电解法相比，氟化物熔盐电解法具有电流效率高、电能消耗低等优点，但也存在电解槽材质必须要耐氟的腐蚀、生产成本高、操作条件要求严格等问题。

5.4.2.1　电解原理

溶解在氟化物熔盐中的 RE_2O_3 离解成稀土阳离子和氧阴离子，在直流电场作用下，稀土阳离子向阴极移动，并在其上获得电子被还原成金属：

$$RE^{3+}+3e = RE \tag{5-3}$$

而氧阴离子则向阳极（石墨）移动，在其上失去电子生成氧气或与石墨作用生成 CO_2 和 CO：

$$2O^{2-}-4e = O_2 \tag{5-4}$$

$$2O^{2-}+C-4e = CO_2 \tag{5-5}$$

$$O^{2-}+C-2e = CO \tag{5-6}$$

5.4.2.2　电解工艺

电解在以石墨为阳极、以钼或钨为阴极的电解槽中进行，依电解生产的稀土元素而异。电解时要严格控制 RE_2O_3 的加入速度（用振动螺旋加料器加料），使熔体中 RE_2O_3 的含量低于其溶解度。电解产品纯度可达99%，金属钕中主要杂质硅、碳、钼、铁的质量分数分别小于0.02%、0.05%、0.1%、0.2%，电流效率在60%以上，金属直收率达95%以上。

熔盐电解法制取稀土金属还存在许多问题，比如电流效率低、成本高等，可以从以下3方面着手进行改进：

（1）开发新的、廉价的熔盐电解质体系，以求降低生产成本。

（2）研制大型、密闭、自动加料、虹吸出金属并能有效回收电解废气等的新型电解槽，以提高电流效率，延长电解槽的使用寿命。

（3）通过实现原料制备、电解过程的连续化和自动控制来确保工艺条件稳定，达到高效率、低消耗、低成本的目的。

参 考 文 献

[1] 余小文，雷立旭. 废旧镍氢电池成分的资源化分离和循环生产方法 [P]. 中国专利：CN 101242016 B, 2011.

[2] Bernardes A M, Espinosa D C R, Tenório J A S. Recycling of batteries: a review of current processes and technologies [J]. Journal of Power Sources, 2004, 130: 291-298.

[3] Espinosa D C R, Bernardes A M, Tenorio J A S. An overview on the current processes for the recycling of batteries [J]. Journal of Power Sources, 2004, 135 (1-2): 311-319.

[4] Pietrelli L, Bellomo B, Fontana D, et al. Characterization and leaching of NiCd and NiMH spent batteries for the recovery of metals [J]. Waste Management, 2005, 25 (2): 221-226.

[5] 邓锋. 镍氢电池合金的回收 [J]. 中国有色冶金, 1997 (6): 28-35.

[6] Zhang P, Yokoyama T, Itabashi O, et al. Hydrometallurgical process for recovery of metal

values from spent nickel-metal hydride secondary batteries [J]. Hydrometallurgy, 1998, 50 (1): 61-75.

[7] Sakultung S, Pruksathorn K, Hunsom M. Simultaneous recovery of valuable metals from spent mobile phone battery by an acid leaching process [J]. Korean Journal of Chemical Engineering, 2007, 24 (2): 272-277.

[8] 徐艳辉, 陈长聘, 王国元, 等. Ni-MH 二次电池负极用贮氢合金的研究发展 [J]. 材料科学与工程学报, 2002, 20 (1): 97-103.

[9] Rabah M A, Farghaly F E, Motaleb A E. Recovery of nickel, cobalt and some salts from spent Ni-MH batteries [J]. Waste Management, 2008, 28 (7): 1159-1167.

[10] Pietrelli L, Bellomo B, Fontana D, et al. Characterization and leaching of NiCd and NiMH spent batteries for the recovery of metals [J]. Waste Management, 2005, 25 (2): 221-226.

[11] Nan J, Han D, Yang M, et al. Recovery of metal values from a mixture of spent lithium-ion batteries and nickel-metal hydride batteries [J]. Hydrometallurgy, 2006, 84 (1-2): 75-80.

[12] Mantuano D P, Dorella G, Elias R C A, et al. Analysis of a hydrometallurgical route to recover base metals from spent rechargeable batteries by liquid-liquid extraction with Cyanex 272 [J]. Journal of Power Sources, 2006, 159 (2): 1510-1518.

[13] 吴巍, 张洪林. 废镍氢电池中镍、钴和稀土金属回收工艺研究 [J]. 稀有金属, 2010, 34 (1).

[14] 张志梅, 张建, 张巨生. 废弃 MH/Ni 电池正极的回收 [J]. 电池, 2002, 32 (4): 249-250.

[15] 廖华, 吴芳, 罗爱平. 废旧镍氢电池正极材料中镍和钴的回收 [J]. 五邑大学学报 (自然科学版), 2003, 17 (1): 52-56.

[16] 夏煜, 黄美松, 杨小中, 等. 用废 Ni-MH 电池正极材料制备电子级硫酸镍的研究 [J]. 矿冶工程, 2005, 25 (4): 46-49.

[17] 夏李斌, 罗俊, 田磊. 废旧镍氢电池正极浸出试验研究 [J]. 有色金属科学与工程, 2009, 23 (3): 32-33.

[18] 梅光军, 夏洋, 师伟, 等. 从废弃镍氢电池负极板中回收稀土金属 [J]. 化工环保, 2008, 28 (1): 70-73.

[19] 玉荣华, 高大明, 覃祚观. 用硫酸从镍氢电池负极板废料中浸出镍钴 [J]. 广东化工, 2011, 38 (7): 35-36.

[20] 王大辉, 张盛强, 侯新刚, 等. 废镍氢电池负极材料中活性物质与基体的分离 [J]. 兰州理工大学学报, 2011, 37 (3): 11-15.

[21] Larsson K, Ekberg C, Ødegaard-Jensen A. Dissolution and characterization of HEV NiMH batteries [J]. Waste Management, 2013, 33 (3): 689-698.

[22] Margarido F. Battery recycling by hydrometallurgy: evaluation of simultaneous treatment of several cell systems [J]. Energy Technology 2012: Carbon Dioxide Management and Other Technologies, 2012: 227.

[23] Pietrelli L, Bellomo B, Fontana D, et al. Rare earths recovery from NiMH spent batteries [J].

Hydrometallurgy, 2002, 66 (1): 135-139.

[24] Zhang P, Yokoyama T, Itabashi O, et al. Hydrometallurgical process for recovery of metal values from spent nickel-metal hydride secondary batteries [J]. Hydrometallurgy, 1998, 50 (1): 61-75.

[25] Fernandes A, Afonso J C, Dutra A J B. Separation of nickel (Ⅱ), cobalt (Ⅱ) and lanthanides from spent Ni-MH batteries by hydrochloric acid leaching, solvent extraction and precipitation [J]. Hydrometallurgy, 2013, 133: 37-43.

[26] Innocenzi V, Vegliò F. Recovery of rare earths and base metals from spent nickel-metal hydride batteries by sequential sulphuric acid leaching and selective precipitations [J]. Journal of Power Sources, 2012, 211: 184-191.

[27] Gasser M S, Aly M I. Separation and recovery of rare earth elements from spent nickel-metal-hydride batteries using synthetic adsorbent [J]. International Journal of Mineral Processing, 2013, 121: 31-38.

[28] Granata G, Pagnanelli F, Moscardini E, et al. Simultaneous recycling of nickel metal hydride, lithium ion and primary lithium batteries: Accomplishment of European Guidelines by optimizing mechanical pre-treatment and solvent extraction operations [J]. Journal of Power Sources, 2012, 212: 205-211.

[29] Innocenzi V, Veglio F. Separation of manganese, zinc and nickel from leaching solution of nickel-metal hydride spent batteries by solvent extraction [J]. Hydrometallurgy, 2012, 129: 50-58.

[30] Larsson K, Ekberg C, degaard-Jensen A. Using Cyanex 923 for selective extraction in a high concentration chloride medium on nickel metal hydride battery waste [J]. Hydrometallurgy, 2012, 129: 35-42.

[31] Larsson K, Ekberg C, Ødegaard-Jensen A. Using Cyanex 923 for selective extraction in a high concentration chloride medium on nickel metal hydride battery waste: Part Ⅱ: mixer-settler experiments [J]. Hydrometallurgy, 2013, 133: 168-175.

[32] Chen L, Tang X, Zhang Y, et al. Process for the recovery of cobalt oxalate from spent lithium-ion batteries [J]. Hydrometallurgy, 2011, 108 (1): 80-86.

[33] 李长东, 黄国勇, 徐盛明. 从镍氢电池正极废料中回收、制备超细金属镍粉的方法[P]. 中国专利: CN101383440, 2009.

6 其他废旧稀土材料循环利用技术

6.1 稀土抛光粉

稀土抛光粉是重要的稀土应用产品之一，因其具有切削能力强、抛光时间短、抛光精度高、操作环境清洁等优点，被广泛应用于光学玻璃、饰品、建材、模具及精密仪器的抛光。

在稀土抛光粉磨抛工件的过程中，抛光浆料会滴加到待磨工件表面，经抛光垫作用进行抛光，直至抛光液失效。失效的稀土抛光粉形成的固体废弃物中除稀土抛光粉外还含有被磨除的工件粉末。

稀土抛光粉失效的主要原因有：（1）在抛光过程中会有部分的工件粉末扩散到稀土氧化物表面，再加上油污及大颗粒异物的不断混入，降低了稀土抛光粉有效成分的含量，阻碍了玻璃表面与抛光粉微粒的接触。这就导致了稀土抛光粉在抛光过程中，摩擦热降低，工件表面产生的塑性变形减少，玻璃表面分子重新分布并形成平整的表面受到影响。（2）抛光过程是一种强烈的摩擦过程，这导致了抛光粉晶粒被细化，抛光效果降低。

据统计，2015 年我国稀土抛光粉的生产量为 1.25 万吨，且国家对稀土矿产资源采取保护性开采的政策，这使得稀土抛光粉的供应日趋紧张。与此同时，不少工厂将失效后的稀土抛光粉当做废弃物，堆放在厂区附近。这不但污染了环境，也是对稀土资源的浪费。因此，研究稀土抛光粉的再生利用技术具有非常重要的意义。

废旧稀土抛光粉回收处理主要有浮选法、溶剂萃取法和液膜分离富集法等[1]。

6.1.1 浮选法

浮选法是通过矿物表面物理化学性质的差异来分离各种细粒矿物。矿粒表面因自身的疏水性或是经过浮选药剂作用后获得疏水性，在气—液界面发生聚集，将亲水的矿物留在水中，从而实现分离。常用的浮选药剂包括捕收剂、抑制剂和起泡剂等。

选用水玻璃作为抑制剂，水杨羟肟酸作为捕收剂，2 号油为起泡剂。取 140g

废弃稀土抛光粉调浆，放入 500mL 浮选槽中，加入 2mol/L NaOH，调至 pH = 8.0，搅拌 3min，使浆液充分散开，加入 5mL 水玻璃，搅拌 5min 后，继续加入 10mL 水杨羟肟酸及 3 滴 2 号油，打开进气阀，通入气体，8min 后刮出上层泡沫，洗涤、抽滤后烘干。采用草酸盐重量法分析浮选前后稀土含量，实验数据表明浮选效果不理想，与浮选前废弃稀土抛光粉相比稀土含量变化不大。实验选用废弃稀土抛光粉的粒径分布主要在 2~12μm 之间，在浮选过程中存在以下几个问题：

（1）细粒质量小，难以和气泡发生碰撞；即使发生碰撞，由于其质量小动量也小，难以克服与气泡间的水化膜，导致矿粒难以附着于气泡上。

（2）粒度过细使其具有更大的比表面积，吸附药剂量增大，消耗了大量的浮选药剂，破坏了浮选过程的进行。

（3）过细的抛光粉颗粒在浮选过程中不容易分散，会聚集在一起，导致药剂无法与之充分接触，从而影响浮选的效果。

6.1.2　溶剂萃取法

溶剂萃取分离法是指在被分离物质的水溶液中，加入一种与水不相混溶的有机溶剂，借助于萃取剂的作用，使一种或几种组分进入有机相，而另一些组分则仍留在水相中，从而达到分离的目的。稀土溶剂萃取以溶液化学及络合物理论为基础，已经发展了不少有效的萃取体系。

针对稀土抛光粉的特点，选取 Cyanex 272、P_{507} 和 P_{204} 三种萃取剂进行了萃取回收稀土实验。将废弃稀土抛光粉在马弗炉中 950℃下高温灼烧 1h，以去除表面有机杂质，取出后置于干燥器中冷却至室温。取经预处理后的试样 2.0g，置于 500mL 烧杯中，加入 100mL 1∶1 硝酸、20mL H_2O_2，在电炉上低温加热，若有不溶物，则可适当补加少量 H_2O_2，待溶解完全后升高温度，蒸至溶液剩 20mL左右，加入约 100mL 去离子水，加热，使盐类完全溶解。冷却至室温，将溶液转移至 1000mL 容量瓶中，定容后，采用 EDTA 滴定法测定样品溶液中稀土浓度。

考察 Cyanex272、P_{507} 和 P_{204} 三种萃取剂、萃取剂浓度、振荡时间和原始稀土料液浓度对提纯效果的影响。实验结果表明，Cyanex 272 比 P_{507} 和 P_{204} 具有更高的萃取效率，在 Cyanex 272 体积分数为 40%、原始稀土料液质量浓度为 3g/L、振荡时间 30min 的条件下，稀土提取率可达到 99.4%。

6.1.3　液膜分离富集法

液膜法分离富集稀土元素主要是通过流动载体在膜内外两相界面之间传递被迁移物质来实现的。流动载体在膜外与原始料液中的稀土离子发生交换络合反应，生成的稀土配合物在液膜内界面与 H^+ 发生解吸稀土的反应。释放出的稀土离子保存在内水相中，游离的流动载体向液膜外部界面进行扩散，利用内水相中高浓度的 H^+ 作为动力实现稀土离子的迁移，从而达到分离富集稀土元素的效果。

取一定量的 Cyanex 272、煤油、表面活性剂 N_{205}，按一定比例倒入烧杯中，低速搅拌使其混合均匀，加入一定浓度的 HCl 溶液作为内水相，搅拌 15min，形成实验用的液膜体系。将配制好的稀土溶液加入液膜体系中，继续搅拌 10min；分离完成后，采用 EDTA 滴定法测定提取液中稀土浓度。考察流动载体浓度、内水相酸度、油内比、水乳比等因素对实验结果的影响。

当流动载体体积分数小于 6% 时，稀土提取率随浓度的增加而升高，当 Cyanex 272 体积分数为 6% 时，稀土提取率可达 98%。当 HCl 浓度小于 3mol/L 时，随着酸度的增加，膜相两侧 H^+ 浓度差不断增大，使稀土的传质速度加快，稀土提取率增加；当 HCl 浓度为 3mol/L 时，稀土提取率可达到 99%；继续增加酸度，液膜的稳定性会降低，使液膜发生破损，影响反应的进行，使稀土提取率降低。

油内比是液膜体系中油相与内水相的体积比，影响液膜稳定性、提取率和传质速率。实验结果显示，随着油内比的增加，稀土提取率呈上升趋势，液膜的稳定性提高，但是同时导致液膜黏度增大，使反应时间增加。当油内比为 2∶1 时，稀土提取率达到最高。

水乳比是外水相与液膜体系的体积比。水乳比小，外水相与液膜的接触面积大，有利于稀土的迁移，但同时会使液膜的消耗量增大。实验结果显示，水乳比在 10∶1 以下时，稀土提取率基本没有变化；当水乳比超过 10∶1 时，液膜体系的稳定性降低，稀土提取率呈现出明显的下降趋势。

在 Cyanex 272 体积分数为 6%、水乳比 5∶1、油内比 2∶1、$c_{(HCl)}$ = 3mol/L 时，液膜分离富集法对稀土元素提取率可达到 99.7%。

Kato 等采用低浓度碱性溶液洗涤稀土抛光粉废粉，除去主要杂质 Al_2O_3 及 SiO_2，使获得的产品再次利用[2]。Jong-Young Kim 等首先使用浮选和化学溶解等过程可直接实现废抛光粉的再利用。回收后的抛光粉表现出与原始抛光粉几乎相同的粒度分布。研究表明：当采用硫酸浸出其中铈元素时，废料在回转窑处理后的浸出率高于其在封闭窑炉处理。同时最佳浸出温度为 60℃，提高到 80℃ 浸出率反而下降，但铈的纯度增加，因为镧的浸出率大幅度下降。通过选择性沉淀，显著增加铈纯度可以大大提高，镧可以完全移除。最优条件稀土盐的沉淀条件为质量比 Na_2SO_4/RE = 0.5，稀土回收率为 60%[3]。Ozaki 等采用化学气相沉积法通过合成蒸汽化合物 $REAl_nCl_{3+3n}$ 研究回收抛光粉废粉，装置如图 6-1 所示。首先采用 N_2+Cl_2 混合气体在 1273K 氯化抛光粉，以蒸汽化合物为载体，沿着温度梯度方向氯化稀土通过化学传输。大多数 $RECl_3$、$AlCl_3$ 和 $FeCl_3$ 经过 82h 的加热。稀土氯化物主要是凝聚在 1220~730K 温度区域内，而 $AlCl_3$ 和 $FeCl_3$ 沉积在温度低于 400K 温度区域。最终获得的 $LaCl_3$ 和 $CeCl_3$ 纯度最高达 80%。该方法利用稀土氯化物难挥发性及其包含杂质氯化物的挥发性不同，从而在高温下实现分离[4]。但是这种方法得到的通常是混合稀土氧化物。

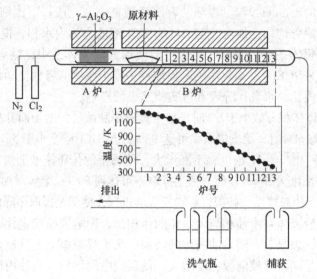

图 6-1 回收抛光粉化学气相沉积装置

Xiuyan Wang 等[5]采用实时监控热分析（TG-DTA）和傅里叶变换红外光谱（FTIR）研究了废旧抛光粉的受热分解过程，反应分为两个阶段，如图 6-2 所示。第一阶段，在 240~280℃区间，热质量损失 22.97%。图 6-3 为第一阶段生成气体的傅里叶变换红外光谱。通过 FTIR 分析分解反应释放气体主要是水，反应方程式如下：

$$RE_2O_3 + 3H_2SO_4 \Longleftrightarrow RE_2(SO_4)_3 + 3H_2O \tag{6-1}$$

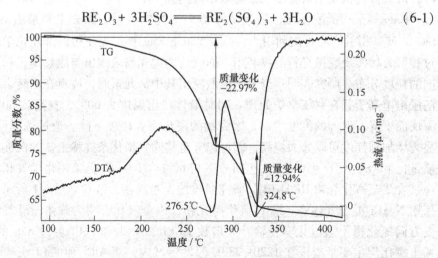

图 6-2 废旧抛光粉的受热分解的 TG-DTA 曲线（5K/min）

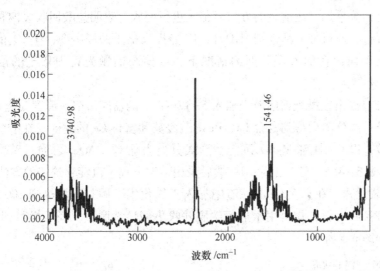

图 6-3 第一阶段生成气体的傅里叶变换红外光谱

第二阶段，在 300~330℃ 区间，TG 曲线显示失重 12.94%。图 6-4 是释放气体的傅里叶变换红外光谱，显示 1023.41cm^{-1} 是 SiF_4 的吸收峰。说明稀土氟氧化物与硫酸发生反应如下：

$$RE_2O_3 + 3H_2SO_4 \Longrightarrow RE_2(SO_4)_3 + 3H_2O \qquad (6-2)$$

$$2REOF + 3H_2SO_4 \Longrightarrow RE_2(SO_4)_3 + 2HF + 2H_2O \qquad (6-3)$$

$$SiO_2 + 4HF \Longrightarrow SiF_4 + 2H_2O \qquad (6-4)$$

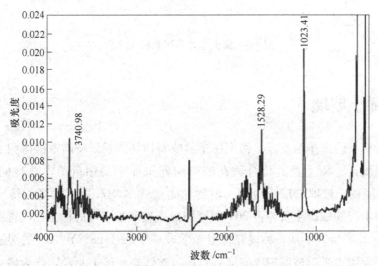

图 6-4 第二阶段生成气体的傅里叶变换红外光谱

赵文怡等采用湿法冶金的方式对稀土进行回收，表明盐酸回收废旧稀土抛光粉技术可行，通过加入活性剂 H_2O_2 和 HF 能提高稀土的浸出率，H_2SO_4 的加入会抑制稀土金属，在加入还原剂的情况下，可使废旧抛光粉中稀土的浸出率达到 90.07%[6]。

梁浩[7] 提出在抛光粉废渣中加入 5~12mol/L 的盐酸溶解，温度为室温或50~80℃，经过滤分离后得到富含 La、Pr 的酸浸液和富含 Ce 的滤渣；在酸浸液中加入盐硫酸，以 $CaSO_4$ 和 $MgSO_4$ 沉淀物形式分离去除 Ca、Mg；再通过碱调节酸浸液 pH 值到 3~4.5，分离去除 Al；然后采用萃取分离、沉淀、灼烧的方法得到 La 和 Pr 的氧化物。在富含 Ce 的滤渣中加入氢氧化钠，调浆后加热到 100~200℃，反应 2~8h 后出料；物料用水进行洗脱并收集碱熔洗脱液；经干燥得到氧化铈，其流程如图 6-5 所示。

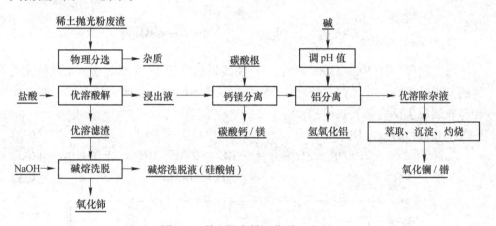

图 6-5　稀土抛光粉回收稀土流程

6.2　稀土玻璃

随着科技的进步与发展，稀土在光学玻璃和其他新型玻璃中都得到了广泛的应用。据统计，稀土及其化合物在玻璃陶瓷工业中的用量约占总量的 25% ~ 30%。伴随稀土玻璃的广泛应用，消费和生产领域均产生了大量的稀土玻璃废料，其中生产领域产生量约占 20%。废旧稀土玻璃是宝贵的稀土二次资源。

Jiang 等[8] 研究了从一种废弃稀土光学玻璃中回收 La、Y、Gd 的湿法冶金工艺。将废弃稀土光学玻璃粉碎研磨后，进行碱焙烧使稀土元素转化为稀土氢氧化物；然后盐酸溶解稀土氢氧化物得到混合稀土氯化物溶液，其工艺过程如图 6-6 所示。研究表明，增加氢氧化钠浓度、反应温度、液固比和浸出时间可提高稀土转化效率。同时，增加盐酸浓度、浸出温度、液固比和浸出时间提高稀土浸出率。采用质量分数为55%的氢氧化钠水溶液与废弃稀土光学玻璃反应，其中液固体为2:1，反应温度为413K，反应60min后，采用6M盐酸浸出剩余固体，当液固比为4:1时，在368K下浸出30min，可获得混合稀土氯化物，其中包含$c(La)=36.54g/L$，$c(Y)=7.38g/L$和$c(Gd)=3.93g/L$，相应回收率分别是99.4%、100%和100%。

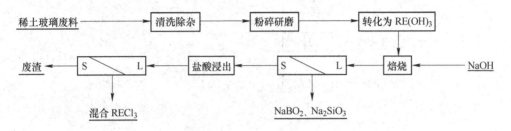

图6-6 废弃稀土光学玻璃回收稀土湿法冶金工艺

Mitsuaki等[9]分别通过碱熔—草酸沉淀法和碱浸—溶剂萃取法从两种废弃稀土光学玻璃中回收稀土元素，其流程如图6-7所示。实验结果表明：对于样品A，碱熔时采用Na_2CO_3和K_2CO_3混合物，与废弃稀土光学玻璃质量比为1:1，沉淀采用草酸铵，镧元素回收率为71.1%，纯度达83.4%。对于样品B，采用NaOH碱浸获得稀土混合溶液，其中La、Y和Gd的浸出率分别是99.95%、98.65和95.18%，并最终采用D2EHPA作为萃取剂进行分离获得单一稀土。

赵国燕等[10]研究了从稀土玻璃渣中提取氧化铈，并分别研究了稀盐酸的浓度和加入量、浓盐酸的加入量、水浴时间和温度等因素对氧化铈产率的影响，并得出了最佳提取条件：稀盐酸浓度为2mol/L、稀盐酸加入量为100mL、浓盐酸加入量为250mL、水浴时间为2h、水浴温度为95℃，氧化铈的浸出率达到97.73%。

袁金秀等[11]用盐酸浸出稀土玻璃废料，工艺流程如图6-8所示。研究得出在盐酸浓度4mol/L、温度80℃、浸出时间60min、固液比8mL/g、搅拌速率300r/min的优化条件下，Y、La和Gd的浸出率均大于99.0%。实验得到的RE_2O_3纯度为99.80%，总回收率为99.6%。

雷思宇等[12]公开了一种从光学玻璃废渣中回收稀土氧化物的方法。先将稀土光学玻璃废料清洗干净进行粉碎研磨，之后用盐酸对其浸泡酸解，滤除废渣，对滤液加氨水和硫酸铵析出杂离子并去除杂液，再加入草酸形成草酸沉淀，在800~900℃的高温下进行灼烧，得到稀土氧化物，回收率达到92%以上。

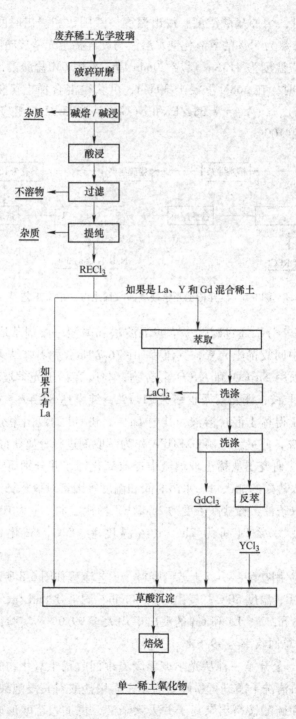

图 6-7   废弃稀土光学玻璃回收稀土工艺流程

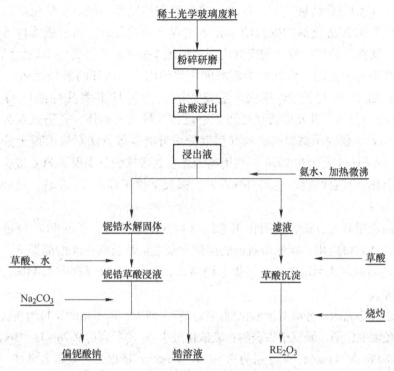

稀土光学玻璃废料

↓

粉碎研磨

↓

盐酸浸出

↓

浸出液 ← 氨水、加热微沸

铌锆水解固体　　　　　　滤液

草酸、水 →　铌锆草酸浸液　　　草酸沉淀 ← 草酸

Na₂CO₃ →

偏铌酸钠　　　锆溶液　　　RE₂O₃ ← 烧灼

图 6-8　废弃稀土光学玻璃回收稀土工艺流程

6.3　稀土催化剂

在石油工业领域，对重油进行加氢脱硫处理，普遍采用含有钒、钼的催化剂，随着运行时间的延长，稀土型催化裂化（FCC）催化剂的物化性能都会发生变化，导致催化剂失效。废旧稀土 FCC 催化剂含有约 3.5%（质量分数）稀土氧化物，主要是 La_2O_3 及少量的 CeO_2、Pr_2O_3 和 Nd_2O_3，属于国家控制排放的危险固体废弃物，对其综合回收处理，既减小环境污染，又能使稀土再生利用。

6.3.1　磁分离利用技术

在催化裂化过程中，石油中本身含有的微量重金属 Ni、V 和 Fe 会沉积在催化剂表面。随着反应时间的延长，在整个催化裂化过程中，重金属随着解离的有机小分子完成内扩散沉积在催化剂内部。由于催化剂内部孔隙并不均匀，这将导致部分催化剂沉积大量的重金属，使其磁性明显强于其他颗粒，为磁分离催化剂提供一种可行性。另一种可行性是平衡使用催化剂，新旧催化剂混杂在一起使用，在催化裂化过程中，要定期地或者连续稳定地把一部分催化剂更换为新鲜催化剂[13]，目的是保持催化剂的活性、选择性和稳定性。FCC废催化剂磁分离技术是利用FCC废催化剂物磁性的差异来实现有效的分离，通过磁体将重金属污染较重、活性、选择性较差的废催化剂颗粒优先分离出来，将污染较轻的催化剂作为平衡剂再次使用，可以减少新鲜催化剂的用量。国外的磁分离回收FCC废催化剂起始于20世纪70年代，主要代表企业为日本横滨炼油厂与美国的Ashland石油公司，其发展历程经历了电磁体、稀土永磁体、高场强永久磁铁等阶段。Yoo[14]研究了高梯度磁场和密度分级分离器等方法对废旧稀土催化剂进行收集。Ashland公司在1996年利用高场强永久磁铁装备实现了FCC废催化剂磁分离产业化，其总回收率达到70%左右，微反活性提高了2%左右，轻油产率提高了2.35%[15]。

国内应用研究方面，洛阳化工总厂自行开发了一套完整的FCC废催化剂分离技术，并获得应用，在保持石油裂解催化剂总活性及选择性的前提下，可以替代20%的新鲜催化剂回收剂，转化率提高2.2%，轻油收率提高1.44%，且选择性略有提高[16]。

段永林等利用磁分离对废催化剂回收进行了研究，所采用的原料为高镍催化裂化降烯烃废催化剂，研究结果表明：废催化剂中Ni含量高达9.24~11.03mg/g、Fe含量为4.98~5.96mg/g、V含量为0.14~0.16mg/g，所以分离效果非常好，FCC废催化剂的总回收率在30%~50%，其反应活性提高了6.4%~10.2%[17]。

6.3.2　化学分离技术

FCC废催化剂化学分离技术，即利用化学药剂与FCC废催化剂进行化学反应，主要清除沉积在催化剂内外表面的Ni、Fe、V等重金属和扩展被杂质堵塞的催化剂通道，即扩孔作用。国外对FCC废催化剂化学分离应用较为成功的为美国辛克莱炼油公司，FCC废催化剂含NiO为260×10^{-6}、V_2O_5为3950×10^{-6}，化学分离后催化剂含NiO为74×10^{-6}、V_2O_5为1630×10^{-6}，脱除金属、脱水、烘干作为平衡剂再次利用[18]。国外FCC废催化剂化学分离技术经历了氧化、硫化、氯化、酸化等发展过程。

我国某公司采用化学分离方法循环利用FCC废催化剂取得成功，在一定温度下，采用无机—有机耦合技术对FCC废催化剂进行复活处理，系列复活催化剂是通过无机物种的扩孔作用、有机离子和金属的配位功能，二者协同完成FCC废催化剂骨架结构的重构。通过催化剂结构的重构，在部分脱除Ni、V、Fe、Na、Ca等有毒金属的同时，达到催化剂孔结构的二次设计，实现微孔和介孔的梯度分步，提高催化剂的比表面积，改善催化剂的容焦能力和抗金属中毒能力，最终改善其裂化反应性能。

6.3.3　有价金属回收技术

稀土废催化剂回收清除积碳、硫化物等大多采用焙烧法，但稀土挥发严重、收率太低、环境污染大、效益差。因此，研究回收废催化剂的 La 和 Ce 具有重要的意义。采用盐酸浸出 FCC 废催化剂中 La、Ce 和 Al 等有价金属，研究盐酸用量、反应温度、反应时间、液固比及搅拌速度等工艺参数，然后选取或复配萃取剂，使 La 和 Ce 得到高度分离和富集，Al 可以制备成硫酸铝工业净水剂。何捍卫等[19]用盐酸浸取 FCC 废催化剂，获得 La、Ce、Al 等氯化稀土溶液，采用 P$_{507}$ 为萃取剂从盐酸介质中萃取 La、Ce。研究结果表明：La、Ce 的酸浸出效率高，萃取效果好，较好地实现稀土元素回收。苑志伟等[20]选用盐酸作为 FCC 废催化剂的浸出剂，首先使 La、Ce 及 Al 进入溶液，实现金属与硅酸盐的分离；然后选用 P$_{507}$ 萃取剂从盐酸介质中萃取回收稀土。研究结果表明，增加浸取盐酸浓度、提高反应温度和延长反应时间，都有利于稀土元素的浸出。Umicore 主要采用火法工艺有效地回收催化剂中的贵金属催化剂（铂、钯、铑），但稀土元素存留在炉渣。因为炉渣中铈的浓度很低，且价值不高，因此未得到合理回收。

酸浸法主要采用盐酸、硝酸、硫酸，各有优缺点。当 NO_3^- 浓度小于 6mol/L 时，形成的络阴离子有 $[RE(NO_3)_4]^-$、$[RE(NO_3)_5]^{2-}$、$[RE(NO_3)_6]^{3-}$ 等；当 SO_4^{2-} 浓度过量时，形成的络阴离子较稳定有 $[RE(SO_4)_2]^-$ 与 $[RE(SO_4)_3]^{3-}$；氯离子与 RE^{3+} 形成稳定性较小的 $[RECl_n]_n^{3-}$ 络合物，当盐酸浓度小于 6mol/L 时，一般不存在稀土络合物[22]。

参 考 文 献

[1]　赵强，杜健，王秀艳，等. 专家教你提取稀土元素——废弃稀土抛光粉中稀土元素的三种回收方法 [J]. 金属世界，2012（5）：14-16.

[2]　Kato K, Toshiaki Yoshioka A, Okuwaki A. Study for recycling of ceria-based glass polishing powder Ⅱ-recovery of hydroxysodalite from the alkali waste solution containing SiO$_2$ and Al$_2$O$_3$ [J]. Industrial & Engineering Chemistry Research, 2000, 39 (7): 2631-2632.

[3]　Young J, SooU, SeopM, et al. Recovery of cerium from glass polishing slurry [J]. 稀土学报（英文版），2011, 29 (11): 1075-1078.

[4]　Ozaki T, MachidaK. Extraction and mutual separation of rare earths from used of waste rare earth polishing powder polishes by chemical vapor transport [J]. Waste Management, 1999, 30 (B): 45-51.

[5]　Wang X Y, Liu J M, Yang Q S, et al. Decomposition process and kinetics of waste rare earth polishing powder TG-DTA-FTIR studies [J]. Journal of Thermal Analysis & Calorimetry, 2012, 109 (1): 419-424.

［6］赵文怡，孟志军，刘海蛟，等．废抛光粉中稀土的回收［J］．稀土，2012，6：75-78.

［7］梁浩，梁健．一种从稀土抛光粉废渣中回收稀土元素的简便化方法［P］．中国专利：CN104087757A，2014.

［8］Jiang Y, Shibayama A, Liu K, et al. A hydrometallurgical process for extraction of lanthanum, yttrium and gadolinium from spent optical glass［J］. Hydrometallurgy, 2005, 76 (1-2)：1-9.

［9］Mitsuaki Matsuda, Atsushi Shibayama, Keiei Matsushima, et al. Recovery of rare earth from waste optical glass by precipitation and solvent extraction［J］. The Mining and Materials Processing Institute of Japan, 2003, 119：668-674.

［10］赵国燕，黄东枫，郭金福，等．从废玻璃渣中提取氧化铈的研究［J］．无机盐工业，2012，44（5）：37-39.

［11］袁金秀，许涛，秦玉芳，刘晓杰，等．稀土玻璃废料中稀土及有价元素的回收［J］．稀土，2016，03：117-122.

［12］雷思宇，张帆，林大伟．一种从稀土光学玻璃废渣中回收稀土氧化物的方法［P］．中国专利：CN105039729A，2015.

［13］郝代军，王志杰，卫全华，等．磁分离技术用于回收被重金属污染的FCC催化剂［J］．石油炼制与化工，2001，32（03）：12-16.

［14］Yoo J S. Metal recovery and rejuvenation of metal-loaded spent catalysts［J］. Catalysis Today, 1998, 44 (1)：27.

［15］范雨润，樊福生．催化裂化催化剂磁分离技术工业应用研究［C］．中石化中石油催化裂化协作组第八届年会论文，2001.

［16］李维彬，郭立艳，张淑艳，等．FCC平衡催化剂磁分离工业级回收和应用研究［J］．工业催化，2004（2）：109-113.

［17］段永林，梁国利，马丽娜，等．华北石化催化裂化废催化剂磁分离回收技术［J］．石油化工，2012，41（增刊）：876-879.

［18］赵海军，王凌梅，韩长红，等．FCC催化剂的分离再生回用技术展望［J］．石油与天然气化工，2006，35（06）：455-458.

［19］何捍卫，孟佳．采用P507（HEH/EHP）从废FCC催化剂中回收稀土［J］．中南大学学报（自然科学版），2011，42（09）：2651-2657.

［20］苑志伟，孟佳，赵世伟．从废FCC催化剂中回收稀土的研究［J］．石油炼制与化工，2010，41（10）：32-38.

［21］Vierheilig A. A. Methods of recovering rare earth elements［P］. US Patent：8263028, 2012.

［22］张英娥．稀土元素分析化学（上册）［M］．北京：科学出版社，1981.

7 稀土分离提纯技术

由废旧稀土材料回收得到的混合稀土化合物含有非稀土杂质（如硅、铝等），必须进行分离提纯。稀土元素间的物理和化学性质十分相似，多数稀土离子半径大小非常相近，在水溶液中以+3价稳定存在，与水的亲和力大，因受水合物的保护，分离提纯极为困难。因此，在分离稀土分离提纯流程中，不但需要考虑化学性质极其相近的稀土元素间的分离，而且还必须考虑稀土元素同伴生的杂质元素之间的分离[1]。稀土的分离和提纯主要有沉淀分离法和溶剂萃取分离法。

7.1 沉淀分离法

沉淀分离法是一种化学分离法，将所有稀土元素一起沉淀，主要用于稀土元素与非稀土元素的分离。沉淀分离法不仅适用于高含量稀土的分离，同样也适用于低含量稀土的分离。但是分离低含量稀土时，只有加入载体，才可以定量沉淀。

稀土沉淀分离中最普遍的3种方法是草酸盐沉淀法、氢氧化物沉淀法、碳酸沉淀法与氟化物沉淀法。其原理是利用稀土阳离子及沉淀剂阴离子生成的难溶化合物，其溶度积远小于杂质的溶度积，因而采用过滤可以将稀土离子与杂质离子分离。

7.1.1 草酸盐沉淀法

草酸沉淀稀土离子是从浸取液中富集提纯稀土的常见方法之一，是以草酸 $H_2C_2O_4 \cdot 2H_2O$ 作为稀土沉淀剂，把草酸加入到稀土浸取液中，获得白色稀土草酸盐沉淀。其化学反应方程式如下：

$$2RE^{3+} + 3H_2C_2O_4 + H_2O \Longrightarrow RE_2(C_2O_4)_3 \cdot H_2O + 6H^+ \qquad (7\text{-}1)$$

工业应用中，草酸的实际耗量远大于草酸的理论用量。池汝安[2]等研究发现，消耗草酸主要在3个方面：沉淀稀土离子化学反应消耗草酸，维持稀土沉淀完全所需的草酸及杂质离子消耗的草酸，通过提高浸取液稀土浓度和严格控制草酸沉淀稀土的 pH 值等条件，就可以有效地减少草酸的用量。兰自淦等对比研究了浸取液的净化对草酸消耗的影响，研究发现，经净化处理的浸取液消耗草酸的量明显降低[3]。李秀芬等采用氨水或碳酸氢铵等碱性物质进行中和处理，也能有效地减少草酸的用量[4]。邱廷省等[5,6]开展了关于磁处理强化草酸沉淀稀土过程的研究，表明草酸用量相同时，采用磁场强化草酸沉淀稀土的工艺，稀土产品的沉淀率提高2%~3%，而稀土纯度并不下降，稀土沉淀率相同时，草酸用量比常规条件下要少5%以上，说明适当的磁处理条件可降低草酸用量，提高稀土沉淀率。草酸稀土沉淀能分离许多共存元素，在稀土元素和非稀土元素的分离中应用广泛。该方法的优点是沉淀的结晶性好，易过滤洗涤，与共存离子的分离选择性好；不足之处是成本高，对人体和环境有不良影响。

7.1.2　氢氧化物沉淀法

稀土氢氧化物沉淀法主要用于稀土与钙、镁等元素的分离。有些情况下，可以把稀土的某些化合物与氢氧化钾或氢氧化钠一起煮，使其转化成氢氧化物，有效地除去草酸根、磷酸根、氟离子等。在氢氧化物沉淀分离中，加入一些合适的掩蔽剂，可以提高分离效果。最常用的掩蔽剂有三乙醇胺和EDTA。

7.1.3　碳酸沉淀法

因草酸有毒性可造成环境污染，所以研究了用碳酸沉淀法来代替草酸沉淀法，即用碳酸氢铵代替草酸作沉淀剂，加到浸取液中生成稀土碳酸盐沉淀。其化学反应方程式如下：

$$2RE^{3+} + 6HCO_3^- \Longrightarrow RE_2(CO_3)_3 + 3CO_2 + 3H_2O \tag{7-2}$$

碳酸氢铵作为稀土沉淀剂是一种廉价且易得的农用化工产品，具有稀土沉淀率高、成本低廉、无环境污染等许多特点，是一种很有应用前景的稀土沉淀剂。但常规的碳酸稀土为无定型絮状沉淀，体积大，过滤比较困难，不容易洗涤，质量不稳定，作为稀土沉淀剂限制了碳酸氢铵的广泛应用。要解决碳酸稀土难过滤的难题，就必须控制好沉淀过程中稀土的结晶过程。

方夕辉等研究了碳酸氢铵沉淀稀土母液过程中应用磁处理技术，结果表明：在适宜的磁处理条件下，用碳酸氢铵作稀土浸出母液的沉淀剂可以得到晶形的碳酸稀土，在磁化强度为600kA/m，且对整个沉淀体系进行磁处理的磁化方式时效果最好，在最佳磁化强度下磁处理能使稀土沉淀物的纯度提高3%~4%，从而为碳酸氢铵在工业上的应用提供了一个有效的途径。但目前磁处理在促进溶液结晶成核和结晶生长的机理还不是特别清楚，也尚未得到一致的结论，还需进一步探讨和研究[7]。

李永绣等研究一种晶核存在的情况下，从稀土料液中沉淀出晶状碳酸稀土，结果表明当稀土料液浓度大于5g/L时，稀土（钇除外）料液和碳酸氢铵的质量比（RE_2O_3：NH_4HCO_3）以1：（1.2~2.0）为最佳，对于钇料液和浓度低于5g/L的其他稀土料液，稀土料液和碳酸氢铵的质量比（RE_2O_3：NH_4HCO_3）以1：（2.1~

3.5）为最佳[8]。

喻庆华等用碳酸氢铵取代草酸从风化淋积型稀土矿硫酸铵渗浸液中沉淀回收稀土，研究了时间、温度、浓度等因素对稀土碳酸盐结晶过程的影响[9]。研究表明，形成晶型碳酸稀土的最佳条件是 $0.85 \sim 1.69 g/L$（RE^{3+}），温度 $20 \sim 40℃$，（NH_4HCO_3）/（RE）$= 3.0 \sim 3.6$，搅拌时间 $45 \sim 90 min$，陈化时间 $9 \sim 10 h$。碳酸稀土可直接溶于无机酸，作为进一步分离和提纯稀土的原料，省去了草酸稀土灼烧转化工序。

近年来，浸出液的碳酸氢铵沉淀已经替代了草酸沉淀工艺，虽然使精矿制备的沉淀剂成本大为下降，也不需要焙烧过程，稀土碳酸盐也比氧化物更容易溶解[9,10]，但由于碳酸稀土溶解度小，析出无定型沉淀，提高了固—液的分离难度，且对杂质离子的分离选择性也变差，精矿中的非稀土杂质铝等也没有得到预分离[11]。

7.1.4　氟化物沉淀法

在稀土离子溶液中加氢氟酸或者氟化铵，都可以得到含水的胶状氟化稀土状沉淀，加热后可转变成颗粒状沉淀。当溶液中存在有过量的氟离子时，稀土能形成含氟的络合离子，将溶解部分氟化稀土[12]。由于稀土氟化物的溶解度比草酸盐小，使稀土定量分离更有利。虽然稀土氟化物的溶解度较小，但由于沉淀呈胶状，不容易过滤洗涤，实际应用不多。

一般来说，草酸盐沉淀法可以分离出许多共存元素，广泛地应用于稀土、非稀土元素的分离，但稀土草酸盐的溶解度较大；氢氧化物沉淀法的选择性比较差，主要应用于稀土与碱金属、碱土金属的分离；氟化物沉淀法也能将共存元素分离，稀土氟化物的溶解度较小，适用于矿样分解、微量稀土富集，但氟化物的过滤和进一步处理比较麻烦。显然，不可能使用一种沉淀分离法将复杂样品中的所有共存元素都除尽。因此，在矿石和合金分析中，适当地将这几种沉淀分离法结合起来，才能有良好的分离效果。

7.2　溶剂萃取分离法

溶剂萃取分离法是一种重要的化工分离法，又称为液—液萃取法，是一种从溶液中分离、富集、提取有用物质的有效方法，其实质是利用溶质在两种互不相溶的液相之间的不同分配来达到分离与富集的目的[13]。

溶剂萃取分离法具有简单、连续、高效、耗量少、分离效果好、产品纯度高等优点，是稀土行业中最佳的分离提纯技术，适应大规模生产，广泛应用于稀土生产[14,15]。溶剂萃取分离法主要缺点是易乳化、消耗大量有机溶剂及操作繁琐等。为了将浸出液的萃取率提高，还可以进行逆流串级萃取。图 7-1 为其工艺流程图[16]。

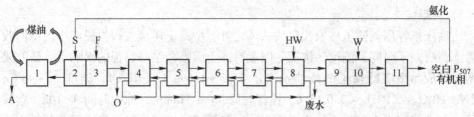

图 7-1 浸出液的串级萃取工艺流程

A—萃余水相；O—反萃液；S—萃取有机相；F—浸出液；HW—反萃酸；W—洗水

　　近年来，对于稀土分离化学的研究主要围绕着高萃取性、高选择性、易于反萃的体系及方法而展开。根据萃取机理或萃取过程中生成的萃合物的性质和种类的不同，可将萃取体系分类[12,17]，见表7-1。

表 7-1 萃取体系的分类

萃取类型		特 点	典型萃取剂
中性络合萃取		萃取剂是中性分子 被萃取物也是中性分子，如 $RE(NO_3)_3$ 萃取物与被萃取物形成中性络合物而被萃取	磷酸三丁酯（TBP） 甲基磷酸二甲庚酯（P350） 三正辛基氧膦（TOPO） 三正丁基氧膦（TBPO）
阳离子 交换萃取	螯合物萃取	螯合萃取剂与金属离子形成很稳定的螯合物	含氧螯合剂如水杨醛类 含氮螯合剂如偶氮化合物 含硫螯合剂如双硫腙
	酸性磷酸型萃取	金属离子置换出萃取剂的酸性基团，同时与磷氧键中的氧原子配位形成疏水性络合物	P_{204} P_{507}
	有机羧酸萃取	金属离子交换有机羧酸中的氢离子形成疏水性有机盐类	环烷酸
离子 缔合萃取	络合阳离子萃取 络合阴离子萃取	金属离子以络合阴离子或络合阳离子的形式进入有机相	季胺（N_{263}） 伯胺（N_{1923}） 叔胺（N_{235}）
协同萃取	协同效应 反协同效应 无协同效应	$D_{混}$ 远大于 $D_{加加}$ $D_{混}$ 远小于 $D_{加加}$ $D_{混}$ 约等于 $D_{加加}$	—

　　在稀土的萃取分离中，首先要选用合适的萃取剂，通过金属离子配位化学反应，使一种或几种组分从水相进入有机相，而另一些组分则仍留在水相中，以达到金属的纯化与富集的目的。

　　稀土元素易被硬碱的含氧配位体所萃取。在酸性络合萃取体系中，由于萃取剂具有酸性功能基—OH 和配位功能基 P＝O，稀土离子将萃取剂的酸性基团中

的 H^+ 置换出来，同时与 $P = O$ 中的氧原子配位形成疏水性络合物被萃取，故酸性强弱决定了它的萃取能力[18]。该萃取机理是阳离子交换，可以用式（7-3）表示：

$$M^{n+}_{水} + nHA_{有} \Longrightarrow MA_{n有} + nH^+_{水} \tag{7-3}$$

稀土工业中主要使用酸性磷氧型萃取剂 P_{204}、P_{507} 和作为萃取剂用的环烷酸，以下主要介绍 P_{204}、P_{507} 性质和应用[19,20]。

7.2.1 P_{204} 萃取剂

在萃取稀土离子的反应中，磷酸酯萃取剂的磷酰氧原子也参加配位。在低酸度或者中等酸度下，是按阳离子交换反应来萃取的。在水相无机酸浓度较高时，P_{204} 的解离受到限定，限制了按阳离子交换反应进行的萃取，萃取主要由磷酯基 $P = O$ 的氧原子变成电子给予体，表现出的溶剂化作用将增强其萃取能力[21]。溶液的酸度是影响萃取的主要因素，所以调节酸度，可以达到分离稀土的目的。P_{204} 对稀土元素的萃取能力随原子序数的增大而增大，在轻重稀土之间有明显差异，应用于分组或富集某些稀土元素[22-24]。

P_{204} 萃取稀土化学反应可以表示为：

$$RE^{3+} + 3(HA)_2 \Longrightarrow RE(HA_2)_3 + 3H^+$$

$$萃取平衡常数\ K = \frac{c_{RE(HA_2)_3} \cdot c^3_{H^+}}{c_{RE^{3+}} \cdot c^3_{H_2A_2}} = D\frac{c^3_{H^+}}{c^3_{H_2A_2}} \tag{7-4}$$

$$D = K\frac{c^3_{H_2A_2}}{c^3_{H^+}} \tag{7-5}$$

将其用对数展开

$$\lg D = \lg K + 3\lg c_{H_2A_2} - 3\lg c_{H^+} = \lg K + 3\lg c_{H_2A_2} - 3pH \tag{7-6}$$

由此可见，自由萃取剂浓度与水相 pH 值对 D 的影响很大，$[(HA)_2]$ 越大则 D 越大，pH 值越大 D 也越大。但酸度升高到一定程度，金属离子将发生水解，因此，最大 D 值是在接近金属离子水解的 pH 值处。

由此可知，水相酸度是影响萃取过程分配比及分离系数的关键因素。如果以 $\lg D$ 对 $\lg C_H$ 作图，得斜率为-3 的直线，如图 7-2 所示。

从图 7-2 中可以看出，在同一水相酸度下，各稀土元素的分配比 D 差别较大。在图上可以找到各稀土元素分配比 $D = 1$ 时的水相酸度，如 $D_{Sm} = 1$ 时，$\log c_H = -0.6$，即 $c_H = 0.25mol/L$，如果选择 $c_H > 0.25mol/L$ 的盐酸体系进行萃取，则钐及钐以上的重稀土元素将优先进入有机相，而钐以下的轻稀土元素则留在水相，可将钐与钕之间分组。如果选择别的酸度，则可在别的相邻稀土元素之间分组。

水相中阴离子尽管不参与萃取反应，但对萃取过程也会产生影响。阴离子通过对金属离子的络合起作用，从而影响分配比及分离系数。所以，在硝酸体系中

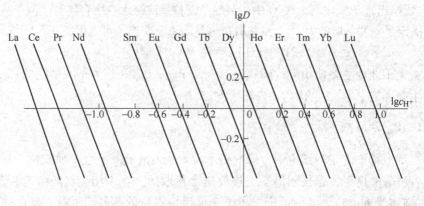

图 7-2 用 P_{204} 萃取稀土离子时分配比 D 与氢离子浓度的关系

萃取稀土元素时，分配比及分离系数与盐酸体系中的并不一样，在盐酸体系中的分配比会小一些，但分离系数高一些。

P_{204} 萃取稀土分组工艺：除去放射性物质后的氯化稀土溶液，含稀土氯化物约 $1.0 \sim 1.2 g/L$，$pH = 4 \sim 5$，按图 7-3 所示流程分组，所用有机相为 $1 mol/L\ P_{204}$—

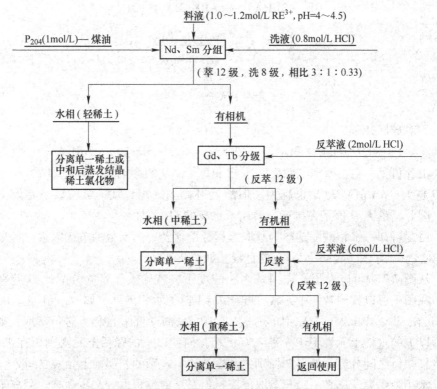

图 7-3 P_{204}—煤油—HCl 体系萃取稀土分组工艺流程图

煤油。在萃取段将钪及中重稀土萃入有机相：在洗涤段以 0.8mol/L 盐酸（洗液）将进入有机相的轻稀土洗下；在反萃段用 2mol/L 盐酸反萃有机相的中稀土，并用 P_{204}（1mol/L）—煤油捞重稀土。由于是在低酸度下萃取，所以要求稀土料液中杂质 Ti^{4+} 及 Fe^{3+} 的含量要低，否则影响分相。在有机相中加入少量添加剂 TBP 或高碳醇，有利于改善分相效果。如果由于料液中的碱金属、碱土金属含量高，基本上不被 P_{204} 萃取，可将和轻稀土元素一起留在水相，影响浓缩结晶的氯化稀土质量。故可考虑采取先全萃再反萃的方法将稀土分组，所得的 3 组氯化稀土溶液处理成相应产品，或作进一步分离单一稀土元素的原料。重稀土溶液约含 3.8~4.2mol/L 盐酸，用渗析法回收盐酸后，再进一步处理。

曾平等对 P_{204}—煤油体系皂化过程中生成微乳状液物理化学性质、相区变化及溶液结构等做了研究[23]。常宏涛等针对 P_{204} 萃取剂在 HCl 体系中（pH<2.0 条件下）镨钕分离系数较低的问题，提出在萃取体系中加入柠檬酸，得到稀土元素的萃取容量随柠檬酸浓度的增大而提高，并且其指标优于相同酸度下的皂化 P_{204}—HCl 体系[24]。付子忠等从负载钕的 P_{204} 中用草酸溶液直接反萃取得到沉淀草酸钕，得到钕的一步反萃取率为 99.5%[25]；周富荣等采用 P_{204}/Span80/煤油/NaOH 微乳体系萃取废水中 Zn^{2+}，结果表明微乳液膜具有稳定性好、萃取效率高、工艺简单、膜相可自动破乳、油相可重复使用等优点[26]。

7.2.2 P_{507}萃取剂

P_{204} 和 P_{507} 都属于一元酸萃取剂，不同的是 P_{507} 分子含有一个烷基 R，烷基的斥电子性，使其分子酸性比 P_{204} 弱，因此，P_{204} 的萃取能力比 P_{507} 强。由于 P_{507} 具有弱酸性，常用于在低酸度下萃取及反萃，在中重稀土的分离中具有显著优势。

P_{507} 与 P_{204} 具有相同的萃取稀土元素的能力，属于正序萃取。由于 P_{507} 萃取有较高的萃取稀土元素的分离系数和萃取容量，是一种优良的萃取剂，所以，国内外对于 P_{507} 萃取体系的研究已经相对成熟了。

陈守德[27]等研究了采用 P_{507}—磺化煤油—HCl 体系联合分离 La/Ce、Ca/La 的工艺。结果表明，新工艺可提高氧化镧的收率，同时节约了氯化镧的生产成本，具有显著的经济效益。

鲍卫民[28]等研究了载带稀土的 P_{507} 与草酸溶液直接接触反萃沉淀稀土的工艺过程，用振荡及旋涡搅拌的接触方法表明：（1）相比越小越有利于相分离，O/A <1/3 时易得到清晰的三相，O/A > 1.5 时难于分相，O/A 在 1/1 附近则可进行满意的操作。（2）反萃用的草酸浓度对分离有很大影响，草酸浓度高，则反萃沉淀速度快。用高于 0.8mol/L 的草酸反萃，沉淀有可能在静置过程中自然沉降分离。（3）温度高于 60℃ 则容易实现三相分离，反萃沉淀稀土的直收率一般可在 99% 以上。经过反萃沉淀的 P_{507} 容易再生，萃取能力与新鲜的 P_{507} 基本相同。

张忠[29]发明了一种酸性萃取剂萃取分离稀土元素的方法，以二（2-乙基己基磷酸）或 2-乙基己基磷酸单乙基己基脂为酸性磷型萃取剂，用煤油稀释作为萃取分离的有机相，向氯化稀土溶液中添加柠檬酸或柠檬酸盐配制成稀土氯化物—盐酸—柠檬酸混合溶液作为萃取分离的水相，该混合溶液含柠檬酸或柠檬酸盐浓度不大于 0.25mol/L；其特征在于选用以二（2-乙基己基磷酸）为萃取剂时，配制的稀土氯化物—盐酸—柠檬酸混合溶液的 pH 值为 0.5~2，以 2-乙己基磷酸单乙基己基脂为萃取剂时，配制的稀土氯化物—盐酸—柠檬酸混合溶液的 pH 值为 1~1.5；萃取分离的有机相与水相，在萃取槽中经过萃取、洗涤和反萃取，使稀土元素分离，含有柠檬酸的萃余液返回使用时是用稀土碳酸盐或稀土氢氧化物沉淀，得到的稀土柠檬酸盐作为添加剂循环用于配制稀土氯化物—盐酸—柠檬酸混合溶液或制备柠檬酸稀土产品。本发明的特点是利用柠檬酸与稀土元素的络合作用，强化了酸性磷型萃取剂分离稀土元素效果，尤其使高浓度稀土溶液 REO = 200~300g/L 中的稀土元素得以分离；同时在酸性磷型萃取剂不经过皂化处理条件下，仍然具有较高的萃取稀土元素的能力和效果。

7.2.3 萃取参数对萃取性能的影响

7.2.3.1 萃取剂结构的影响

酸性磷型萃取剂为反应基因，它萃取稀土离子主要是以（OH）基的（H^+）与稀土离子进行阳离子交换来实现的，故它的萃取能力主要决定于其酸性强弱，即 pK_a 值的大小。分子中碳磷键增加，烷氧基减少，由于正诱导效应，使 pK_a 值增大，酸性降低，萃取能力下降。若在与磷原子相连的碳链上引入电负性强的取代基团，由负诱导效应，导致 pK_a 减小，酸性增强，萃取能力增大。

酸性磷型萃取剂的空间位阻效应也较明显。P_{204}、P_{215} 虽是类型相同、分子量相等的化合物，它们的 pK_a 值也很接近。但由于后者邻近酯氧原子上有甲基，空间位阻显著，萃取稀土的分配比低于前者。

然而，在萃取稀土离子的反应中，磷酸酯萃取剂的磷酰氧原子也参加配位。因此，该氧原子的电子云密度对萃取的贡献也要考虑。

7.2.3.2 稀土离子的影响

萃取体系的分配比、分离系数，是由萃取平衡常数决定的，被萃取物的离子半径与电荷决定了萃取平衡常数的大小。当被萃稀土离子价态相同时，半径越小，萃合物越稳定，分配比越大。由于"镧系收缩"，稀土元素离子半径随原子序数增加而减小，其萃取反应的平衡常数、络合物稳定性和分配比均随原子序数的增加而增加，所以 P_{204} 萃取三价稀土元素离子是正序萃取。P_{204} 萃取三价稀土离子时，Lu 和 La 的分离系数为 3×10^5，相邻元素的分离系数不随离子半径变化而有规则变化，这是由于四分组效应的影响，$\lg D$-Z 图不是直线上升，在不同离子之间陡度不同。在所有四个分组中，D 值随横坐标轴呈凸形上升。因此，四分组最初曲线的陡度（即在 La-Ce、Pm-Sm、Gd-Tb 和 Er-Tm 之间）大于平均值，而在四分组最后（即在 Pr-Nd、Eu-Gd、Dy-Ho、Yb-Lu 之间）小于平均值。

当离子半径相同时，稀土离子价数越高，即电荷越大，萃合物越稳定，分配比越大。用 P_{204} 萃取时，$D_{Ce^{4+}}$ 比 $D_{Ce^{3+}}$、$D_{Eu^{3+}}$ 比 $D_{Eu^{2+}}$ 大得多。无论在盐酸或硝酸介质中，混合物中最易萃的较重稀土元素含量越小，它们之间的分离系数越大，反之亦然。

7.2.3.3 水相无机酸的影响

根据式（7-6）在同一水相酸度下，轻中重稀土离子的分配比相差很大。例如，当 $D_{Sm} = 1$ 时，$\lg[H^+] = 0.6$，选择盐酸大于 $0.25 mol/L$ 的酸度下萃取，钐及钐以后的稀土离子的 D 值均大于 1，成为易萃组分，被萃入有机相。钐以下的轻稀土离子的 D 值均小于 1，成为难萃组分，留在水相中，达到钐及钐以后的稀土元素与轻稀土的分离。若选择别的酸度，可以分离别的相邻稀土元素。

同理，选择适当酸度的溶液作洗涤液，可以将萃入有机相的 D 值小于 1 的难萃稀土离子转入新的水相中，使有机相中易萃组分进一步纯化。还可以选择适当酸度水溶液作反萃取液，使有机相中所有稀土离子的 D 值小于 1，全部进入新水相中。

从萃取和反萃取的机理可知，萃取反应一旦发生，体系酸度就升高；洗涤、反萃取一旦发生，则酸度就降低，均不能保护选定的酸度，从而影响稀土元素的分离效果。

用皂化 P_{204} 为萃取剂，则萃取基本反应为

$$H_2A^{2+} + NH_4OH \rightleftharpoons NH_4HA^{2+} + H_2O \tag{7-7}$$

$$RE^{3+} + 3NH_4HA_2 \rightleftharpoons RE(HA_2)_3 + 3NH_4^+ \tag{7-8}$$

萃取反应放出 NH_4^+，体系酸度在萃取过程中基本保持稳定，分配比也较高。

水相中的酸浓度不仅影响分配比、分离系数，还影响 P_{204} 萃取稀土离子的机理。在低酸度或中等酸度下，分配比随酸度增加而减小，直线斜率等于 -3。P_{204} 与稀土离子的溶剂化数为 3。这说明按阳离子交换反应进行萃取。在水相无机酸为较高浓度时，P_{204} 的解离受到抑制，按阳离子交换反应进行的萃取也受到抑制。萃取是由磷酰基（P=O）的氧原子成为电子给予体而实现的。

稀土元素是以溶剂化物 $RE(NO_3)_3 \cdot n(HA)_2$ 形式被萃取，还是以硝酸盐阴离子络合物 $H_3RE(NO_3)_3 \cdot 3HA$ 形式萃取？有人采用添加硝酸锂使萃取体系硝酸根离子浓度恒定，发现铥的分配比与水相氢离子浓度无关。这就证明稀土是以中性溶剂化物形式萃入有机相。而且各种高酸度下铥的分配比与 P_{204} 的平衡浓度

的关系都是直线，其斜率为 3。可以认为，在硝酸高浓度范围内，溶剂化数为 3，是以 $RE(NO_3)_3 \cdot n(HA)_2$ 型溶剂化物萃入有机相。因此，在高浓度硝酸溶液中萃取稀土元素的方程可表示如下：

$$RE^{3+}+3NO_3^-+3HA \Longrightarrow [RE(NO_3)_3 \cdot 3HA] \qquad (7-9)$$

萃取剂 P_{204} 是以单体分子参加反应。在高浓度硝酸溶液中，由于 P_{204} 的磷酰基氧原子给予电子的作用，使它萃取硝酸，破坏了二聚物赖以存在的氢键，破坏了二聚分子。在中等浓度硝酸溶液中，硝酸逐渐被萃取，萃取量随氢离子浓度增加而增大，有机相中存在着二聚分子和单体分子。因此，除继续有二聚体分子的阳离子交换反应之外，逐渐有溶剂化物的萃取反应发生。

当离子强度 $\mu=4$ 时，稀土分配比与水相氢离子浓度的二次方成反比，当 $\mu=5$ 时，则接近一次方的关系。P_{204} 萃取时，各稀土元素分配比最低值的酸度随原子序数的增加而增大。不同种类无机酸介质中，出现分配比最小值的酸度也不同，硫酸介质为 7mol/L，盐酸、硝酸、高氯酸介质在 7~9mol/L 之间。

酸根阴离子如 Cl^-、NO_3^-、SO_4^{2-}，对分配比和分离系数也有影响，并且是以它们在水相与稀土离子组合能力的强弱表现出来。例如在 P_{204} 同等酸度的硝酸和盐酸介质中，硝酸介质萃取 Yb 的饱和容量和分配比大于盐酸介质。

7.2.3.4 稀释剂的影响

稀释剂除影响 P_{204} 的聚合度，还对其萃取行为有直接影响。通常情况下，萃取能力随稀释剂介电常数的增加而减小，氯仿及醇类因能与 P_{204} 生成氢键，使其萃取能力减小更为显著。

稀释剂对 P_{204} 萃取分离稀土的分离系数的影响研究很少。不同稀释剂对从含有 Nd^{3+}、Sm^{3+} 的 P_{204} 有机相中选择性反萃 Nd^{3+} 时的分离系数几乎没有影响，而对质量传递率影响较大。

7.2.3.5 温度的影响

温度影响萃取平衡过程，从而影响分配比和分离系数。P_{204} 萃取稀土的分配比随温度升高而减小，有如下关系：

$$\frac{\Delta \lg D}{\Delta \dfrac{1}{T}} = -\frac{\Delta H^\circ}{2.303R} \qquad (7-10)$$

利用关系式 (7-10) 可计算出萃取反应的热焓变化值。

温度对分离系数的影响并不一致。只有 La/Ce、Pr/Ce、Nd/Pr 等对元素的分离系数随温度升高而增大，从 Pm/Nd 开始往后的元素对的分离系数随温度升高而减小。

温度对反萃取过程中分离系数也有影响，如 P_{204} 选择性反萃钕时，其分离系数在0℃时为9.7，然后随温度升高而减小，到60℃时为7.6，室温时为8.6。

7.2.4 萃取体系的选择

进入萃取工序的料液的组成与性质是由前面工序所决定的。料液的组成与性质主要包括酸性、碱性、酸或碱的种类和浓度、其他无机盐的种类和含量等。根据料液情况、被分离组分的基本存在形式，可以确定选用的萃取体系的类型。例如，分离轻稀土元素可选用P_{204}萃取剂，而且不需皂化也有很高的萃取容量。P_{507}萃取剂比P_{204}的酸性低，与重稀土元素结合力弱，反萃取容易，故选用P_{507}萃取剂分离重稀土元素。胺类萃取剂中的伯胺在硫酸体系中对钍有高的选择性，是萃钍的特效试剂，因此可用它处理硫酸稀土溶液中的钍，达到使钍和稀土预先分离的目的。再如，欲从轻稀土中将钐分离出来，选用中性络合萃取剂体系效果较好。

经济性也是选择萃取体系所必须考虑的又一个因素。在选择萃取体系时应考虑尽量使低浓度组分优先萃取，使高浓度组分留在水相中，从而减少传质量。

萃取体系的选择，关键在于选择萃取剂、稀释剂与添加剂。选择一个尽善尽美的体系是困难的，只能权衡利弊而定。萃取剂的选择应充分考虑特效和价廉两个突出因素，一般有如下要求：

（1）与稀释剂能很好混溶。在适宜的稀释剂中要有足够的溶解度，而在使用条件下的各种水相介质中极少溶解，以减少萃取剂的损耗。

（2）应具备良好的萃取与反萃取性能。对被萃取元素有较高的萃取容量、较大的分配比，因而可用较少的萃取剂来处理浓度较高的料液；在待分离组分之间有高的分离系数，即选择性好；反萃取容易，可为后处理、萃取剂的再生循环及提高金属回收率带来很多好处。

（3）有好的化学稳定性、热稳定性和辐照稳定性，因而能反复循环使用而不降解。

（4）在萃取和反萃取过程中，两相分离和流动性能良好，不发生乳化，不生成第三相。这就要求萃取剂有较低的黏度和密度，较大的表面张力。

（5）有高的安全性。闪点要高，不易燃、不易爆；沸点要高，挥发性要小；无毒或毒性小，便于安全操作。

（6）来源丰富，制备容易，价格便宜。

稀释剂与添加剂的选择，同样应遵循具有良好的相分离性能、经济性、安全性等原则。另外，还应注意到它们与萃取剂之间的相互作用，对萃取性能的影响等。稀释剂是原油的分馏产品，由于各地原油的成分不同，稀释剂的组分也不相同，而且稀释剂中的杂质还有可能对萃取过程产生影响。稀释剂与添加剂的选择一般应经过实验筛选和循环使用来选取。

7.2.5 萃取方式的选择

将含有被萃取组分的水相与有机相充分接触，经过一定时间后，被萃取组分在两液相的分配达到平衡，两相分层后，把有机相与水相分开。此过程称为一级萃取。在一般情况下，一级萃取不能达到分离、提纯和富集的目的；将经过水相与有机相多次接触和分相，从而大大提高分离效果的萃取工艺称为串级萃取。按有机相与水相接触方式的不同，串级萃取工艺可分为：并流萃取、逆流萃取、分馏萃取、回流萃取与错流萃取等方式。

7.2.5.1 并流萃取

水相和有机相按同一方向在萃取设备中由一级流经下一级，直至从最后一级流出，称为并流萃取，如图7-4所示。

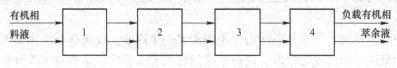

图7-4 并流萃取示意图

7.2.5.2 逆流萃取

逆流萃取是把有机相与水相分别从多级萃取器的两端加入；两相逆流而行，如图7-5所示。在每一个萃取器中，两相经过充分接触和澄清分离过程，然后分别进入相邻的两个萃取器。

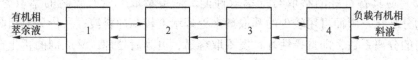

图7-5 逆流萃取示意图

事实上，料液进入端是料液浓度最高的水相与游离萃取剂浓度最低的有机相相通，而在有机相进入端则是游离萃取剂浓度最高的有机相与料液浓度最低的水相接触，从而使有机相萃取剂得到了充分的利用，故特别适合于分配比较小和分离系数较接近于1的物质间的萃取分离。

7.2.5.3 分馏萃取

分馏萃取是逆流萃取加上逆流洗涤组成的串级工艺，如料液中含A、B两种性质相似的元素，A易被萃取，B难被萃取，如图7-6所示。

为了提高产品纯度，又不降低产品的实收率，将经过多级逆流萃取后的有机相，再进行多级逆流洗涤。两者结合起来，利用逆流串级洗涤保证足够的纯度，利用多级逆流萃取可获得高回收率。因此，这种方法可以使分配比不高的物质，获得很高的回收率，并保证得到要求的纯度，也能使分离系数相近的各种元素得

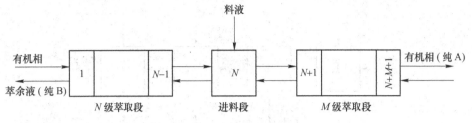

图 7-6 分馏萃取示意图

到较好的分离。

7.2.5.4 回流萃取

回流萃取实际上是分馏萃取的一种改进，用萃取法来分离性质相近的两元素时，用回流萃取可以提高产品的纯度，改进分离效果，但产量有所降低。

例如，在料液中含 A、B 两种性质相似的元素，A 易被萃取，B 难被萃取。若按图 7-6 进行分馏萃取，所得萃余液中有纯 B，萃取有机相中有纯 A。为了提高 A、B 的纯度，可使分馏萃取的洗涤液中含有一定量的纯 A，在洗涤过程中，使它与负载有机相中所含的微量 B 进行交换，从而使进入反萃段的负载有机相中A 的纯度进一步提高。同样，为了使水相产品中 B 的纯度提高，使有机相在进入萃取段前，在转相段中与部分水相产品接触，从而含有部分纯 B。这部分纯 B 与水相中所含的 A 进行交换，使水相产品 B 的纯度更高。这种带有回流的分馏萃取，就称为回流萃取，如图 7-7 所示。

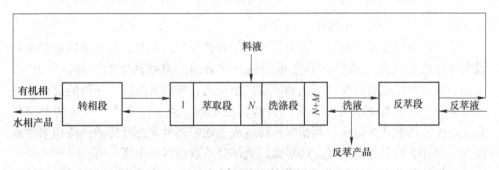

图 7-7 回流萃取示意图

7.2.5.5 错流萃取

错流萃取方式如图 7-8 所示。将新鲜的有机溶剂与料液按一定的相比加入第一级萃取器，经充分混合后分相，再将负载有机相排出，萃余液进入第二级萃取器，按同一相比与新鲜有机相重新混合和澄清分相，将负载有机相排出，萃余液又进入下一级萃取器。依此类推，直到最后一级。

上述几种串级萃取方式中，以逆流萃取与分馏萃取应用最为普遍。具体选择

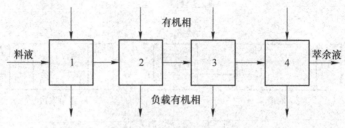

图 7-8 错流萃取示意图

何种萃取方式，主要取决于对分离产品的纯度和回收率的要求。

逆流萃取用于从溶液中提取有价金属离子。当逆流萃取用于分离 A、B 两组分时，不可能同时得到纯的 A 和 B。即使在分离系数不大的情况下，可得到纯 B，但 B 的回收率不高；或者反过来，可得到纯 A，但 A 的回收率不高。

如果要同时得到纯的 A 和 B，而且又要求较高的回收率时，就必须采用分馏萃取的办法。在分离系数不大时，分馏萃取也可达到分离要求，因此在相似元素的分离中应用很普遍。如果分离系数相当小，又要求纯度较高时，就必须采用回流萃取。实际上，这是用牺牲一定产率的办法来达到高纯度的要求。

错流萃取虽可得到一个纯产品，但回收率低，试剂消耗大，只有在特定情况下，如分相很困难时才采用。并流萃取也是在特定情况下才被采用。

7.2.6 萃取设备的选择

7.2.6.1 萃取设备的分类及特点

萃取设备可按不同的方式分类。按操作方式分为两大类，即逐级接触式萃取设备和连续接触式（微分式）萃取设备。前者由一系列独立的萃取器所组成，水相和有机相经混合后在一个大的澄清区中分离，然后再进行下一级的混合。这类萃取设备的两相混合充分，传质过程接近平衡，混合澄清槽是其中的典型代表。在连续接触式设备中，两相在连续逆流流动中接触并进行传质，两相浓度连续发生变化，但并不达到真正的平衡。大部分萃取设备属于这一类。

如果按照所采用的两相混合或产生逆流的方法，萃取设备又可分为不搅拌和搅拌、借重力产生逆流和借离心力产生逆流等类别。表 7-2 为工业常用萃取设备的优缺点比较，稀土萃取分离目前主要采用混合澄清槽萃取设备。

表 7-2 萃取设备优缺点对比

设 备	优 点	缺 点
混合澄清槽	级效率高，处理能力大，操作弹性好，相比调整范围宽放大可靠，能处理较高黏度液体	溶剂滞留量大，需要厂房面积大，投资较大，级间可能需要用泵输送液体

设 备	优 点	缺 点
脉冲筛板柱	理论塔板低，处理能力大，操作弹性好，相比调整范围宽，放大可靠，能处理较高黏度液体	对密度差小的体系处理能力较低，不宜高流比操作，处理易乳化体系有困难，扩大设计方法较复杂
机械搅拌柱	处理能力适宜，理论塔板适中，结构简单，维修和操作费用低	
振动筛板柱	理论塔板低，流量大，结构简单，适应性强；能处理含悬浮固体物的液体，能处理具有乳化倾向的混合液，易于放大	
离心萃取器	能处理两相密度差小的体系，能处理易乳化物料，适于处理不稳定物质；接触时间短，传质效率高，溶剂积压量小，设备体积小，占地面积小	设备费用、操作费用、维修费用高

7.2.6.2 箱式混合澄清槽

箱式混合澄清槽是湿法冶金中应用最为广泛的一种萃取设备。多级箱式混合澄清槽是把多个单级的混合澄清槽连成一个整体，从外观看，像一个长的箱子，内部用隔板分隔成一定数目的级。每一级由混合室与澄清室两部分构成。奇数级与偶数级的混合室交叉，相对排列在长箱的两边（澄清室也同样）。混合室常用机械强拌，澄清室则采用重力澄清方式。为了加速澄清过程，也可在澄清室安装挡板或装设其他促进分相的装置。

如图7-9所示，每一个混合室下方设置一个浴室（有的无潜室），浴室通过两个相口与两相邻级萃取箱连通。有机相（轻相）和水相（重相）分别从两边相邻萃取箱的相口流入浴室，借助搅拌抽吸作用从浴室上部圆孔进入混合室。混合室内的混合相从挡板上沿溢流进入澄清室。混合相在澄清室分相后，有机相与水相分别进入相邻级再进行下一级混合。

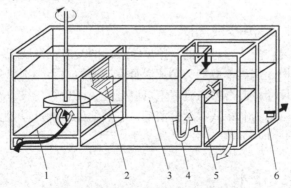

图7-9 箱式混合澄清槽示意图

1—混合室；2—混合相；3—澄清室；4—水相出口；5—水相；6—有机相

还有一种箱式混合澄清槽的有机相入口，由浴室提高至混合室，使有机相不经浴室直接进入箱式混合澄清槽把搅拌与液流输送结合起来，取消了级间的输送系统，简化了结构。槽体结构紧凑，便于加工制造，因此它是湿法冶金中生产规模不大时普遍采用的萃取设备。其缺点是生产效率较低，体积大，相应的占地面积、物料和溶剂的积压量也大。

针对不同的需要对格式混合澄清槽进行了许多改进。例如在同一级内设置两个或多个混合室，延长总混合时间，同时通过调节各混合室搅拌强度，使进入澄清室的混合相更易分相。

另一种称为全逆流的混合澄清槽，将混合室的相口由三个减少为两个。上相口同时作轻相入口和混合相出口，出混合相的目的是为了出水相，下相口作重相入口及混合相出口，出混合相的目的是出有机相，从而使物料走向变为全逆流流动，其结构如图 7-10 所示。

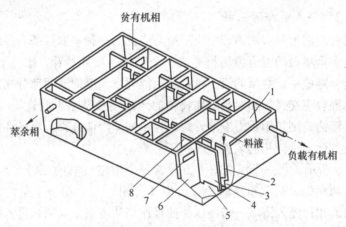

图 7-10　全逆流混合澄清槽结构示意图

1—澄清室；2—挡油板；3—挡水板；4—隔板；5—下相口；6—混合室；7—上相口；8—挡流板

7.2.6.3　非箱式混合澄清槽

通过对箱式混合澄清槽进行的一些更深层次的改造，发展了一系列具有特殊结构的混合澄清槽。这类萃取槽与箱式混合澄清槽的主要差别，是其混合室与澄清室可以有不同尺寸；混合室与澄清室可以分开，而且级与级也可分开，其间用管道连接，因此可称为非箱式混合澄清槽。它们的处理量可以很大，有的萃取槽的总流通量可达 $900m^3/h$。

7.3　萃取提纯技术

我国掌握了萃取法分离全部稀土元素，分离体系的水相可以是盐酸、硝酸或硫酸。萃取剂主要使用酸性磷型萃取剂 P_{204} 和 P_{507}，以及氯化甲基三烷基铵 N_{263} 萃取剂。中性有磷酸三丁酯 TBP 及 P_{350} 等萃取剂分离铀、钍和稀土，以及稀土元素间分离也有应用。

7.3.1　轻中重稀土元素分组

　　工业上采用在盐酸介质中除去放射性物质后的氯化稀土溶液，含稀土氯化物 $1.0\sim1.2g/L$，$pH=4\sim5$，按图 7-11 所示流程分组，所用有机相为 $1mol/L$ P_{204}—煤油。在萃取段将钐及中重稀土萃入有机相，在洗涤段以 $0.8mol/L$ 盐酸（洗液）将进入有机相的轻稀土洗下；在反萃段用 $2mol/L$ 盐酸反萃有机相的中稀土，并用 P_{204}（$1mol/L$）—煤油捞重稀土。

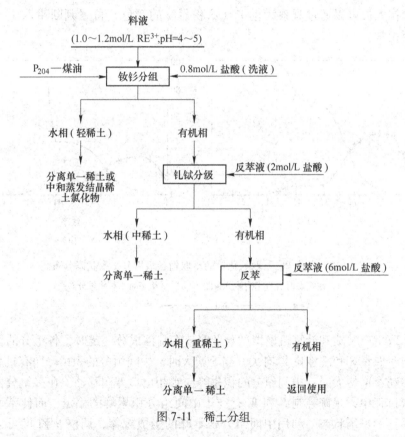

图 7-11　稀土分组

　　P_{507} 萃取轻稀土元素的分配比低于 P_{204}，但是当萃取中重稀土元素时，所需水相酸度较低，反萃液的酸度也较低，而且分离系数比 P_{204} 大。用 P_{507} 萃取分离镨、钕的效果显著优于 P_{204}，特别是用氨化 P_{507} 萃取分离稀土元素可提高萃取容量和分离系数，故在稀土元素分离中获得广泛应用。P_{507} 萃取剂可在低酸度下萃取和低酸度下反萃，这一特点弥补了 P_{204} 萃取体系不适用于分离轻稀土元素的不足。因此，P_{507} 萃取剂的问世，使得在一种萃取体系中轻中重稀土元素的连续萃取分离工艺得以实现。

分馏萃取工艺的料液大多是由 3 种或 3 种以上稀土元素组成的混合溶液，在两出口的萃取过程中，每个组分在各级中按一定的规律分布。例如，图 7-12 是用皂化 P_{507} 提取氧化钕生产流程的萃取槽各级组分平衡状态分布图。料液的组成（质量分数）为：$w(Nd_2O_3) = 18\%$、$w(Pr_6O_{11}) = 6\%$、$w(CeO_2) = 52\%$、$w(La_2O_3) = 24\%$。在平衡状态下，无论是有机相还是水相，中间组分 Pr_6O_{11} 在第 1~31 级间有一个明显的积累峰，在第 10 级附近峰值达到 40%，远大于料相中的 6%。Pr_6O_{11} 积累峰的出现和其稳定性反映出该工艺流程的平衡状态。生产实践中，操作人员可以通过观察镨色带（镨积累峰的颜色）位置判断萃取生产的运行是否正常。

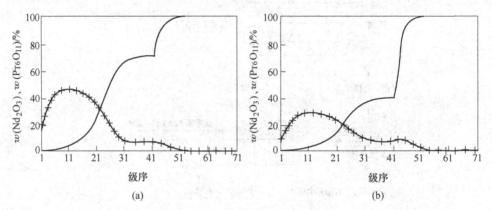

图 7-12　皂化 P_{507} 萃取氧化钕的萃取槽各级组分平衡状态分布图

（a）平衡态时有机相槽体分布图；（b）平衡态时水相槽体分布图

——— Nd ； —+— Pr

萃取生产实践和计算机模拟试验证明，在料液成分一定时，各组分的级分布状态与萃取量 S 和洗涤量 W 有关。当 S 增大时，中间组分的积累峰向有机相出口方向移动；W 增大时，中间组分的积累峰向水相出口方向移动。在多组分两出口的萃取过程中，正确控制 S 和 W 有利于中间组分积累峰的稳定，而使萃取过程处于最佳的平衡状态。利用中间组分积累峰的生成规律，调整 S 和 W 可以使积累峰增高，提高中间组分的纯度。因此，在两出口的分馏萃取工艺中，在中间组分积累峰附近开设一个出口，可以引出一个富集物产品，这样就可以同时获得两种纯产品和一种富集物。由此可见，采用分离系数大的 P_{507} 进行萃取，原则上不需要中间化学处理和重新备料，只要先进行稀土分组，然后对各组依次萃取分离，每组出两个纯产品和一个富集物，再将富集物提纯，最后可获得各种单一稀土产品。此即一步法全分离萃取工艺的基本原理。

P_{507}—煤油—HCl 体系连续分离重稀土的工艺流程如图 7-13 所示。先经过 Nd、Sm 分组，使 La 至 Nd 留在萃余液中，而中重稀土萃入有机相。以这种含中重稀土的有机相作进料，在第二个分离段进行萃取，使 Sm、Eu、Gd 进入萃余液中，并在中间某一级引出部分 Gd、Tb、Dy 水相，而部分 Dy 及其他重稀土元素萃入有机相中。然后以 Sm、Eu、Gd 萃余液作进料，在第三个分离段进行分离。

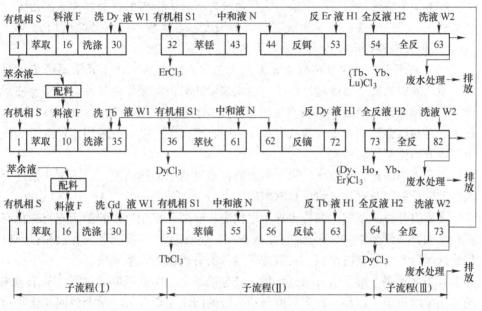

图 7-13　P_{507}—煤油—HCl 体系连续分离重稀土的原则工艺流程

我国某厂以 P_{507}—煤油—HCl 体系全萃取连续分离寻乌混合稀土氧化物，经 HCl 溶解所得 $RECl_3$ 料液，通过 14 段、650 级连续萃取分离，生产出纯度为 98%~99.99% 的 15 种单一稀土氧化物产品（分离 Y_2O_3 用环烷酸），稀土回收率 87%，产品合格率 96%。实践表明，多组分多出口的萃取生产工艺具有产品品种多、工艺灵活性强、生产流程简单、化工原料消耗低的优点。这一工艺降低了生产成本，促进了稀土应用的发展。P_{507}—煤油—HCl 体系全萃取连续工艺特点有：

（1）全流程由 3 个系列组成，按 P_{507} 的正萃取序列，由前至后分别为提取铒系列、提取铽系列和提取镝系列。每一系列由水相进料的分馏萃取流程（Ⅰ）、有机相进料的分馏萃取流程（Ⅱ）以及逆流反萃取流程（Ⅲ）3 个子流程组成。这 3 个子流程由负载稀土的有机相中联会贯通。其中，子流程（Ⅰ）的作用是分离待提取稀土元素与原子序数小于它的稀土元素。子流程（Ⅱ）的作用是分离待提取稀土元素与原子序数大于它的稀土元素。子流程（Ⅲ）采用有机相进料的优点是：对于传统的以反萃余液作为下一次分离料液的工艺而言，省略了反萃取和料液中和调配过程，降低了酸、碱的消耗。在这3个系列中，利用子流程（Ⅱ）的萃取段加强水相中单一稀土产品中易萃组分稀土杂质的萃取，提高水相产品的纯度。例如提取铒系列中，为了保证水相中铒的纯度，可以提高 S_1 的流量，但是此条件下铒的被萃取量也会增加。使其回收率降低。也正是由于这一原因，此系列提铒后的产品镝只能是富集物。

（2）3个系列之间上一个系列的萃余液为下一个系列的料液。为了满足下一个系列萃取条件的要求，萃余液需要调节酸度。本流程中的料液酸度均为 pH = 2.0，其他分离流程应根据具体分离条件确定料液的酸度。

（3）在多组分连续分离稀土元素的工艺中，随着易萃稀土元素不断地被分离，萃余液中的稀土浓度越来越低。用低浓度的稀土溶液作为料液时，将会使萃取器的容量增大而导致设备投资、槽存有机相和稀土的量、生产运行费用升高，过于低时甚至会影响稀土分离效果和稀土回收率。生产中一般采用蒸发浓缩法或难萃组分回流萃取法解决。

蒸发浓缩法是将低浓度的稀土萃余液在蒸发器中加热蒸发，达到萃取条件要求的浓度后放置至室温，供下步萃取用。

难萃组分回流萃取法又称为稀土皂化法。取部分水相出口的萃余液与皂化有机相接触，一般经4~6级逆流或并流萃取，使难萃组分重新萃入有机相；同时排除这部分萃余的空白水相。负载难萃组分的有机相进入萃取段，与水相中的易萃组分相互置换，难萃组分回到水相。经过难萃组分回流萃取的过程，萃余水相的稀土浓度得到了富集，富集程度与萃余液的回流流量有关。萃余液回流流量可由式（7-11）计算：

$$Q_回 = Q_F + Q_W - Q_余$$
$$Q_余 = F_b / C_{REO} \tag{7-11}$$

式中 $Q_回$——萃余液回流流量，L/min；

$Q_余$——难萃组分回流后的萃余液流出量，L/min；

C_{REO}——稀土浓度，mol/L；

F_b——难萃组分的摩尔分数或质量分数，%。

（4）全流程连续分离可以同时得到两个高纯度单一稀土产品及普通纯度的3种富集物产品。其纯度分别为：$w(Tb_4O_7)/w(REO) > 99\%$、$w(Dy_2O_3)/w(REO) > 99.9\%$、$w(Er_2O_3)/w(REO) > 95\%$、$w(Dy_2O_3)/w(REO) > 80\%$、$Gd_2O_3$ 和 Y_2O_3 等中稀土富集物，各单一稀土产品回收率均为95%以上。

P_{507}—煤油—HCl 体系全萃取连续工艺条件：有机相组成为 1.5mol/L P_{507}—煤油，皂化率40%；料液氯化稀土浓度分别是：提 Er 和提 Tb 系列为 1mol/L，提 Dy 系列为 0.8mol/L。萃取工艺的溶液浓度见表7-3，各萃取工艺的流比见表7-4。

表 7-3 萃取工艺的溶液浓度

溶液	F（料液）	W（洗液）	H1（反液）	H2（全反液）	N（氨水）
HCl/mol·L^{-1}	0.01	3.3	2.5	5.0	2.0

表 7-4 各萃取工艺的流比

流比	$Q_S : Q_F : Q_{W1}$	$(Q_S+Q_{S1}) : Q_{H1}$	$Q_{S1} : Q_{H1} : Q_N$	$(Q_S+Q_{S1}) : Q_{H2}$	$(Q_S+Q_{S1}) : Q_{W2}$
提 Er	20:2:3	20:3	5:4:2	5:1	2:1
提 Tb	40:3:5	71:9	31:9:0	71:14	71:24
提 Dy	35:5:6	51:6.5	16:6:2	51:10	3:1

7.3.2 氧化镧分离提纯

在 HNO_3、HSCN 介质中，D_{La} 是所有稀土元素中分配比最小的，因而可以把镧留在水相，把其他三价稀土萃入有机相。TBP、P_{350} 是萃取分离镧的良好萃取剂。有研究采用 TBP（煤油）—$RECl_3$—NH_4SCN—HCl 体系，得到 99.9% ~ 99.99%的纯镧，收率 99%。由于 NH_4SCN 对人体有害，该体系没有推广开来。

国内主要采用 P_{350}（煤油）—$RE(NO_3)_3$—HNO_3 体系萃取分离镧。最初研究和试生产阶段采用加盐析剂 $LiNO_3$ 来提高除镧之外的 RE^{3+} 的分配比和它们的分离系数，但是，存在盐析剂的回收问题。后来采用高浓度料液，发挥 RE^{3+} 的自盐析作用，并增加洗涤级数和洗液用量，同时使萃取段与之匹配，得到满意结果，产品纯度高、收率高，克服了纯度高和收率低的矛盾。改进后的工艺如图7-14 所示。料液主要成分（质量分数）为氧化镧 50%，氧化铈 1%。

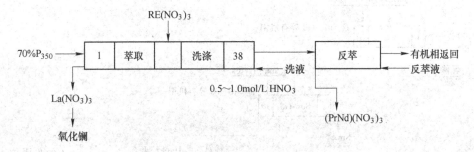

图 7-14 P_{350} 萃取分离制取纯镧工艺

与 TBP 萃取工艺相比，该工艺优点是：（1）体系酸度低，现场环境好，无需回收硝酸。（2）利用高浓度料液中稀土自盐析作用，提高分配比、分离系数。分离效果好，经一次分馏萃取，氧化镧纯度由 50%提高到 99.9% ~ 99.99%，收率高达 99%，处理量大。

7.3.3　氧化铈分离提纯

将铈富集物，经草酸沉淀、焙烧后，用硫酸溶解，调配料液含 $RECl_3$ 为 $0.5 \sim 1.5 mol/L$，加入高锰酸钾 $10 \sim 50 g/L$ 与料液混合，萃取剂为 $0.5 \sim 1.5 mol/L$ 的 P_{507}—磺化煤油，将轻稀土（Ce）萃入有机相，以 $0.2 \sim 1 mol/L$ 盐酸为酸洗液将进入有机相的中重稀土洗下，用 $V_有$ 表示有机萃取剂，$V_料$ 表示料液体积，$V_洗$ 表示洗涤液体积，流比为 $V_有 : V_料 : V_洗 = (1.5 \sim 2.5) : 1 : (0.4 \sim 0.8)$，得到轻稀土液（$CeCl_4$）。再用 $1.5 \sim 2.5 mol/L$ 盐酸反萃轻稀土，用 $V_有$ 表示有机相体积，$V_水$ 表示水相体积，相比为 $V_有 : V_水 = 1 : (0.1 \sim 0.2)$，经多级萃取后获得纯度为 99.99% 的氯化铈溶液。

7.3.4　氧化钐分离提纯

Sm-Gd 富集物中萃取分离制取纯的 Sm_2O_3，Gd_2O_3 以提铕后的钐钆母液为原料，直接用 P_{204} 萃取分离。原料液中 REO 为 $90 g/L$、$pH = 2$、$w[(La-Nd)_2O_3] = 30\%$、$w(Sm_2O_3) = 40\%$、$w(Eu_2O_3) < 0.1\%$、$w(Gd_2O_3) = 20.0\%$，Tb 以后的重稀土（包括 Y）的质量分数为 5%。该工艺的流程如图 7-15 所示。本工艺由一段萃取、三段分段反萃，从含少量轻重稀土的钐钆富集物中同时得到质量分数不低于 $99.0\% \sim 99.5\%$ 的 Sm_2O_3（收率不低于 98%），不低于 99% 的 Gd_2O_3，同时得到含微量（0.1%）Sm、Eu、Gd 的轻稀土富集物和含少量 Gd 的重稀土富集物。此工艺比其他 P_{204} 萃取生产 Sm_2O_3、Gd_2O_3 的流程简便，酸碱消耗少。

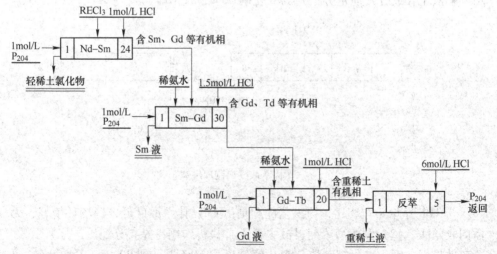

图 7-15　P_{204} 萃取提纯 Sm_2O_3 和 Gd_2O_3 工艺流程

7.3.5　氧化铈分离提纯

以铈富集物为原料，调配料液含 $RECl_3$ 为 $0.5\sim1.5mol/L$，pH 值为 $1\sim4$，使其流经装有锌粒的还原柱和与之串联的装有 P_{507} 萃取树脂的萃取色层柱，控制进料量为 $5\sim30g$/百克树脂，流速为 $0.5\sim1.5mL/(min\cdot cm^2)$，流出液为纯铈溶液。然后将纯铈溶液用 H_2O_2 氧化二价铈成三价铈，并用盐酸调节酸度为 0.5，流经 P_{507} 萃取色层柱，控制流速和稀土进料量，锌、钙等杂质离子随流出液流出，铈则吸附在萃取色层柱上，采用浓度为 $0.3\sim1.5mol/L$ 盐酸作为酸洗液流经 P_{507} 萃取色层柱，进料量为 $5\sim20g$/百克树脂，流速为 $1.5\sim2.2mL/(min\cdot cm^2)$，获得纯度为 99.99% 氯化铈溶液。

7.3.6　氧化铽分离提纯

以铽富集物为原料，采用分段分馏萃取，调配料液含 $RECl_3$ 为 $0.5\sim1.5mol/L$，萃取剂为 $0.5\sim1.5mol/L$ 的 P_{204}—磺化煤油。第一段分馏萃取：皂化度 $25\%\sim40\%$ 的萃取剂与稀土料液同时进槽并流 10 级后成稀土皂化形式进槽，萃取后有机相用 $3\sim5.5mol/L$ 盐酸洗液，用 $V_{有}$ 表示有机萃取剂，$V_{料}$ 表示料液体积，$V_{洗}$ 表示洗涤液体积，流比 $V_{有}:V_{料}:V_{洗}=(6\sim20):1:(0.3\sim1.8)$。进入第二段分馏萃取：以第一萃取段流出的有机相为料液，采用与第一段相同的有机相和洗涤液，用 $V_{有}$ 表示有机萃取剂，$V_{料}$ 表示料液体积，$V_{洗}$ 表示洗涤液体积，$V_{有}:V_{料}:V_{洗}=(6.5\sim18):1:(0.35\sim2.0)$。经多次萃取，最终获得纯度为 99.99% 的氯化铽溶液。

7.3.7　氧化镝分离提纯

该工艺用 $30\%\sim40\%$、$1.2\sim1.7mol/L$ 的 P_{507}—煤油为萃取剂，浓度为 $0.15\sim0.30mol/L$ 的镝富集物的氯化物水溶液为原料，$2.5\sim3.5mol/L$ 的 HCl 为洗涤液，$4\sim5mol/L$ 的 HCl 为反酸，经多级逆流分馏萃取，可获得纯度大于 99% 的 Dy_2O_3 及 $w(Ho)>60\%$ 的富集物。

7.3.8　氧化钇分离提纯

以钇富集物为原料，调配料液含 $RECl_3$ 为 $1mol/L$，$pH=2$，采用萃取剂为环烷酸—长链醇—煤油，NaOH 进行皂化，皂化度为 80%，分馏萃取后有机相用浓度为 $3mol/L$ 的盐酸洗涤，用 $V_{有}$ 表示有机萃取剂，$V_{料}$ 表示料液体积，$V_{洗}$ 表示洗涤液体积，流比为 $V_{有}:V_{料}:V_{洗}=(6\sim8):1:1$。经多级萃取和洗涤后，出口水相为纯度为99.995%的氯化钇溶液。经洗涤后的含非钇稀土及少量钇的有机相进行二次萃取，有机相用反萃酸Ⅰ、浓度为2mol/L的盐酸和反萃酸Ⅱ、浓度为0.1~0.5mol/L的盐酸，进行反萃，$V_料$表示新添加的料液体积，$V_{反萃酸Ⅰ}$表示反萃酸Ⅰ体积，$V_{反萃酸Ⅱ}$表示反萃酸Ⅱ体积，流比为$V_{新有}:V_{新料}:V_{反萃酸Ⅰ}:V_{反萃酸Ⅱ}=7:1:1:8$。二次反萃液分别有出口，第一次反萃液中的钇含量较高，纯度约99%，第二次反萃液中主要含非钇重稀土元素，反萃取后的有机相用纯水洗后去游离酸，经皂化可返回使用，经多次萃取最终获到纯度为99.999%氯化钇溶液。图7-16为氧化钇提纯工艺流程。

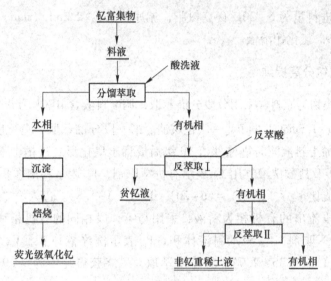

图 7-16　氧化钇提纯工艺流程

环烷酸一步法萃取分离氧化钇原理，和P_{204}、P_{507}等相同，是阳离子交换反应。一般有机相由环烷酸—长链醇—煤油组成，且萃取前需皂化使之形成环烷酸胺。

在环烷酸—长链醇—煤油—HCl体系（pH=4.8~5.1）中，萃取稀土元素的顺序为：$Sm^{3+}>Nd^{3+}>Pr^{3+}>Dy^{3+}>Yb^{3+}>Lu^{3+}>Tb^{3+}>Ho^{3+}>Tm^{3+}>Gd^{3+}>La^{3+}>Y^{3+}$。由此可见，钇是最难萃取的元素。只要控制一定的萃取条件，使其他稀土元素萃入有机相而钇留在水相，即可达到一步萃取钇的目的。

环烷酸—混合醇（ROH）—$RECl_3$体系一步法提取高纯Y_2O_3的工艺流程如图7-17所示。

工艺特点：

（1）环烷酸萃取稀土元素的pH值在4.7~5.2范围内。很多非稀土杂质在此

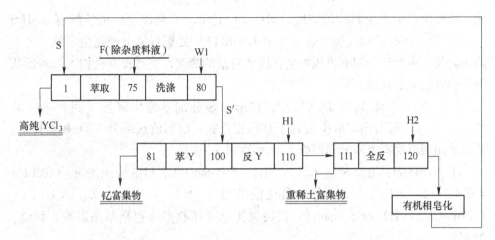

图 7-17 环烷酸—混合醇（ROH）—$RECl_3$ 体系提取高纯 Y_2O_3 工艺流程

酸度下发生水解反应，生成絮状的氢氧化物，引起有机相乳化，影响萃取生产。因此，萃液在萃取前必须除去这些杂质。稀土溶液中加入硫化钠、硫化铵可以将重金属离子生成硫化物沉淀除去。溶液中的铁、铅等杂质，可调节 pH≥4.5 使其生成氢氧化物沉淀，从溶液中除去。

用上述的化学沉淀分离方法可以除去稀土溶液中的大部分杂质，但有时仍不能满足环烷酸萃取的需要。对此可以采用环烷酸单级萃取，使剩余杂质在萃取时以界面污析出，然后再集中处理界面污；也可以采用 N_{235} 萃取体系去除大部分铁、铅、锌等杂质，然后再采用环烷酸单级萃取的方法。

N_{235} 萃取体系除铁、铅、锌的方法，是用 15%N_{235}—15%混合醇—70%煤油组成有机相，按相比 1：1 萃取稀土氯化物溶液 [c(HCl) = 2mol/L] 中的铁、铅、锌等杂质，有机相用纯水反萃铁、铅、锌后重复使用。

（2）环烷酸使用前也需皂化，但环烷酸的溶水性很强，当用 NaOH 水溶液皂化时，将吸收大量的水，使有机相的体积增大。产生这一现象的原因是环烷酸的钠盐以及添加剂混合醇都是表面活性剂，所以在皂化的同时，皂化有机相与水溶液形成油包水状微小透明液滴（直径约为 20~200nm），使大量的碱熔液被包裹在有机相中，致使有机相体积增大。实践表明，NaOH 水溶液的浓度越低，环烷酸溶入水的量越多。因此，生产中一般使用高浓度 NaOH 水溶液皂化。

包裹碱熔液的环烷酸有机相与稀土料液接触时，随萃取过程的进行，环烷酸盐（钠盐或铵盐）转变为环烷酸与稀土的萃合物，环烷酸盐（钠盐或铵盐）失去了表面活性剂的作用。使油包水状微小透明液滴破裂，碱熔液重新析出，使有机相体积减小，水相体积增加。由于碱液的析出，容易导致萃取过程中有机相乳化，因此生产中稀土料液的酸度（pH = 2）高于环烷酸萃取的最佳酸度（pH = 4.7~5.2）。在有机相入口（也是萃余水相出口）处更容易出现乳化现象。为了防止乳化，应严格控制有机相的皂化度和料液的酸度，使其在有机相入口附近几级的酸度达到最佳值。

（3）为了保证 Y_2O_3 的高纯度，在第一段分馏萃取中降低了回收率（约85%）。在第二段分馏萃取中设置了有机相进料，以回收这部分 Y_2O_3 和重稀土，并且采用两段反萃方式分别回收 Y_2O_3 和重稀土。

工艺条件为：有机相皂化值 $c(NH_4^+)$ = 0.6mol/L、料液稀土浓度 $c(RECl_3)$ = 0.8mol/L、pH = 2~3，洗液和反液浓度 $c(W1)$ = 2.6mol/L，$c(H1)$ = 1.27mol/L，$c(H2)$ = 3.0mol/L。高纯氧化钇的回收率（包括萃酸沉淀、灼烧）为85%。

7.4 稀土元素与非稀土杂质分离

稀土元素与非稀土杂质的分离可分为粗分离与精制两部分。粗分离是从稀土精矿分解时产生的硫酸稀土溶液或其他料液中除去钍、磷、铁、钍和锰等杂质，制取混合稀土原料。常用的方法有中和法、硫酸稀土铵（钠）复盐沉淀法、草酸盐法等。精制是从单一稀土元素中除微量杂质，制取高纯稀土氧化物。生产上采用草酸盐沉淀法、硫化物沉淀法和萃取法等精制稀土氧化物。

7.4.1 中和法

中和法除杂质是用氨、烧碱、碳酸钠或碳酸氢铵为中和剂，加到稀土溶液中进行中和，使溶液的 pH = 4~5，盐碱性弱的金属离子首先形成氢氧化物沉淀与溶液中的稀土离子分开。

中和法沉淀除去的杂质是在 pH = 5 以下开始沉淀的离子，如 Zr^{4+}、Th^{4+}、Ce^{4+} 等，而 Al^{3+}、Be^{2+} 和 Pb^{2+} 等的沉淀 pH 值与 RE^{3+} 接近，很难用中和法将它们与稀土完全分开。当溶液 pH = 5 时，Fe^{2+}、Mn^{2+}、Zn^{2+}、Mg^{2+} 和碱金属离子不生成沉淀，而与 RE^{3+} 共存于溶液中。对于 Fe^{2+}、Mn^{2+} 可以预先将其氧化为 Fe^{3+}、Mn^{3+} 在中和时除去。中和法净化稀土溶液时，生成胶性氢氧化物，其颗粒很细，过滤慢，常在沉淀中吸附很多溶液，造成稀土损失。所以使用此法净化稀土时，料液中杂质含量不宜太高。用中和法净化稀土不能得到纯产品，必须配合其他分离方法才能得到纯氧化物。

7.4.2 草酸盐沉淀法

草酸是净化稀土元素最普遍采用的沉淀剂。在水溶液中稀土和草酸反应生成不溶于水而微溶于酸的草酸稀土，反应如下：

$$2RECl_3 + 3H_2C_2O_4 + nH_2O === RE_2(C_2O_4)_3 \cdot nH_2O + 6HCl$$

稀土草酸盐在酸性溶液中的溶解度随酸度增加而增加，随溶液中游离草酸浓度增加而降低。当溶液中含有大量的 NH_4^+ 时，重稀土草酸盐将有少量溶解在草酸铵溶液中，从而造成重稀土沉淀不完全。很多金属离子与草酸作用，均能生成难溶于水的草酸盐，但这些非稀土草酸盐在酸性溶液中的溶解度较大，如果它们的浓度很低，就可弃之。

利用草酸法沉淀稀土元素是目前工业上生产各种单一稀土氧化物的最后一道湿法工序，主要是利用草酸稀土粒度粗，沉淀完全，在酸性溶液沉淀时，能与大多数非稀土元素分离，有较好的净化作用。草酸稀土加热到800℃以上即可分解成氧化稀土。

生产实践中沉淀草酸稀土的条件如下：将含 20~80g/L REO 的氯化稀土溶液，用碱调节酸度至 0.1mol/L，加热到 80~90℃、在搅拌条件下加入固体草酸进行沉淀。草酸用量为理论量的 1.15~1.25 倍，沉淀30min 后，过滤、洗涤制得草酸稀土。沉淀条件的改变对草酸稀土的物理性能有很大的影响，如料液酸度低、沉淀温度低，沉淀出的草酸盐粒度细，不致密，过滤慢。反之，沉淀酸度高，温度高，沉淀出的草酸稀土粒度粗而致密。如果将草酸稀土长时间（20~30h）地在母液中加热，则草酸稀土的粒度变粗，形成致密而均匀的颗粒。

制得的水合草酸稀土的结晶水通常为 10 个，条件不同也有 6、7、9 和 11 个结晶水。含水草酸盐在40~60℃开始脱水，300℃左右结晶水完全脱出，360℃草酸稀土开始分解，到800℃时形成氧化物，为保证分解完全，生产上分解温度常控制在850~900℃下，焙烧 1.5~2.5h。

7.4.3 硫化物沉淀法

由于很多非稀土杂质能与草酸形成草酸盐并与草酸稀土共沉淀，所以很难得到含铁、镍、铅和锰很低的纯氧化物。为了生产荧光级氧化稀土——氧化铕、氧化钇等产品，料液在草酸沉淀稀土之前，可采用硫化物沉淀法除去料液中的微量重金属杂质。

取 REO 为 50~80g/L、pH = 5 的氯化稀土溶液，在搅拌条件下徐徐加入 $(NH_4)_2S$ 或 Na_2S 水溶液沉淀非稀土杂质，生成灰黑色胶体沉淀，加热煮沸 30min，硫化物颗粒变粗，易于澄清过滤。过滤后的稀土溶液再用草酸沉淀稀土，经 850~900℃焙烧，制得氧化稀土。其中杂质质量分数：Fe_2O_3 低于 7×10^{-6}、NiO 低于 10×10^{-6}、PbO 低于 10×10^{-6}、CuO 低于 6×10^{-6}。在硫化物沉淀渣中还含有大量的稀土氢氧化物，需用盐酸溶解，草酸沉淀，烧成氧化物后再返回硫化物净化工序回收稀土。

采用硫化物沉淀法从稀土溶液中除重金属杂质是很有效的方法。但硫化物为胶体，在含量很低时不易沉淀，可用活性炭或树脂吸附硫化物，达到净化的目的。例如以硝酸钇溶液为原料，其中 $Pb/Y_2O_3 = 46×10^{-6}$，$50g/L\ Y_2O_3$，$pH = 5 \sim 5.5$，加含 Na_2S 质量分数为 0.5% 的溶液沉淀 PbS，形成的胶体 PbS 沉降过滤困难。如向每升溶液中加 30g 活性炭或聚胺型整合树脂吸附硫化物，溶液搅拌 1h 后过滤，滤液加酸调 $pH = 0.4$ 加草酸沉淀钇，草酸焙烧成氧化钇，其中 Pb/Y_2O_3 由 $46×10^{-6}$ 降至 $2 \sim 3×10^{-6}$。如果不进行硫化物沉淀吸附除铅，直接用草酸沉淀法生产氧化钇，则氧化钇中铅质量分数为 $37×10^{-6}$，达不到荧光级产品的标准。

在稀土氧化物中，最难除去的微量非稀土杂质为碱土金属钙，要将单一稀土氧化物中的氧化钙降到 $10×10^{-6}$ 以下是很难的。当用氢氧化物沉淀法除钙时，虽能将 Ca^{2+} 留在溶液中与稀土分离，但此法过滤困难。如采用有机沉淀剂二苯羟乙酸或丙基三羧酸沉淀稀土，控制沉淀的 $pH = 2$，只有稀土形成沉淀，钙留在溶液中与稀土分开。此法可以制得含氧化钙为 $1×10^{-6}$ 的稀土氧化物，但有机沉淀剂成本高，只能在分析中使用。

近年来，稀土厂发展了用 P_{507}、P_{204} 萃取法除稀土中的碱土金属，用 N_{235} 萃取法除锌，均获得较好的效果，已用于生产纯单一稀土氧化物。

7.5　溶剂萃取过程乳化与泡沫的形成及其消除

在萃取作业中，两相分离的好坏往往成为过程能否连续进行的关键因素。由于两相有一定密度差，在一般情况下是容易实现分相的。然而在萃取过程中由于物理、化学的原因，有时会出现乳化或泡沫，严重影响相的分离。

为保证萃取过程中的传质速度，要求两相接触面积要足够大，这样势必有一个液相要分散成细小的液滴，当液滴的直径在 0.1 至几十个微米之间，就会形成所谓乳状液。在正常萃取过程中的混合阶段，生成的乳状液是不稳定的，到了澄清阶段，不稳定的乳状液破坏，即分散的液滴聚结，重新分为有机相和水相两相。因此，萃取过程本身就是乳状液的形成和破坏的过程。但是由于各种原因，有时生成的乳状液很稳定，以致在澄清阶段不再分相或分相的时间很长，通常所说的乳化就是指的这种情况。当乳化严重时，乳状液被分解，在两相界面上常生成乳酪状的物质，有的称乳块、污物、赃物等，它非常稳定，而且往往越聚越多，严重影响分离效果和操作。

乳状液可以分为水包油型（如果称有机相为"油"）和油包水型两种。如果分散相是油，连续相是水，叫做水包油型（或 O/W 型）现状液；如果分散相是水，连续相是油，叫做油包水型（或 W/O 型）乳状液。占据设备的整个断面的液相称为连续相，以液滴状态分散于另一液相中的称为分散相。

在萃取的混合阶段，气体分散在液体中会形成泡沫。若气体分散在油相中，则形成油包气型的泡沫；若分散在水相中，则形成水包气型的泡沫。有的泡沫不稳定，澄清时就会消失，有的则相当稳定，长时间不消失。有大量稳定的泡沫产生，同样会影响分相和萃取操作。

乳状液和泡沫本质上都属于胶体溶液，只不过分散质不同，前者是液体，后者是气体。泡沫产生的原因和消除办法基本上和乳状液是一致的，故可合并在一起讨论。

表面活性物质对乳状液有稳定作用。亲水性表面活性物质的存在可能导致生成水包油型乳状液。亲油性表面活性物质可能导致生成油包水型乳状液。表面活性物质在界面上吸附，使界面张力降低，如果其结构和浓度足以使它们定向排列而形成一层稳定的膜，就会造成乳化，此时的表面活性物质就是一种乳化剂。换言之，表面活性物质的存在，是乳化的必要条件，界面膜的强度和紧密程度是乳化的充分条件。除此之外，胶体微粒带的电荷，根据同性相斥原理，也可以使乳状液稳定。

7.5.1 乳化与泡沫产生的原因

对于萃取过程乳化产生的原因及其预防的研究不成熟。对一种萃取体系适用的结论，对另一萃取体系就未必适用，因此，只能一般性地讨论一些共性的问题。

为了实现萃取过程，必须使两相充分混合，然后澄清分相，既要使一相的液体能高度分散于另一相中形成乳状液，又要使这种乳状液不稳定，静置时能很快分相。到底哪一相成为分散相，哪一相成为连续相，可具体分析如下：如果假设液珠是刚性球体，则因为尺寸均一的刚性球体紧密堆积时，分散相的体积分数（分散相体积与两相总体积的比值）不能超过74%。对于一定的萃取体系，若相比小于25%，有机相为分散相；若相比大于75%，则水相为分散相；若相比在25%~75%之间，则两种可能都存在。此时界面张力情况应成为决定乳状液类型的主要因素。如果存在乳化剂，这种乳化剂又是亲连续相而疏分散相的，则乳状液稳定，难以分相，形成了乳化现象。因此，研究萃取过程中乳化及泡沫形成的原因，主要在于寻找萃取体系的各组分中何种为乳化剂。

7.5.1.1 乳化剂为有机相中的组分

有机相中存在的表面活性物质有可能成为乳化剂。有机相中表面活性物质的来源有：

（1）萃取剂本身有亲水的极性基和疏水的非极性基。

（2）萃取剂本身的杂质及在循环使用时由于无机酸的作用和辐照的影响，使萃取剂降解产生的一些杂质。

（3）稀释剂，例如煤油中的不饱和烃以及在循环使用时，由于无机酸和辐照的影响所产生的一些杂质。

这些表面活性物质可以是醇、醚、油、有机羧酸、无机酸酯（如硝酸丁酯、亚硝酸丁酯）以及有机酸的盐和胺盐等。它们在水中的溶解度大小不一，有可能成为乳化剂。如果它们是亲水性的，就有可能形成水包油型乳状液，如果它们是亲油性的，就可能形成油包水型乳状液。

这些表面活性物质是否成为乳化剂，取决于萃取过程中哪一相是分散的，表面活性物质是亲连续相还是亲分散相，能否形成坚固的薄膜和对界面张力的影响，以及它们之间的相互作用和影响。

据研究，许多中性磷酸酯萃取剂在长期与酸接触或在辐射的作用下，能缓慢降解，产生少量的酸性磷酸酯，它们是表面活性剂，能降低界面张力，同时又可能与金属离子生成导致乳化的固体或多聚体络合物，提高液滴膜的强度，使乳化液稳定。

也有人研究，稀释剂煤油降解氧化物与铀形成的复合物，这种复合物是用 TBP 萃取硝酸铀时乳化的主要原因，而且用硝酸氧化过的煤油比未用硝酸氧化过的煤油更易引起乳化。

7.5.1.2　乳化剂为固体粉末

极细的固体微粒也可能成为乳化剂，这与水和油对固体微粒的润湿性有关。根据对水润湿性能的不同，固体也分为疏水和亲水两类。

在萃取过程中，机械带入萃取槽中的尘埃、矿渣、碳粒以及萃取过程中产生的沉淀物等都可能引起乳化。例如，$RE(OH)_3$ 是亲水性固体，能降低水相表面张力，是 O/W 型的乳化剂。此时固体粉末大部分在连续相（水相）中，而只稍微被分散相（有机相）所润湿。而碳粒是疏水性较强的固体粉末，是 W/O 型乳化剂，固体粉末大部分也是在连续相（有机相）中，而只稍微被分散相（水相）所润湿。当固体不在界面上而全部在水相中或有机相中时，则不产生乳化。

当能润湿固体的一相恰好是分散相而不是连续相时，则不引起乳化。所以萃取体系中如有固体存在，应使能润湿固体的一相成为分散相。这就是在矿浆萃取时，往往控制相比为（3~4）：1，甚至更高的原因。因为矿粒多为亲水性，采用高的相比，则能润湿固体的水相刚好为分散相，此时小水滴润湿固体矿粒，且在颗粒上聚结成大水滴，反而有利于分相。

实验证明，湿固体比干固体的乳化作用大，絮状或高度分散的沉淀比粒状沉淀的乳化作用大。当用酸分解矿石时，表面看起来清澈的滤液中，实质上有许多粒度小于 $1\mu m$ 的 $Fe(OH)_3$ 等胶体粒子存在。两相混合时，这部分胶体微粒就在相界面上发生聚沉作用，生成所谓的触变胶体（胶体粒子相互搭接而聚沉，产生凝胶，但不稳定，在搅拌情况下又可分散），它们是水包油型乳化剂，由于界面聚沉而产生的这种触变胶体越多，则乳化现象越严重。

如某厂用含钇稀土草酸盐煅烧成氧化物，然后溶于盐酸，用环烷酸萃取制备纯氧化钇。发现当草酸盐燃烧不完全时，会出现乳化现象。这是由于游离碳粒子存在而引起的。此外，在用 P_{204} 萃取分离稀土，P_{350} 或 TBP 萃取分离铀、钍、稀土时，均发现由于料液不清，悬浮固体微粒引起乳化，且乳状液破坏后在相界面积累一层污物的情况。

同理，固体粉末可能引起乳化，但并不一定发生乳化，要视萃取条件及固体粉末的性质和数量而定。

7.5.1.3　水相成分和硬度对乳化的影响

萃取时水相中存在着各种电解质，除了被萃取的金属离子外，还有一些其他的金属离子。此外，有机相中的一些表面活性物质，也或多或少在水相中有一定溶解，它们的存在都有可能成为产生乳化的原因。

由于电解质可以使两性化合物溶液的界面张力降低，所以可能造成乳化。实验证明，少量的电解质可以成为稳定油包水型乳状液。

当水相酸度发生变化时，一些杂质金属离子可能水解成为氢氧化物。如前所述，它们是亲水性的表面活性物质，常常有可能成为水包油型乳状液的稳定剂。其中有些金属离子还可能在水相中生成长链的无机聚合物，使黏度增加，分层困难。

在有脂肪酸存在的情况下，脂肪酸与金属离子生成的盐是很好的乳化剂。如 K、Na 等+1 价金属的脂肪酸盐是水包油型乳状液的稳定剂，因为这些离子的亲水性很强。此外，这类盐分子的极性基部分的横切面比非极性基部分的横切面大，较大的极性基被拉入水层而将油滴包住，因而形成了油分散于水中的乳状液。与其相反，Ca、Mg、Zn、Al 等+2 价和+3 价金属离子的脂肪酸盐都是油包水型乳状液的稳定剂。这些离子的亲水性较弱，它们的脂肪酸盐分子的非极性基碳链不止一个，因而其横切面大于极性基，分子大部分进入油层将水包住，因而形成水分散。

7.5.1.4　金属浓度与有机相萃取浓度对乳化的影响

有些萃取剂，由于它们的极性基团之间的氢键作用，可以相互连接成一个大的聚合分子。例如用环烷酸铵作萃取剂时发生氢键缔合引起的聚合，使有机相在混合时使整个分散系的黏度增加，乳状液稳定，难以分层。所以用这类萃取剂时，一定要稀释，萃取剂的浓度不能太高，破坏氢键缔合条件，例如用环烷酸的钠盐代替环烷酸的铵盐，则大大减小乳化趋势。

同样，水相料液浓度过高，则使有机相中金属浓度过高，从而使强度增加，引起乳化。例如，当用环烷酸萃取稀土时，若水相稀土浓度过高，有机相稀土浓度过大，则容易出现乳化。所以用环烷酸生产氧化钇，当洗涤段洗水的酸度过高或洗水流量过大时，将已萃取的稀土洗下过多，从而造成萃取段水相稀土浓度不断积累提高，以致逐步引起乳化。为此，必须控制好料液稀土浓度、洗水酸度和流量以及环烷酸的浓度等。由于控制环烷酸的浓度方便些，故可以允许料液稀土浓度高一些，但是环烷酸浓度过高，会使有机相黏度增大，同样引起分相困难。

7.5.1.5 其他因素的影响

过于激烈地搅拌常常使液珠过于分散，强烈的摩擦作用又使液滴带电，难以聚结，而可能引起稳定乳状液的生成。因此，在箱式萃取槽的作业中，适当控制各级搅拌桨的转速，选择恰当的桨叶的形状，调整搅拌桨的高低，都是应当予以注意的。

此外，温度的变化也有影响，因为提高温度会使液体的密度和强度下降。因此在温度不同时，两相液体的密度差和强度会发生变化，从而影响分相的速度。用 P_{350} 萃取时，如温度太低，则有机相发黏，难以分相。

7.5.2 乳化与泡沫的预防和消除

乳状液的鉴别分 3 步进行：首先观察乳状液的状态，其次分析乳状物的组成，然后鉴别乳化物的类型。乳化物类型的鉴别方法，按胶体化学中介绍的稀释法、电导法、染色法、滤纸润湿法等配合进行。在初步判别乳化原因的基础上进行防乳和破乳试验。

乳化与泡沫的预防和消除方法如下所述。

7.5.2.1 料液的预处理

加强过滤，尽量除去料液中悬浮的固体微粒或"可溶性"硅酸等有害杂质。含有硅酸的溶液极难过滤，加入适量的明胶（0.2~0.30g/L），利用明胶与硅胶带相反的电荷，可以使硅胶凝聚，改善过滤性能。显而易见，明胶加入过量，同样引起乳化。

对于料液中存在的引起乳化的杂质，可以采取事先除去或抑制它们发生乳化作用的方法。例如用环烷酸从混合稀土的氯化物溶液中制备纯氧化钇时，往往有预先水解除铁的作业。在用 P_{350} 从盐酸体系萃取铀、钍时，由于杂质钛引起乳化，所以采用预先水解除钛法。

7.5.2.2 有机相的预处理和组成的调整

新的有机相或使用过一段时间后的有机相，由于其中有可能引起乳化的表面活性物质的存在，所以应该在使用前进行预处理。处理的方法一般是用水、酸或碱液洗涤，要求高时也可用蒸馏或分馏的方法。例如用环烷酸提取氧化钇的工艺中，使用新配好的有机相容易产生乳化，如果用稀盐酸洗涤有机相，在两相界面间会产生一种薄膜状乳化物。用 P_{350} 从盐酸溶液中萃取铀、钍时，发现使用循环过多次且存放一年多的有机相，有严重的乳化和泡沫产生，界面也有很多乳状物。将此有机相先用5%的 Na_2CO_3 溶液处理，水洗几次之后，再萃取时就没有乳化和泡沫产生。

向有机相中加入一些助溶剂或极性改善剂，改变有机相的组成也可以防止乳化。例如用 P_{204}—煤油从盐酸或硝酸溶液中萃取稀土时，加入少量的 TBP 或高碳醇可以预防乳化生成，一般认为是由于改善了有机相的极性，降低了有机相强度的缘故。有的还认为 P_{204} 和 TBP 对轻稀土有协萃作用，生成的协合物在有机相中的溶解度增大，是克服乳化的原因之一。环烷酸萃取制备纯氧化钇时，向有机相添加辛醇或混合高碳醇，是利用助溶剂破乳的典型例子之一。例如，将24%（质量分数）的环烷酸非极性溶剂—煤油溶液，加相等摩尔分数当量的浓氨水转化成环烷酸铵盐，有机相就成为胶冻状，流动性很差。这说明环烷酸铵盐在非极性溶液中是高度聚合的；它可能通过氢链缔合形成多聚分子，用这样的有机相去萃取硝酸稀土溶液就会造成乳化，引起分相困难。

如果向环烷酸—煤油溶液中添加一定量的辛醇，因为极性溶剂辛醇与环烷酸的铵根一端和羰基一端都能生成氢键，从而使高分子中断，因而使有机相的黏度显著下降，流动性能改善，分相效果明显改善。

7.5.2.3　转相破乳法

所谓转相，就是使水包油型的乳状液转为油包水型，或者使后者转变为前者。因为乳化的本质原因是有成为乳化剂的表面活性物质的存在，如表面活性物质所亲的一相刚好为分散相，则这样的乳状液不稳定。如果体系中含有亲水性的乳化剂，为了避免形成稳定的水包油型乳状液，则需加大有机相的比例，使有机相成为连续相，这样可能达到破乳的目的。例如当料液中含有较多的胶态硅酸时，或矿浆萃取时含较多亲水固体微粒时，加大有机相的比例就可能克服乳化。在用 P_{350} 从盐酸体系中萃取分离铀、钍和稀土时，增大有机相的比例成功地解决了乳化问题，就是利用这一方法。

7.5.2.4　化学破乳法

加入某些化学试剂来除去或抑制某些导致乳化的有害物质的方法叫做化学破乳法。

（1）加入络合剂抑制杂质离子的乳化作用。例如为了消除硅或锆的影响，可考虑在水相中加入氟离子，使之生成氟络离子的方法。而在萃铀工艺中，F^- 往往又是有害的乳化剂，此时可加入 H_3BO_3，使之生成 BF_4^-，从而消除它的乳化作用。但需要注意，加入的络合剂不应与被萃取元素发生络合作用，以免影响萃取效果。

（2）加入表面活性剂破乳。表面活性物质可以成为乳化剂，但在一定的条件下又可能成为破乳剂。如为了破乳，有时加入戊醇等极性稀释剂，起到反相破乳作用。因戊醇是亲水性表面活性物质，当乳状液是 W/O 型时，加入戊醇使乳状液在转型时得以破坏。此外因戊醇有更大的表面活性，所以可将原先的乳化剂顶替出来，但它又不形成坚固的保护膜，故使分散液滴易于聚集，达到破坏乳状液的目的。这种情况又称为顶替法。

（3）其他化学破乳剂。例如加入铁屑使 Fe^{3+} 还原成 Fe^{2+}，从而防止 Fe^{3+} 水解引起的乳化作用，此时铁屑则为一种破乳剂。在 $TBP\text{-}HCl+HNO_3$ 体系中萃取分离锆、铪时，加入 Ti^{4+} 可以抑制磷引起的乳化作用。这里与 Pm-HCl 体系萃取铀的情况相反，Ti^{4+} 成了一种化学破乳剂。

7.5.2.5　控制工艺条件破乳

控制相比，利用乳状液的转型达到破乳的目的。除此之外，还可以控制一些工艺条件来预防和消除乳化。

溶液 pH 值升高时，某些金属离子会水解，生成氢氧化物沉淀。新鲜的氢氧化物沉淀是良好的乳化剂，所以萃取过程中酸度的控制是重要的。必要时，在不影响萃取作业正常进行的前提下，还可加酸破乳。

提高操作温度，可降低强度，从而有利于破乳。但是温度高会增大有机相的挥发损失，引起设备制造上的困难，大多数情况下还会降低分离系数。所以，除了冬季采取必要的保温措施来预防乳化外，一般不希望采用提高作业温度的办法来防止乳化。

过激的搅拌会造成乳化。为了预防这种原因造成的乳化，应该适当降低搅拌桨转速。但转速太低，混合不均匀，这时可以采取低转速大桨叶的办法加以解决。

参 考 文 献

[1] 李晚霞. 从废 FCC 催化剂中回收稀土镧和铈的研究 [D]. 兰州：西北师范大学，2014.

[2] Chi R. A., Xu Z. G. A solution chemistry approach to the study of rare earth element precipitation by oxalic acid [J]. Metal. Mate. Trans., 1999, 30 (2): 189-195.

[3] 兰自淦，段友桃. 离子吸附型稀土矿生产中节省草酸用量的工艺 [J]. 稀土，1993 (1): 61-63.

[4] 李秀芬. 硫化钠从稀土矿淋出液中除重金属离子 [J]. 矿产综合利用，2000 (3): 46-47.

[5] 邱廷省，方夕辉，罗仙平，等. 磁处理强化草酸沉淀稀土浸出液过程的研究 [J]. 稀有金属，2004, 28 (4): 811-814.

[6] 邱廷省，罗仙平，方夕辉，等. 风化壳淋积型稀土矿磁场强化浸出工艺 [J]. 矿产综合利用，2002, 28 (4): 14-16.

[7] 方夕辉，尹艳芬，邱廷省. 磁处理对碳酸氢铵沉淀稀土母液体系的影响 [J]. 矿产综合利用，2004, 3: 7-10.

[8] 李永绣，胡平贵，何小彬. 碳酸稀土结晶沉淀方法 [P]. 中国专利：CN1141882, 1997-

2-5.

[9] 喻庆华，李先柏. 晶型碳酸稀土的形成及其影响因素 [J]. 中国稀土学报，1993，11（2）：171-173.

[10] 李永绣，黎敏，何小彬，等. 碳酸稀土的沉淀与结晶过程研究 [J]. 中国有色金属学报，1999，9（1）：165-170.

[11] 徐光宪，袁承业. 稀土的溶剂萃取 [M]. 北京：科学出版社，1987.

[12] 侯利生. P_{204} 和 P_{507} 在稀土分离中的应用 [J]. 包钢科技，2005，31：26-29.

[13] Morais C. A., Ciminelli V. S. T. A study on recovery of europium by photochemical reduction [J]. Sep. Sci. Technol., 2002, 37（14）：3305-3321.

[14] 李亮. FCC 废催化剂细粉合成超细 Y 型分子筛 [D]. 北京：中国石油大学，2011.

[15] 李荻，藤秋霞，张海涛，等. 镧和铈在 Y 型分子筛方钠石笼中的定位差异以及对 FCC 催化剂反应性能的影响 [J]. 石油化工与催化，2013，21（2）：51-54.

[16] 傅丽. 废旧稀土荧光灯中稀土金属分离实验的研究 [D]. 北京：首都经济贸易大学，2008.

[17] 潜美丽. 铝对 P_{507} 体系萃取稀土元素的影响 [D]. 沈阳：东北大学，2010.

[18] 杨华. 稀土萃取分离中的配位化合物 [J]. 稀土，1995，24（6）：74-80.

[19] 李剑虹，常宏涛，吴文远，等. 酸度对 P_{204}-HCl-H3AOH 体系萃取 La（Ⅲ）的机理影响 [J]. 辽宁石油大学学报，2010，30（1）：15-18.

[20] 常宏涛，吴文远，王丹，等. P_{204}-HCl-H_3Cit 体系中镧铈分配比及分离系数研究 [J]. 稀有金属与硬质合金，2008，36（2）：1-5.

[21] 张玉良，赵军. 用 P_{507}-煤油-HCl 体系从 YCl_3 溶液中萃取分离 La^{3+} 和 Ca^{2+} [J]. 湿法冶金，2003，22（3）：138-141.

[22] 李建宁，黄小卫，朱兆武，等. P_{204}-P_{507}-H_2SO_4 体系萃取稀土元素的研究 [J]. 中国稀土学报，2007，25（1）：55-59.

[23] 曾平，等. P_{204} 萃取剂皂化过程中的物理化学性质及相区变化 [J]. 高等学校化学学报，1995，16（12）：1945-1947.

[24] 常宏涛，吴文远，王丹. P_{204}-HCl-H3cit 体系分离镨钕的研究 [J]. 稀有金属，2008，32（2）：234-239.

[25] 付子忠，郑剑平，赵瑞卿. 用草酸溶液从负载稀土的 P_{204} 中直接反萃取沉淀稀土 [J]. 湿法冶金，2000，19（4）：6-11.

[26] 周富荣，张琦，巴丽平. 皂化 P_{204} 微乳液膜处理含锌废水的研究 [J]. 水处理技术，2007，33（6）：63-66.

[27] 陈守德，江恒忠，潘宜刚. P_{507} 萃取法 La/Ce、Ca/La 分离工艺改进研究 [J]. 广东化工，2009，36（12）：53-54.

[28] 鲍卫民，张建伟. 用草酸从 P_{507} 载带物中反萃沉淀稀土的研究 [J]. 稀有金属，1996，20（3）：207-210.

[29] 张忠. 一种酸性萃取剂萃取分离稀土元素的方法 [P]. 中国专利：CN102828026A，2012-12-19.

8 稀土回收的三废处理技术

8.1 概述

稀土是不可再生的重要自然资源，在经济社会发展中的用途日益广泛。中国的稀土资源较为丰富，其稀土储量约占世界总储量的23%。20世纪70年代末实行改革开放以来，中国稀土工业迅速发展。稀土开采、冶炼和应用技术研发取得较大进步，产业规模不断扩大，基本满足了国民经济和社会发展的需要，而且为全球稀土供应作出了重要贡献。经过多年努力，中国已成为世界上最大的稀土生产、应用和出口国。当前，中国的稀土资源承担了世界90%以上的市场供应。中国生产的稀土永磁材料、发光材料、储氢材料、抛光材料等均占世界产量的70%以上。中国的稀土材料、器件以及节能灯、微特电机、镍氢电池等终端产品，满足了世界各国特别是发达国家高技术产业发展的需求。

稀土开发在造福人类的同时，与之相伴的资源和环境问题不断凸显，中国也为此付出了巨大代价。主要表现在[1]：

（1）稀土资源过度开发。经过半个多世纪的超强度开采，中国稀土资源保有储量及保障年限不断下降，主要矿区资源加速衰竭，原有矿山资源大多枯竭。包头稀土矿主要矿区资源仅剩三分之一，南方离子型稀土矿储采比已由20年前的50降至目前的15。南方离子型稀土大多位于偏远山区，山高林密，矿区分散，矿点众多，监管成本高、难度大，非法开采使资源遭到了严重破坏。采富弃贫、采易弃难现象严重，资源回收率较低，南方离子型稀土资源开采回收率不到50%，包头稀土矿采选利用率仅10%。

（2）生态环境破坏严重。稀土开采、选冶、分离存在的落后生产工艺和技术，严重破坏地表植被，造成水土流失和土壤污染、酸化，使得农作物减产甚至绝收。离子型中重稀土矿过去采用落后的堆浸、池浸工艺，每生产1t稀土氧化物产生约2000t尾砂，目前虽已采用较为先进的原地浸矿工艺，但仍不可避免地产生大量的氨氮、重金属等污染物，破坏植被，严重污染地表水、地下水和农田。轻稀土矿多为多金属共伴生矿，在冶炼、分离过程中会产生大量有毒有害气体、高浓度氨氮废水、放射性废渣等污染物。一些地方因为稀土的过度开采，还造成山体滑坡、河道堵塞、突发性环境污染事件，甚至造成重大事故灾难，给公众的生命健康和生态环境带来重大损失。而生态环境的恢复与治理，也成为一些稀土产区的沉重负担。

在稀土开发利用中，资源的合理利用和环境的有效保护是世界面临的共同挑战。近年来，针对稀土行业发展中存在的突出问题，中国在稀土的开采、生产、出口等环节综合采取措施，进一步加大了对稀土行业的监管力度和资源与环境保护的力度，努力促进稀土行业持续健康发展。2011年5月，我国国务院正式颁布了《国务院关于促进稀土行业持续健康发展的若干意见》，把保护资源和环境、实现可持续发展摆在更加重要的位置，依法加强对稀土开采、生产、流通、进出口等环节的管理，研究制定和修改完善加强稀土行业管理的相关法律法规。中国政府设立稀有金属部际协调机制，统筹研究国家稀土发展战略、规划、计划和政策等重大问题；设立稀土办公室，协调提出稀土开采、生产、储备、进出口计划等，国务院有关部门按职能分工，做好相应管理工作。2012年4月，批准成立中国稀土行业协会，发挥协会在行业自律、规范行业秩序、积极开展国际合作交流等方面的重要作用。目前，行业发展秩序有了明显改善。

稀土生产过程中所产生的环境问题主要为稀土"三废"。稀土生产过程中除生产出各种形式的稀土产品外，还会伴随产生一定数量的废气、废水和废渣，即"三废"。"三废"的存在严重污染周边生态环境，危及公众的身体健康。稀土"三废"来源广泛、繁杂。一是稀土原矿和稀土精矿中含有天然放射性钍、铀、镭、氟，在生产中有部分转入"三废"中；二是生产中使用了大量的酸、碱试剂，如：H_2SO_4、HCl、$H_2C_2O_4$ 和 HNO_3 等，有相当一部分转入"三废"中，这样就导致了有害"三废"的产生[2]。

稀土生产中产出的废气主要有含尘气体和含毒气体。稀土粉尘中的游离二氧化硅及粉尘中的稀土组分对人体尘肺的发生及生物学作用有重要影响。稀土氧化物难溶，作用于呼吸系统，主要沉积在肺内，引起肺的纤维性病变。稀土氯化物、硝酸盐类可在人体内溶解、吸收、沉积，对肝、脾网状内皮系统产生影响。含尘气体有时还会有放射性元素铀、钍的粉尘，长期在这样的粉尘环境中会导致各种尘肺病或放射性疾病；含毒气体的主要有害物质有 HF、SiF_4、SO_2、Cl_2，各种酸、碱熔液的气溶胶（雾），有机萃取剂及其溶剂的挥发物等，这些成分中多数的水溶性较大的气体，对眼球结膜、呼吸系统黏膜有较大的刺激作用，高浓度吸入或长期低浓度吸入时会引起喉痉挛、气管炎、肺炎、肺水肿、神经衰弱综合征及消化道症状等疾病。

废水的有害成分主要是悬浮物、酸、碱、氟化物、放射性元素（铀、钍、镭）、各种无机盐和有机溶剂等，若直接排放这样的废水，除放射性污染外，还会造成土壤酸碱失衡、贫化甚至盐碱化，导致水质恶化甚至水生物绝迹。例如氟化物污染后的土地，氟会通过牧草或农作物进入牧畜及人体内，长期蓄积会导致骨质疏松、骨质硬化。

废渣主要是选矿产生的尾矿、火法冶炼产生的熔炼渣、精矿分解后的不溶渣、湿法冶炼的沉淀渣、除尘系统积尘、废水处理后的沉淀渣等。这些废渣中常常含有放射性元素，对环境和人类健康有极大的危害。

可见，稀土生产中产生的"三废"中往往都含有对生物及其生存环境有危害的物质，甚至包括放射性废弃物。为了防止这类废弃物对环境的污染，保护人们赖以生存的自然环境，保持生态平衡，生产过程中产生的"三废"必须经过处理，使其达到规定的卫生标准后才能排放到自然界中。

稀土行业的持续健康发展，关系到稀土这一重要自然资源的永续利用，更关系到人类赖以生存的地球家园的和谐美好。针对稀土行业所带来的环境问题，必须妥善处理。对稀土"三废"的治理，要针对其来源、组成成分和排放要求进行具体的设计。本章将主要对稀土生产中"三废"的产生过程、组成、常规处理方法进行叙述，对放射性防护知识作一般性介绍。

8.2　废气的治理技术与应用

8.2.1　废气的来源与特点

因原辅材料不同，所采用稀土生产工艺也不尽一致，但在其生产流程的许多工序都会产生废气。稀土生产中产生的有害废气可归纳为三类[3]：一是含尘气体，如碎矿、精矿干燥、焙烧及成品干燥等工序中产生的含固体颗粒或灰尘的气体；二是放射性气体，主要来自于空气中含铀、钍的粉尘以及氡及其离子体的气溶胶；三是含毒气体，稀土生产中还会产生含有液体颗粒（雾）和杂质气体的有毒气体，如稀土硅铁合金火法冶炼废气、氟碳铈镧矿浓硫酸焙烧法产生的含氟废气、稀土氯化物熔盐电解产生的含氯废气等。这些废气的共同特点是产生量大、危害性大。

（1）硫酸焙烧法处理氟碳铈镧矿所产生的工业废气中含有害物质较多，主要有氟化氢、三氧化硫、二氧化硫、氟化硅和硫酸雾等。其产生过程如下：

$$2REFCO_3 + 3H_2SO_4 \xrightarrow{} RE_2(SO_4)_3 + 2HF\uparrow + 2CO_2\uparrow + 2H_2O \tag{8-1}$$

$$CaF_2 + H_2SO_4 \xrightarrow{} CaSO_4 + 2HF\uparrow \tag{8-2}$$

$$H_2SO_4 \xrightarrow{} H_2O\uparrow + SO_3\uparrow \tag{8-3}$$

$$2SO_3 \xrightarrow{} 2SO_2\uparrow + O_2\uparrow \tag{8-4}$$

$$4HF + SiO_2 \xrightarrow{} SiF_4\uparrow + 2H_2O\uparrow \tag{8-5}$$

浓硫酸分解稀土精矿的化学反应是比较复杂的，在低温段（窑尾）的反应更为剧烈。因此，有部分挥发后的硫酸雾也随尾气排出。此外，在焙烧窑的尾气中还有二氧化碳和少量固体颗粒（烟尘）。

（2）稀土氯化物熔盐电解产生的含氯废气主要是阳极产生的氯气。其反应过程为：

$$2Cl^- - 2e^- \Longrightarrow Cl_2 \uparrow \tag{8-6}$$

在结晶氯化稀土电解时或氯化稀土脱水不完全电解时，还会产生氯化氢气体：

$$2RECl_3 + 3H_2O \Longrightarrow RE_2O_3 + 6HCl \uparrow \tag{8-7}$$

$$RECl_3 + H_2O \Longrightarrow REOCl + 2HCl \uparrow \tag{8-8}$$

（3）用电弧炉生产稀土硅铁合金过程中会产生大量烟气，烟气由二氧化碳、一氧化碳、氟化硅、低价硅氧化物、二氧化硫等组成。这些成分主要来源于碳素炉衬和石墨电极参与反应、氟化钙与二氧化硅作用、硫酸盐的分解等。

$$(MeO) + C \Longrightarrow [Me] + CO \uparrow \tag{8-9}$$

$$2(CaF_2) + 2(SiO_2) \Longrightarrow (2CaO \cdot SiO_2) + SiF_4 \uparrow \tag{8-10}$$

$$(SiO_2) + [Si] \Longrightarrow 2SiO \uparrow \tag{8-11}$$

$$MeSO_4 \Longrightarrow MeO + SO_3 \uparrow \tag{8-12}$$

此外，烟气中还含有大量的固体尘粒，也是硅铁合金生产废气中的重要有害物。

（4）除上述工序产生有毒废气外，由于在湿法冶炼中所使用的化工材料也比较多，如盐酸、氟氢酸、氢氧化钠、硝酸、氨等。它们与物料发生反应时，易挥发或排出氯化氢、氟化氢气体及硝酸雾、氨气等。这些有害气体不但对生产净化设备有极强的腐蚀作用，而且对人体和动植物等危害较大，对环境的影响也非常突出。

稀土生产中产生的主要废气组成见表 8-1，可见，稀土生产工艺决定了它所排出的废气中是固态、液态和气态物质混合的烟气。这些有害废气产生量大、危害性大，排入大气中，不但污染环境，而且对人的身体也有危害。因此，对这些废气必须进行净化处理，降低废气的危害。

表 8-1 稀土生产中排出的主要废气状况[4]

废气名称	废气含有害物质状况				来　源
	尘/$g \cdot m^{-3}$	氟/$g \cdot m^{-3}$	氯/$g \cdot m^{-3}$	氯化氢/$kg \cdot h^{-1}$	
含尘废气	2.10	1.50			稀土硅铁合金的生产
含氟废气	微量	14.00			酸法处理混合型稀土矿
含氟、氯废气		6.45	17.36		氯化法处理混合型稀土矿
含氯废气			0.20		电解法生产稀土金属
含氯化氢废气				6.00	酸法处理离子型稀土矿

8.2.2 废气的治理技术

目前废气中有害气体的净化方法主要有吸收法、吸附法、催化氧化或催化还原法、燃烧法及冷凝法等。稀土生产中废气的主要有害成分是氟、氯，其次是二氧化硫等，对这些有害成分的分离净化常用吸收法和吸附法。吸收法是用适当的液体吸收剂处理气体混合物，吸收其中的氟、氯和二氧化硫等有害气体污染物。吸附法是使有害气体与多孔性物质（吸附剂）接触，使污染物质（吸附质）被吸附在吸附剂固体表面，以达到分离有害气体的目的。常用的吸收剂有水、NaOH、Na_2CO_3、$CaCO_3$和氨水等，常用的吸附剂为固体氧化钙（CaO）。上述两种方法已有工业实践，且获得较好的净化效果。

8.2.2.1 含氟废气的净化

废气中，氟多以 HF 和 SiF_4 形式存在。在浓硫酸焙烧法处理氟碳铈镧矿时，按照完全分解后生成的 HF 理论量计算，分解 1t 精矿，可产生 50~150kg 的氟化氢，在烟气中的浓度可达 $14g/m^3$，氟含量超标 47 倍，此外还产生少量 SO_2（H_2SO_4焙烧时分解而成）。该含氟废气必须经过净化处理合格后才可排放。

根据 HF 和 SiF_4 的特点，常用的治理方法有干法和湿法两大类[5]。干法直接用固体吸附剂吸附氟化物。各种氟化物、氧化物、氢氧化物、碳酸盐、氯化物、硫化物和其他金属无机物均可作吸附剂。常用的干法吸附剂有氧化铝、石灰石、氟化钠等。湿法用液体吸收液吸收氟化物。常用的吸收液有水和碱性溶液，碱性溶液的吸收效果比水好，常用的碱性吸收液为 Na_2CO_3 和氨水。常用的湿法吸收设备有湍球塔、文丘里、喷射塔、喷淋塔、栅条吸收塔。按吸收液的不同，湿法又可分为以下几种。

A　水洗法

水洗法是处理含氟废气的常用方法。在喷淋塔中用低温工业水洗涤含 HF、SiF_4 和 SO_2 的废气，化学反应式为：

$$HF(g)+H_2O(l) =\!=\!= HF(l)+H_2O \tag{8-13}$$

$$3SiF_4+2H_2O =\!=\!= 2H_2SiF_6+SiO_2 \tag{8-14}$$

$$SO_2+H_2O =\!=\!= H_2SO_3 \tag{8-15}$$

$$2H_2SO_3+O_2 =\!=\!= 2H_2SO_4 \tag{8-16}$$

净化流程如图 8-1 所示。

经喷淋吸收后，净化率可达 97%~98%，废气中氟含量和二氧化硫均可达到排放标准。此法比较简单，但其水洗后的吸收液（混酸）具有很强的腐蚀作用。洗水量过小，吸收效率不高；洗水量过大，又不利于对吸收液的再处理。

处理过程中的混酸（氢氟酸和硫酸）可以用来制取氟化稀土、冰晶石和硅

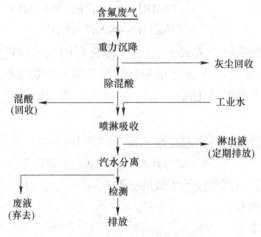

图 8-1 含氟废气的净化流程图[4]

氟酸钠。

B 氨水吸收法

用氨水作吸收液洗涤含氟气体，其化学反应如下：

$$HF+NH_3 \cdot H_2O == NH_4F+H_2O \tag{8-17}$$

$$3SiF_4+4NH_3 \cdot H_2O == 2(NH_4)_2SiF_6+SiO_2+2H_2O \tag{8-18}$$

用此法净化含氟废气可制得氟化铵和硅氟酸铵，其吸收效率较高，可达95%以上，同时吸收后溶液量较小。但是，在高温吸收时氨的损失量较大，所以在氨水吸收前对含氟废气进行强制冷却是十分重要的条件。

C 碱液中和法

用氢氧化钾和石灰水等碱性溶液吸收含氟气体，生成氟硅酸钾（K_2SiF_6）和氧化钙（CaF_2）、氟硅酸钙（$CaSiF_6$）等，均可消除氟的危害。此法还可从废气中清除二氧化硫、氯化氢、氯气、硫化氢等有毒物质。常用的碱液有氢氧化钠、碳酸钠、氢氧化钙、氨水等。

8.2.2.2 含氯废气的净化

含氯气及氯化氢的废气总称含氯废气。对含氯废气的净化处理方法较多，有水吸收法、碱中和法、氨中和法、石灰乳洗涤法等。

A 碱中和法

碱中和法较为简单，使用也较为普遍。此法以碳酸钠溶液或稀烧碱熔液做吸收液，选用冲击式吸收法，使气液两相逆流接触，对废气中的氟、氯均有较佳的吸收效果。氟、氯与烧碱发生如下化学反应：

$$HCl+NaOH == NaCl+H_2O \tag{8-19}$$

$$Cl_2+2NaOH=\!=\!=NaClO+NaCl+H_2O \qquad (8-20)$$

$$HF+NaOH=\!=\!=NaF+H_2O \qquad (8-21)$$

此法对氟、氯的吸收率达 95%~99%，净化后的废气中氟、氯的含量远远低于排放标准。吸收后的氯化钠水溶液进行蒸馏，即可制取工业用结晶氯化钠。氨中和法与此类似，可制取氯化铵。

B　水吸收法

用水洗涤吸收氯气，可制取盐酸。其反应式为：

$$Cl_2+H_2O=\!=\!=2HCl+1/2O_2\uparrow \qquad (8-22)$$

此法虽较简单，但其反应后生成的盐酸有很强的腐蚀性，因此对吸收设备的防腐蚀性能有较高要求。

C　石灰乳洗涤法

用石灰乳洗涤含氯气体，其化学反应如下：

$$Cl_2+Ca(OH)_2=\!=\!=Ca(ClO)_2+H_2\uparrow \qquad (8-23)$$

$$Cl_2+Ca(OH)_2=\!=\!=CaCl_2+H_2O+1/2O_2\uparrow \qquad (8-24)$$

吸收后生成的含次氯酸钙和氯化钙的废水，用 85% 以上的氯化钾和酸钾处理，可生成质量分数在 99% 以上的氯酸钾和 60% 以上的氯化钙。此法净化效率较高，一般达 95%~98%。

8.2.2.3　其他有害成分的净化

在稀土生产中产生的废气除含有以上有害成分外，还有二氧化硫以及由重油、煤、天然气等燃料燃烧产生的少量氮氧化物等。对二氧化硫的方法可分为干法和湿法两大类。湿法常用水、氨水、氢氧化钠（钾）或碳酸钠（钾）溶液为吸收剂；干法采用固体粉末或颗粒（如锰粉）为吸收剂。废气中的氮氧化物主要是一氧化氮和二氧化氮，废气中氮氧化物的利用和吸收方法较多，主要有碱吸收法、氨吸收法、催化还原法、硫酸吸收法等。

8.2.3　含尘废气的治理

废气的处理方法是根据废气中所含物质的性质来确定的。对于颗粒物，可采用旋风除尘器、布袋收尘器和静电收尘器等分离设备，借助于不同的外力对颗粒的作用，使其到由大到小逐级分离。依据含尘废气的性质不同，可采用干式和湿式两种防尘方法。干式除尘法是使废气中的粉尘受重力、惰性和过滤等作用与空气分离的除尘方法，主要有机械除尘、过滤除尘和静电除尘等。湿式除尘法是使废气中的粉尘通过浸油的或向填料上洒水的滤尘器除尘方法，主要有洗涤除尘。要根据废气中粉尘含量及粉尘的密度、粒度、带电性等性质合理选择除尘方法，才能获得理想的除尘效果。

8.2.3.1　机械除尘

机械除尘是利用重力、惯性力和离心力等机械力将尘粒从气流中分离出来的方法，它适用含尘浓度较高、粉尘粒度较大（粒径 $5～10\mu m$ 以上）的气体，一般用于含尘烟气的预净化。这类除尘方法所使用的设备具有结构简单、气流阻力小、基建投资、维修费用和运转费用都比较低的优点；缺点是设备较为庞大，除尘效率不高。

按照对除尘起主要作用的机械力分类，常用的机械除尘设备有以下两类：

（1）重力除尘器也称为粉尘沉降室。它是利用重力和惯性力的作用进行除尘的设备，适用于粉尘粒度在 $40\mu m$ 以上或密度较大的粉尘颗粒。含尘气体通过一个体积较大带有隔板的空室，使气流速度在 $0.5m/s$ 以下，粉尘在重力与隔板撞击力的共同作用下，沉降在重力除尘器的底部而从烟气中分离出来。此设备的除尘效率为 $40\%～60\%$。

（2）旋风除尘器是利用离心力的作用进行分离净化的除尘设备，适合于粒度大于 $20\mu m$ 的烟尘。含尘气流从除尘器圆柱体的上部侧面沿切线方向进入除尘器，在圆柱与中央排气管之间的空间做旋转运动沿螺线下降，使尘粒受离心力作用而被甩到器壁后失去速度，与烟气分离并滑入灰斗。旋风除尘器的除尘效率一般为 $70\%～80\%$，特点是结构简单、体积小、效果稳定。

8.2.3.2　过滤除尘

过滤除尘是使含尘气体气流穿过滤料，把粉尘阻留下来而与烟气分离的方法。适用于处理含尘浓度较低，粉尘粒度 $0.1～0.2\mu m$ 的气体除尘，除尘效率可达 $95\%～99\%$。此法常用与旋风除尘器配合使用。最常用的是袋式除尘器。滤袋的材料一般采用天然纤维、合成纤维、玻璃纤维或致密的细度、绒布、羊毛毡等。由于要求过滤材料有良好的力学强度、耐热性和耐腐蚀性，使其应用的广泛性受到一定程度的制约。

8.2.3.3　静电除尘

静电除尘是利用高压电场对粉尘的作用，使气体流中的粉尘带电而被吸附在集尘极上，之后在粉尘自身重力或振动作用下从电极落下，从而达到除尘目的的方法。适用于除去粒度 $0.05～20\mu m$ 的细小粉尘，多用于含金属灰尘的回收，除尘率 $95\%～99.5\%$。静电除尘器具有气流阻力小、处理能力大的优点，缺点是设备较大、维修费用高，不宜处理在电场中易燃易爆的含尘气体。

8.2.3.4　洗涤除尘

洗涤除尘是利用液体对气体中的尘粒进行捕集，使粉尘与气体分离的方法。适用于各种含尘废气的处理，除尘效率一般为 $70\%～90\%$，高效率的洗涤除尘器收尘率可达95%~99%。洗涤除尘装置由于气流阻力大，用水量大，功率消耗大，因而运转费用较高。同时，洗涤液必须经过处理后才能排放，因此还需要附设废水处理设施。洗涤除尘设备种类较多，应用较广的有离心式洗涤器、文丘里洗涤器等。

除上述除尘方式外，还有砂滤除尘、炭吸附、泡沫黏附等除尘方法。在实际应用中，单一的除尘方式往往不能去除废气中的所有粉尘，多数情况是几种除尘方式串联使用，甚至在除尘的同时可以去除一些有害成分，并以达到排放标准要求的指标。例如在矿热炉内生产稀土硅铁合金时，产生的含尘废气经过重力、旋风除尘后，用砂滤除尘，并用CaO作吸收剂，除尘率可达到99%，同时可除去99%以上的氟和92%以上的SO_2。

通常，稀土生产中的废气在干法除尘（重力、旋风、电除尘等）时，废气也同时被冷却，部分高温下挥发的成分（如硫酸）也被除去或回收。之后根据有害成分组成，采用水、碱液等液体多级喷淋，既可除掉细微粉尘，废气中的有害成分（如氟、氯等）也相应被除去。图8-2即为稀土生产中废气处理的原则流程图，根据废气组成的不同，在满足排放标准的前提下，可以删减或合并个别工序，尽可能利用少的工序去除更多的有害成分，既节约占地和设备投入，又降低了废气净化成本。

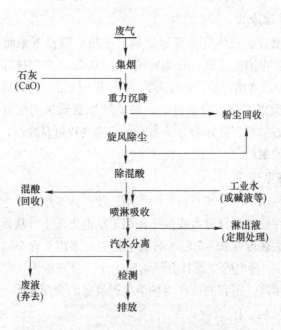

图8-2　稀土生产中废气处理的原则流程图[4]

8.3 废水的治理技术与应用

8.3.1 废水的来源与特点

稀土生产过程中产生的大量废水，成分复杂，含有大量污染物质，不易治理，对周边环境环境造成极大的污染。稀土生产排出的有害废水可归纳为三类[5,6]：一是含氟有害废水。在处理各种稀土精矿中，如用酸法、烧碱法和氧化法等，生产过程中均产生含氟废水，氟含量为 0.4~2.8g/L，超标不能排放。二是含钍、铀等的放射性废水。由于稀土生产所用的原料中伴生有钍、铀和镭等放射性元素，在生产中它们有部分转移到废水中而形成放射性废水。三是酸碱性废水。在稀土精矿进行分解及分离提纯过程中都大量的使用了酸、碱和盐类等，因而造成了它们有部分引入废水中而产生酸碱性废水。稀土生产中排出的废水情况见表 8-2。

表 8-2 稀土生产中排出的废水情况[4]

名　称	含有害物质状况				来　源
	酸度（pH）	$U/mg \cdot L^{-1}$	$Th/mg \cdot L^{-1}$	$Ra/mg \cdot L^{-1}$	$F/g \cdot L^{-1}$	
含放射性废水	3~4	1.4~1.6	4.7~7.3	$7.5~10^{-8}$		独居石精矿碱法处理
含氟酸性废水	0.41				1.2~2.8	混合型稀土矿酸法处理
含氟碱性废水	10				0.4~0.5	混合型稀土矿碱法处理
含酸性废水	1~2					离子型稀土矿酸法处理

根据《稀土工业污染物排放标准》（GB 26451—2011），与稀土生产中有害废水排放限值为：

（1）工业废水最高允许排放浓度，pH=6~9，悬浮物 70mg/L，化学耗氧量（COD）80mg/L，氟的无机化合物（按氟计）10mg/L。

（2）放射性物质在露天水源中的限制浓度，钍、铀总量 0.1mg/L。

可见，按照国家标准要求，稀土生产排出的主要废水中所含有害物质均超过了国家标准要求，必须经过处理达标后才可排放，以保护环境和人们的身体健康。目前国内外对于有害废水的治理方法有混凝沉淀法、中和沉淀法、中和法、离子交换法、吸附法和萃取法等。稀土生产中常用中和沉淀法、中和法和吸附法3 种，治理方法简单，处理效果好，单位成本低。根据稀土生产中排出废水组成的不同，其处理方法也各有差异，含氟废水用中和沉淀法进行治理，常用的沉淀剂为熟石灰溶液（并作为中和剂）；含放射性废水用中和法和吸附法相结合进行治理，常用的沉淀剂为熟石灰溶液及锰矿物吸附剂；含酸性废水常用废碱液或熟石灰液进行酸碱中和治理，pH 值达到 6~9 时才可排放。

稀土废水处理时应遵循以下原则：

（1）选择的处理方法，其工艺技术稳定可靠，先进合理，处理效果好，作业方便，技术指标高。

（2）选用的各种设备简单合理，制造容易，维修方便。

（3）最终排放的废水要确保达到国家排放标准的要求。

（4）建设投资费用少，处理废水的成本低。

8.3.2　含氟废水的治理

8.3.2.1　含氟酸性废水的治理[7]

用硫酸焙烧法处理包头稀土精矿时，产出大量含氟废水，其含氟量 1.2~2.8g/L，含酸性为 0.41N [H^+]。含氟超标 120~280 倍，酸性严重超标，必须经过治理才可排放。目前治理含氟废水的方法主要有沉淀法和吸附法，其他还有电解凝聚法、电渗析法、反渗透法等，但由于价格昂贵，且处理浓度较低，尚没有被广泛采用。沉淀法以钙盐沉淀法为主，吸附法目前研究较多的是 $Al(OH)_3$[8] 和粉煤灰法[9~12]，但也仅用于低浓度含氟废水的处理。

A　石灰中和沉淀法

含氟酸性废水中主要含有 F^-、SO_4^{2-}、Ca^{2+} 等，因此可以采用碱性物质进行中和，常用的沉淀剂为熟石灰溶液。石灰价格便宜，处理工艺简单，效果较好，成本低廉，因此工业上采用最多的就是石灰中和沉淀法。该方法的主要反应为：

$$Ca(OH)_2+H_2SO_4 =\!=\!= CaSO_4 \downarrow +2H_2O \tag{8-25}$$

$$Ca(OH)_2+2HF =\!=\!= CaF_2 \downarrow +2H_2O \tag{8-26}$$

$$2Ca(OH)_2+2H_2SO_3+O_2 =\!=\!= 2CaSO_4 \downarrow +4H_2O \tag{8-27}$$

该方法的处理流程如图 8-3 所示。

但此工艺处理过程中使用大量石灰，一般实际用量是理论用量的 2~5 倍，产生大量废渣，废液碱度升高，硬度加大，管道结垢，往往会造成二次污染，因此需要对废渣进行妥善处理。此工艺产出的 CaF_2 价值低，同时含有 $CaSO_4$ 等杂质，因此难以回收氟资源，且废水中的酸也未得到回收利用。但针对我国废水量大、产品价值低的特点，石灰中和法仍是目前各企业处理含氟废水最主要的方法。

B　其他方法

吸附法[13]是将含氟废水通过装有氟吸附剂的设备，使废水中的氟与吸附剂中的其他离子或基团交换而被留在吸附剂上得以去除，吸附剂再生后可恢复交换能力。常用的吸附剂有海泡石、活性氧化铝及一些天然高分子材料。

粉煤灰法是利用粉煤灰中含有的大量活性成分和大的比表面积，吸附含氟废水中的氟。控制吸附时间、溶液 pH 值、吸附剂用量等因素，可以取得较好的除氟效果。

电渗析法[14]是在外加直流电场作用下，利用离子交换膜的选择透过性，使水中阴离子、阳离子作定向迁移。该法利用选择性透过膜去除氟离子。

8.3.2.2 含氟碱性废水的治理

含氟碱性废水是在碱法生产过程中产生的，主要含 NaOH，污染物为碱和氟，F^-

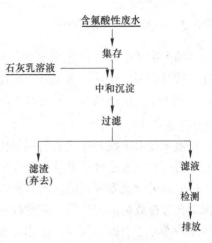

图 8-3 含氟酸性废水处理流程[4]

浓度大于 250mg/L，NaOH 浓度在 10000mg/L 以上。向废水中加入石灰乳溶液，使氟呈氟化钙沉淀析出，使氟含量降至 15~20mg/L，然后再加入偏磷酸钠和铝盐作为沉淀剂，可使氟进一步生成氟铝磷酸盐析出，其化学反应原理为：

$$Ca(OH)_2 + 2NaF = CaF_2 \downarrow + 2NaOH \tag{8-28}$$

$$NaPO_3 + Al^{3+} + 3F^- = NaPO_3 \cdot AlF_3 \downarrow \tag{8-29}$$

该方法的处理流程如图 8-4 所示。

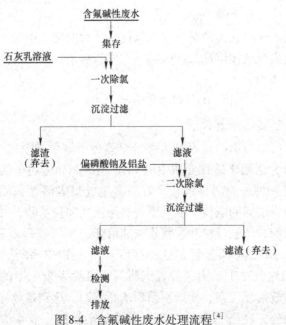

图 8-4 含氟碱性废水处理流程[4]

8.3.3 放射性废水的治理

稀土生产中放射性废水来源于独居石矿的碱法分解，主要含放射性元素为钍、铀及镭等。这种废水尽管组成比较复杂，放射性元素超过了国家标准，但仍属于低水平放射性废水。其处理方法可分为化学法和离子交换法两大类。

8.3.3.1 化学处理法

由于废水中放射性元素的氢氧化物、碳酸盐、磷酸盐等化合物大多是不溶性的，因此化学方法处理低放射性废水大多是采用沉淀法。化学处理的目的是使废水中的放射性元素移到沉淀的富集物中去，从而使大体积的废液放射性强度达到国家允许排放标准而排放。化学处理法的特点是费用低廉，对大部分放射性元素的去除率显著，设备简单，操作方便，因而在我国的核能和稀土工厂去除废水中放射性元素都采用化学沉淀法。

A 中和沉淀除铀和钍

向废水中加入烧碱熔液，调 pH 值在 7~9 之间，铀和钍则以氢氧化物形式沉淀，化学反应式为：

$$Th^{4+}+4NaOH === Th(OH)_4\downarrow+4Na^+ \tag{8-30}$$

$$UO_2^{2+}+2NaOH === UO_2(OH)_2\downarrow+2Na^+ \tag{8-31}$$

有时，中和沉淀也可以用氢氧化钙做中和剂，过程中也可加入铝盐（硫酸铝）、铁盐等形成胶体（絮凝物）吸附放射性元素的沉淀物。

B 硫酸盐共晶沉淀除镭

在有硫酸根离子存在的情况下，向除铀、钍后的废水中加入浓度 10% 的氯化钡溶液，使其生成硫酸钡沉淀，同时镭也生成硫酸镭，并与硫酸钡形成共沉淀而析出。化学反应式为：

$$Ba^{2+}+Ra^{2+}+2SO_4^{2-} === BaRa(SO_4)_2\downarrow \tag{8-32}$$

C 高分子絮凝剂除悬浮物

在稀土生产厂中所用的絮凝剂大部分是高分子聚丙烯酰胺（PHP）。按分子量的大小可以分为适用于碱性介质中的 PHP 絮凝剂和适用于酸性介质中的 PHP 絮凝剂。PHP 是一种表面活性剂，水解后会生成很多活性基团，能降低溶液中离子扩散层和吸附层间的电位，能吸附很多悬浮物和胶状物，并把它们紧密地连成一个絮状团聚物，使悬浮物和胶状物加速沉降。

放射性废水除去大部分铀、钍、镭后，加入 PHP 絮凝剂，经充分搅拌，PHP 絮凝剂均匀地分布于水中，静置沉降后，可除去废水中的悬浮物和胶状物以及残余的少量放射性元素，使废水呈现清亮状态，达到排放标准。

需要指出的是，高分子 PHP 絮凝剂处理放射性废水要求废水中不许夹带乳状有机相，否则会出现放射性沉渣上浮现象，影响放射性废水处理质量。

8.3.3.2 离子交换法

去除溶液中放射性元素所用的离子交换剂有离子交换树脂和无机离子交换剂。离子交换树指法仅适用于溶液中杂质离子浓度比较小的情况，当溶液中含有大量杂质离子时，不仅影响了离子交换树脂的使用周期，而且降低了离子交换树脂的饱和交换容量。一般认为常量竞争离子的浓度小于 $1.0 \sim 1.5 kg/L$ 的放射性废水适于使用离子交换树指法处理，而且在进行离子交换处理时往往需要首先除去常量竞争离子。为此可以使用二级离子交换柱，其中第一级主要用于除去常量竞争离子，而第二级主要除去放射性离子。因此，离子交换树脂法特别适用于处理经过化学沉淀后的放射性废水，以及含盐量少和浊度很小的放射性废水，能获得很高的净化效率。

8.3.4 酸碱性废水的治理

8.3.4.1 酸性废水的治理[15]

用盐酸分解离子型稀土精矿生产过程中，产生了大量的酸性废水和少量草酸根等。废水属弱酸性，性质简单，易于治理。治理酸性废水目前有两种成熟工艺，即直接中和法和回收硫酸及氟化盐。

A 直接中和法

利用廉价的碱性物质，如石灰或电石渣等将废水中的酸性物质中和，同时使废水中的有害物质生成沉淀物及盐类后去除，再进行深度除氟及水澄清处理，废水即可达标排放。

其化学反应原理为：

$$Ca(OH)_2 + 2HCl = CaCl_2 + 2H_2O \qquad (8-33)$$
$$Ca(OH)_2 + H_2C_2O_4 = CaC_2O_4 \downarrow + 2H_2O \qquad (8-34)$$

该方法的处理流程如图 8-5 所示。

中和处理后的废水呈清亮状态，酸度降至 pH=7~8，不含有害物质，符合排放标准。此方法工艺简单、流程短、投资少，适合中小型企业采用，已成为目前酸性废水的主要处理方法。但此方法消耗石灰的数量较大，水处理成本较高，所产生的大量废渣（石灰渣）还需进行妥善处置，否则会造成二次污染，并且废水中的酸没有得到回收利用浪费了资源。

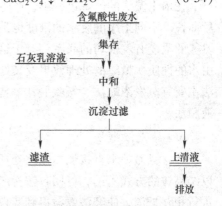

图 8-5 含氟酸性废水处理流程

B　回收硫酸及氟化盐

在稀土生产中通过对尾气的强化冷却、稀酸吸收等措施，将洗涤中的硫酸含量富集到可回收的浓度（40%左右），再通过蒸发浓缩分离氢氟酸，使液体中的硫酸体积分数提高到93%，分离出的氢氟酸通过"两反应、一合成工艺"制成冰晶石或生产其他氟化盐。

其化学反应原理为：

$$6HF+SiO_2 = H_2SiF_6+2H_2O \tag{8-35}$$

$$H_2SiF_6+Na_2SO_4 = Na_2SiF_6+H_2SO_4 \tag{8-36}$$

$$2HF+Na_2CO_3 = 2NaF+CO_2\uparrow+H_2O \tag{8-37}$$

$$3HF+Al(OH)_3 = AlF_3+3H_2O \tag{8-38}$$

$$3NaF+AlF_3 = Na_3AlF_6 \tag{8-39}$$

$$H_2SO_4(30\%) = H_2SO_4(93\%) \tag{8-40}$$

该方案无二次污染，并可节约大量的水（大部分可回用），大大地减轻了水处理负荷；另一方面，还能回收废水中的有用物质，创造一定的经济效益。

8.3.4.2　氨氮废水的治理[7]

稀土在湿法冶炼的过程中，会产生大量的氨氮废水，这是使水体富营养化的重要因素。稀土冶炼过程中产生的氨氮废水主要有两类：

（1）硫铵废水，主要来源于生产碳酸稀土及稀土分离氨皂化过程，主要污染物为硫酸铵，氨氮浓度约在8000mg/L，还含有大量的Ca^{2+}、Mg^{2+}、Cl^-等杂质，废水的成分较复杂，难以治理。

（2）氯铵废水，主要来源于稀土萃取的分离生产过程，主要污染物为氯化铵，氨氮的浓度达10000~15000mg/L，由于在生产过程中所用的水为纯净水，因此废水中其他杂质很少，易于治理。

在稀土湿法的冶炼过程中，产生的氨氮废水浓度差异很大，甚至对于同一工厂而言，不同工序的废水的浓度也是不相同的。而选择什么样的氨氮处理技术与氨氮的浓度有着密切的联系。对于给定的废水，氨氮的处理选用何种技术主要是由水的性质、最终的处理效果及其处理的经济性所决定。目前处理氨氮废水的方法主要有蒸发浓缩法、氨吹脱法、沸石吸附法、磷酸铵镁沉淀法、折点氯化法、液膜法等。

A　蒸发浓缩法

将含氨氮废水直接加热蒸发处理，水以蒸馏水或热水的方式循环使用，铵盐以结晶铵的方式析出，可回收铵盐产品。利用该法可使产品价格与消耗蒸汽成本进行相互抵消，使经济效益得到实现。目前，工业上主要采用此方法，但该方法只适用于处理铵盐含量高且杂质较少的废水。

B　氨吹脱法

氨吹脱法的基本原理是气液传质，通过调节水体的 pH 值，使废水中的铵根离子转化为游离氨，然后通过大量曝气，促使游离氨解吸进入大气，进而达到去除废水中氨氮的目的[16]。

氨吹脱法的反应可表示为：

$$NH_4^+ + OH^- \rightleftharpoons NH_3\uparrow + H_2O \tag{8-41}$$

氨吹脱法主要适用于高浓度氨氮废水，且对 pH 值、气液比、水温、吹脱时间等都有一定要求，且用氢氧化钙调节 pH 值容易结垢，吹脱出来的氨气易造成二次污染，需解决氨气回收问题。采用单一吹脱法难以彻底去除氨氮，一般需与其他方法结合，如折点加氯法、生化法等。

C　沸石吸附法

沸石吸附法是利用沸石的架状结构、多孔、吸附面积大、吸附能力强的特点，沸石离子与废水中游离铵离子或者氨进行交换，从而将废水中的氨氮去除。从废水中吸附去除氨氮，具有高效快速、操作简单、无二次污染、可重复利用等优点，应用前景广阔。该方法对于中低浓度氨氮废水较适用，即小于 40mg/L 的氨氮废水。高浓度氨氮废水用此法处理，沸石会频繁地再生，从而给操作带来很大困难。

D　磷酸铵镁沉淀法

磷酸铵镁（MAP）沉淀法是目前处理氨氮废水使用较多的化学沉淀法，主要通过向氨氮废水中添加 Mg^+ 和 PO_3^{4-}，使之与 NH^{4+} 生成 $MgNH_4PO_4$（MAP）沉淀，从而去除氨氮[17]。沉淀法既可回收磷资源，又可解决氨氮污染问题，但所用的磷酸盐沉淀剂成本较高，目前工业上还没有广泛应用。

E　折点氯化法

折点氯化法的反应机理可用方程式（8-42）来表示：

$$NH_3 \cdot H_2O + 1.5HClO \rightleftharpoons 0.5N_2\uparrow + 1.5HCl + 2.5H_2O \tag{8-42}$$

在氨氮废水中投入氯气或次氯酸钠，在某一点时，氨浓度会降之到最低点，此时，游离的氯含量也是最低的，该方法即折点氯化法。在此净化过程中，产生的是氮气，它的无毒无害的，这正好与清洁化生产的要求相符。在处理时，氯气的实际需求量由 pH 值、温度和氨氮的浓度所决定。通常情况下，将 1mg 的氨氮氧化大约需要加 $9\sim10mg$ 氯气。选择条件：pH=6~7，接触时间 0.5h。折点氯化法适用于处理低浓度氨氮废水，处理效果稳定，不受水温影响，效率高，其处理率能达到 90%~100%，但是是加氯量大，处理成本高。在稀土行业，对于碳沉工序氨氮的废水处理可用此法，而萃取工序中的氨氮废水中含有机物，它会同氯气反应生产氯代的有机化合物，给分离带来困难，使氨氮废水的处理费用增加。

F　液膜法

液膜吸收法是用疏水性微孔膜和化学吸收液处理并回收废水中的挥发性污染物。乳状液膜通常由溶剂、表面活性剂和流动载体组成。液膜法因其高效、选择性好、富集比高等优点在湿法冶金、废水处理等领域得到广泛应用[18]。乳状液膜分离技术在乳状液膜的稳定性、液膜的溶胀等方面仍存在一些问题，需要进一步研究解决。

G　其他方法

生化法是处理氨氮废水最广泛、最环保的方法，是利用微生物对氨氮进行降解，一般包括硝化与反硝化。该法具有处理简单、无污染、成本低、氮去除率高等优点，但菌种培养条件较苛刻，周期较长。生化法处理氨氮废水一般要求氨氮质量浓度不能高于 500mg/L，否则不利于系统运行。

尽管氨氮废水可以采用不同方法进行处理，但靠一种方法很难达到排放标准，而且造成大量的人力、物力及能源消耗，处理成本高。最好的办法还是从源头消除氨氮的污染问题。主要工艺有非皂化和钙皂化萃取分离工艺、碳酸钠沉淀工艺等。

我国稀土生产中产生的废水虽进行了不同程度的处理，并达到了一定的治理效果，但国内稀土生产中的废水治理技术还没有脱离传统的方法，如常用的中和法、中和沉淀法和吸附法等，治理过程较长，设备复杂，成本也较高，工业水复用率也较低。因此，应加快对各种废水治理方法的筛选和优化研究，一方面改革废水治理的落后技术，改善现有工艺，开发新工艺，实现以废治废，综合回收；另一方面从稀土生产工艺进行变革，使生产中的废水引起变化，即产出的废水性质简单，污染物少，易于治理，最大限度地减少废水排放量，降低废水治理成本，提高效益。

8.4　固体废物的治理技术与应用

8.4.1　固体废物的来源及特点

稀土生产中固体废物主要是选矿产生的尾矿渣、火法生产稀土合金产生的冶炼渣、湿法处理产生的不溶性残渣（如浸出渣、酸溶渣、优溶渣等）、除尘系统的积尘及废水处理的沉淀渣等。稀土冶炼厂每处理 1t 稀土精矿所产生各种残渣约 0.5t，有的甚至高达 2~4t。独居石矿、氟碳铈镧矿、混合稀土矿、磷钇矿等稀土矿物中，不同程度地伴生有天然放射性元素铀、钍和镭，在选冶生产过程中有一部分放射性元素不可避免地转移到尾矿渣及某些冶炼渣中。因此，稀土生产中产生的固体废物大多具有一定的放射性。表 8-3 列出了稀土生产厂排出的主要废渣状况。

表 8-3 稀土生产中排出的主要废渣状况[4]

废渣名称	废渣含放射性状况			废渣的来源
	$w(Th)/\%$	$w(U)/\%$	放射性比强度/Bq·kg^{-1}	
尾矿渣	0.065	0.0026	$2.1×10^3$	混合型稀土矿原矿的选矿
尾矿渣	0.024	0.0023	$1.2×10^4$	氟碳铈矿原矿的选矿
水浸渣	0.250	0.0003	$9×10^4$	混合型稀土精矿浓硫酸焙烧
合金渣	0.037	微量	$1.5×10^3$	稀土合金的火法生产
淋浸渣	极微量	极微量	$<n×10$	离子型稀土矿的淋浸处理
酸溶渣	0.420	微量	$1.4×10^5$	离子型稀土精矿的酸法处理
优溶渣	0.780	微量	$8.6×10^4$	混合型稀土精矿的碱法处理
酸溶渣	0.056	0.053	$4.8×10^6$	独居石精矿的碱法处理
镭钡渣	0.004	0.003	$2.41×10^7$	独居石精矿的碱法处理
污水渣	0.049	0.030	$1.79×10^7$	独居石精矿的碱法处理

由表 8-3 可知，稀土生产中产生的废渣多属于低放射性废物，但也有少量中放射性废物，都不能简单地排放，需要妥善处理。

在稀土选冶产生的固体废渣的特点是：各种废渣中都含有不等量的放射性元素钍、铀和镭，具有不同水平的放射性比强度；非放射性或低放射性废渣量大，放射性比强度低，堆存时需占较大的场地；中放射性废渣的渣量较少，且放射性比强度较高，所含放射性物质主要为长寿命核素；部分废渣中所含有价元素有回收利用价值，需要进行临时堆存，再进行综合利用回收。

8.4.2 固体废物的治理

为了保护生产人员的安全与卫生，避免生产环境和自然环境受到污染，对放射性废渣的处置必须符合国家规定的卫生标准。

按照《辐射防护规定》（GB 18871—2002），含天然放射性核素的尾矿砂和废矿石及有关固体废物，当放射性比强度为 $(2\sim7)×10^4$ Bq/kg 时，应建坝存放，弃去时应妥善管理，防止污染物再悬浮和扩散。比强度大于 $7×10^4$ Bq/kg 的废渣，应建库存放。

按照《低中水平放射性固体废物暂时贮存规定》（GB 11928—1989），放射性固体废物的运输必须使用有一定安全措施和符合放射性防护要求的专用车辆，并要执行国家放射性物质安全运输的规定。

对于放射性固体废弃物，因其放射性水平不同所采用的处理和处置方法也不相同。一般可分为贮存和固化法两类。固化法通常适用于处理放射性水平高、量小又无回收利用价值的废渣。对于稀土生产中产生的固体废弃物，因其量大且放射性水平低，多用贮存法处理。

稀土生产中排出的固体废物具有不同程度的放射性，因此，采用的处置方法也不相同。根据放射性水平的高低，一般对放射性固体废物的处置方法可分两种，即建坝堆放和建库存放。

8.4.2.1 建立渣坝（或渣场）堆放

由表 8-3 可知，稀土选矿中产出的尾矿渣、稀土冶炼中产生的合金渣、酸法处理混合型稀土精矿的水浸渣均含有一定量的钍、铀放射性元素，其放射性比强度也不高，属于非放射性废渣，但不能随意堆放，以防止造成二次扩散污染环境。在处理离子型稀土矿时产生的大量淋浸渣，属于非放射性废渣，但为了防止水土流失及破坏生态平衡，也不能随意堆放。根据国家标准的要求，对上述废渣应建立坝（或渣场）堆放。

渣坝应选择在容量较大，地质稳定的山谷中，尽可能建造在不透水的岩石地段或人工建筑不透水的衬底，与地下水要有足够的距离。渣坝要设有排洪设施和隔离设施。当渣坝被填满后，表面必须采取稳定措施，可用土壤、岩石、炉渣或植被等进行覆盖，以防废物受风雨的侵蚀而扩散，造成更大面积的环境污染。

采用渣坝堆放非放射性固体废物是目前应用较广的方法。

8.4.2.2 建立渣库贮存

在稀土生产中所产生的放射性比强度较高的废渣，如酸溶渣、优溶渣、镭钡渣和污水渣等，属于放射性废渣，有些废渣还有回收利用的价值。对这类废渣必须建库贮存，达到安全与卫生要求，保护环境。

固体废物的贮存，一般是指暂时性的存放或置于专用固体废物库中作长期贮存，这种贮存必须有专人管理，而且对于固体废物的建筑和地址选择有特殊的要求。

放射性渣库的选址，应远离居民集中区和生产厂区，尽可能建在偏僻的地方；渣库与地下水要有足够的距离，应建在主导风向的下风侧。库区必须设立明显标志，要有严格的管理制度，防护监测区应有一定的距离。若废渣含有可溶性的放射性元素和酸碱，渣库中与废渣接触部分要选用具有防腐和防渗漏的性能的材质，以保护渣库并防止渗漏而污染地下水。放射性废渣的运输，要使用具有一定防护条件的专用车辆，并设专用车库，冲洗车辆的污水要流入待处理的污水站妥善处理。渣库的选址、结构以及库内的设施等可以根据放射性废物的特征、种类、放射性水平的高低等设计，既要符合放射卫生防护和环境保护的要求，也要便于安全管理。

建造渣库贮存放射性固体废物是一种普遍采用的方法。通常这种贮存方法只适用于废物量较小的情况，当废渣量较大时，可选择符合建库水文地质要求的废矿井、天然洞穴等，经过整修后作为放射性渣库使用，但严禁在有溶洞的地区建立渣库。此外，用人工洞穴贮存、采用岩盐坑掩埋也是处置放射性废物的可行方法。

8.4.2.3 其他处理方法

前已述及，放射性固体废物因其自身的特点而多用贮存法处理。此外，还有固化法、焚烧法等处理方法。

A 固化法

固化法常用的有水泥固化、沥青固化、玻璃固化、陶瓷固化、塑料固化等，适用于低中水平放射性废物的固化处理。经过固化处理后，有利于放射性废物的运输、贮存，有利于环境保护。

水泥固化是将放射性废物掺进水泥中，制成混凝土块，有时可添加蛭石以吸附放射性核素，使之牢固地固结住。此法工艺简单，比较经济，便于搬运和贮存，但最终体积较大，遇水浸出率较高。

沥青固化是将放射性废物与溶化的沥青（熔化温度 170℃ 左右）均匀地混合，固体废物大约占总质量的 40%，凝固后，放射性废物包容在沥青中。制成的沥青固化产物，具有体积小、不透水性、耐腐蚀、耐辐射等优点，适用于处理高放射性的废物，但该法的工艺过程和设备较为复杂。该固化体的性能要求可参照标准 GB 14569.3—1995。

玻璃固化是将高水平放射性废物与玻璃原料如硼砂、磷酸盐、硅土等混合，并在 1000℃ 以上的高温熔化，经退火处理后，转化成含有大量裂变产物的稳定玻璃体。

B 高温焚化（熔化）处理

被放射性物质污染而不能再使用的可燃性废物，如工作服、手套、口罩、塑料和木制品等，以及某些可燃的放射性固体废物可采用焚烧法处理，可使其体积缩小 10~15 倍，甚至更高，有利于后续的固化处理和贮存。焚烧法对带放射性有机体的处理更为有利，可使高水平放射性废物形成稳定的金属氧化物，以便贮存和埋藏。

可燃性废物的焚化，需要建造专用的焚烧装置，焚烧产生的烟尘和放射性气体溶胶，需经废气处理系统处理，排放的气体要符合排放要求，以免造成环境污染。可燃性废物在无焚烧条件的情况下，可采用压缩处理的办法，使其体积缩小，便于运输和贮存。

受放射性污染的设备、器材、仪器等，可选用适当的洗涤剂、络合剂或其他溶液擦洗去除放射性污垢，以减少需要处理的废物的体积。必要时，对含金属制品的废物可在感应炉内熔化，使放射性物质固结在熔体之内，从而免除对环境的影响。

总之，对于稀土生产中所产生的低水平放射性废渣，目前尚无很好的处置方法。其原因是放射性元素含量太低，目前尚无回收价值；若采用高水平放射性废物的处置方法又得不偿失。

对稀土生产乃至其他工业中产生的放射性"三废"，首先应从改进工艺流程、控制"三废"的产生量入手，尽量把"三废"消灭在生产过程中；其次，加强放射性废物的管理，妥善处置或综合利用，尽力减少排放，也是防止放射性污染相当重要的一个环节。

参 考 文 献

[1] 中华人民共和国国务院新闻办公室. 中国的稀土状况与政策 [N]. 人民日报, 2012-06-21.

[2] 林河成. 我国稀土"三废"状况及其治理 [J]. 湿法冶金, 1997 (1)：60-64.

[3] 吴锦绣, 李梅, 胡艳宏, 等. 稀土冶金中"三废"治理方案的探讨 [J]. 稀土, 2008, 6：106-107.

[4] 徐光宪. 稀土（中册）（第2版）[M]. 北京：冶金工业出版社, 1995.

[5] 杜雯, 贺德祥. 稀土金属冶炼中的废气治理 [J]. 环境保护, 2002, 11：17-19.

[6] 林河成. 中国稀土生产中的废水治理 [J]. 上海有色金属, 2007, 2：76-79, 100.

[7] 彭志强, 房丹, 洪玲. 稀土冶炼废水治理研究进展 [J]. 湿法冶金, 2015, 2：96-99.

[8] 吴敦虎, 韩国美, 高磊. 氢氧化铝废渣处理含氟废水的研究 [J]. 城市环境与城市生态, 1999, 12 (2)：8-10.

[9] 张希祥, 王煤, 段德智. 氧化钙粉末处理高浓度含氟废水的实验研究 [J]. 四川大学学报（工程科学版）, 2001, 6：111-113.

[10] C. K. Geethamani, S. T. Ramesh, R. Gandhimathi, et al. Fluoride sorption by treated fly ash: kinetic and isotherm studies [J]. Journal of Material Cycles and Waste Management, 2013, 153：381-392.

[11] 牟淑杰. 正交实验研究改性粉煤灰吸附处理含氟废水 [J]. 粉煤灰综合利用, 2009, (2)：38-40.

[12] Roy S, Dass G. Fluoride contamination in drinking water-a review [J]. J Resour environ, 2013 (3)：53-58.

[13] 周钰明, 余春香. 吸附法处理含氟废水的研究进展 [J]. 离子交换与吸附, 2001, 5：369-376.

[14] 许延辉, 段丽萍. 稀土湿法冶金废水处理 [J]. 工业用水与废水, 2004, 2：13-15.

[15] 蔡英茂. 稀土生产废水治理方案综述 [J]. 甘肃环境研究与监测, 2001, 2：100-101, 111.

[16] Fuat Ozyonar, Bunyamin Karagozoglu, Mehmet Kobya. Air stripping of ammonia from coke

wastewater［J］. Engineering Science & Technology, 2012, 15 (2): 85-91.

［17］Othman M Z, Uludag-Demirer S, Demirer G N. Enhanced nutrients removal in conventional anaerobic digestion processes［J］. World Academy of Science, Engineering Technology, 2009, 34 (58): 1206-1212.

［18］苏俊霖，蒲晓林. 乳状液膜分离技术及其在废水处理中的应用［J］. 日用化学工业，2008, 38 (8): 182-184.

9   稀土产品生命周期评价

为评估稀土氧化物（REO）生产对环境的影响，提出减少环境影响的政策建议，需要开发一个模型，用于计算和评估不同参数对环境的影响。生命周期评价（LCA）广泛地被用于环境影响评价，因为它涵盖了各种层次（从局部/区域到全球影响）不同种类（如酸化、全球变暖等）的环境影响。LCA 最独特的特征之一是覆盖从环境到环境的所有过程，这意味着它在其结果中包括直接和间接的环境影响。

将 LCA 的结果用于分析中国政府为遏制行业环境影响而实施的政策，并提出对未来措施的建议。论述范围概述如下：对稀土氧化物相关环境问题和工业政策进行文献综述；收集每个 REO 生产流程中每个过程的投入（消耗）和输出（排放）数据；对 1t REO 的初级生产流程进行生命周期评估；解释 LCA 模型中的不确定性；确定 REO 生产过程中最重要的环境影响，以及导致这些影响的途径；分析已经实施的用以规范行业的政策，特别关注与环境有关的政策；提出有助于减轻行业环境影响的建议和措施。

从学术的角度来看，LCA 研究可以作为生命周期评估未来研究的垫脚石。稀土嵌入在数百种不同的应用中，并且在我们的日常生活中越来越普遍。对这种资源生产过程中上游环境影响的研究，将有利于对含稀土产品的其他生命周期研究，如电子、电池、绿色能源技术、医疗激光和抛光粉等领域。

9.1   稀土氧化物

稀土元素（REE）包括 15 种镧系元素（周期表 No. 57-71）、钪（21）和钇（39），共 17 种金属元素，被分为较丰富的轻稀土元素（LREE）和含量较少的重稀土元素（HREE）。稀土元素在地壳中含量相对丰富，但仅集中在少有的地方，通常共生于矿床中。稀土元素在中国白云鄂博和美国山口储存量最多，分别约为 6% 和 8%[1]。通常，LREE 和 HREE 存在于不同区域，虽然有可能在 LREE 区域发现 HREE 或者 HREE 区域发现 LREE[2]。

9.1.1   稀土生命周期

图 9-1 是社会上 REE 流动的简化描述。它开始于矿床低浓度稀土氧化物

（REO）的提取。REO 通常与其他有价值的矿物结合，如在白云鄂博矿中，稀土与铁共生。通过物理和化学方法对此矿进行选矿处理，并分离成单独元素富集的矿石。这些 REO 可用于需要质量分数较低的 REE（>70%）的各种应用中，如抛光粉和荧光粉。另一方面，一些高科技应用和合金的制造，要求更高浓度的 REE（>99.9%），因此需要额外的化学处理来提高其纯度[3]。中国、法国和日本达到了这样的高加工水平，并且在能力和技术方面，中国很大程度上占主导地位。即使是在另一个国家提取和处理 REO，通常情况下仍然要被送往中国进行最终处理，美国也是如此[4]。

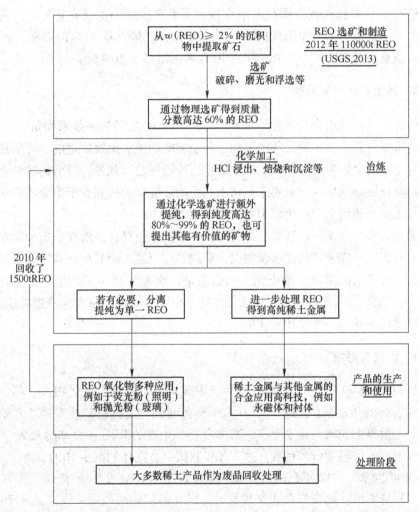

图 9-1 REE 流动的简化描述

2006~2011 年期间，每年生产约 13 万吨 REO，最佳估算条件下被回收利用的仅有 1500t/年[5]。回收率低的原因之一是技术仍然不成熟。目前美国回收利用的大多数是小型永磁性钕铁硼。回收率低的原因之二是大多数应用中 REE 浓度都很低，在经济可行的条件下很难大量回收。根据日本 Dowa 控股报告，1t 的电子废物产量只有 150g 的 REE，稀土质量分数只有 0.015%[6]，远远低于大多数原矿的稀土质量分数（经济可行条件下至少 2%）。

可以说，稀土的最重要的应用领域是永磁体。可以使用稀土制造两种类型的磁体：含有微量镝的钕铁硼（NdFeB）以及钐钴磁体。钕铁硼的性能优于世界上其他磁体，广泛应用于高科技领域，大大减少了 CO_2 的产生，发挥了至关重要的作用[3,4,7]；同时钕铁硼磁体在电子设备、军事和医疗中也具有重要的应用。钕铁硼的经济价值与其总量不成比例（2008 年钕铁硼量占总 REO 的 20%，占 REO 经济价值总数的 37%[8]），2011 年占 REO 中国出口总值的 68%[9]。

9.1.2　稀土资源的重要性

资源的重要性由供应风险、脆弱性和环境影响之间的函数来衡量[10]。稀土是一类重要资源，主要是由环境脆弱、环境影响和供应风险决定的。特别是绝大部分稀土是由中国生产，造成了严重的生态环境问题。此外，目前仍然缺乏稀土生产对环境影响的研究。近年来对稀土开采的环境影响研究有了重要的进展，但关于稀土生产和消费对环境的影响研究正处于起步阶段。

稀土元素通常被一起开采，每种元素不可能单独存在。然而，每种元素的需求量差异大，一些元素的需求量很大，导致供应短缺，而其他需求量非常低，可能导致供过于求的情况。稀土元素间需求量巨大差异产生了严重的平衡利用问题[11]。因此，仅基于稀土供应风险，评估单个稀土元素的重要性将更有说服力，而不能将稀土作为一个整体来评估。

9.1.3　供应与需求

自 20 世纪 90 年代后期到 2011 年，中国长期供应稀土氧化物占全球供应量的 90%，如图 9-2 所示。只有在 2011 年澳大利亚和美国的矿业发展才开始略微重新分配世界上的稀土元素生产，2012 年中国生产的 REO 占全球的 85%[12]。

由于环境问题和资源稀缺，过去几年我国一直在计划减少 REO 的生产[13-14]。自 2005 年以来，2012 年我国第一次下降到 10 万吨，见表 9-1。此外，从 2012 年开始，新的矿山开始在澳大利亚和美国等国开采，最初预计其供应量在 2013 年之前每年为 40000 吨 REO[4,15]。但是，形成可靠的稀土供应并不像预期的那么简单。Molycorp 公司和 Lynas 公司的两个稀土公司股票价格在 2011 年达到市场高峰，2014 年却都下降了 6%[16]。

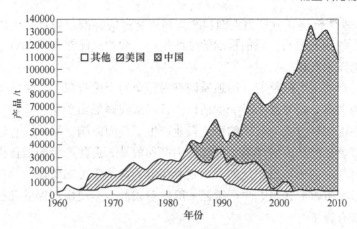

图 9-2 REO 的全球历史生产量[17]

表 9-1 2007~2012 年各国 REO 的生产量　　　　　　　　　　　　　　（t）

国家　　　　年份　　　　产量	2007	2008	2009	2010	2011	2012	2013
澳大利亚					2200	3200	2000
巴西	730	650	650	550	250	300	
中国	120000	120000	120000	130000	105000	100000	100000
独联体国家	2711	2470	2500	2500			
印度	2700	2700	2700	2800	2800	2900	2900
马来西亚	200	380	300	300	280	100	100
越南						200	200
美国						800	4000
合计	126341	126200	126230	136150	110150	107500	109200
中国产量和出口量配额							
产量	87020	87620	82320	89200	93800		
出口	60173	47449	50145	30259	30246	30996	30987

注：1. 全球生产的估计来源于美国地质调查局[1]和英国地质调查局[2]。

　　2. 中国的生产和出口配额来自中国国土资源局发布（2012 年）。

　　3. 中国未公布 2012 年生产配额。

Molycorp 和 Lynas 的金融危机在很大程度上是市场定价的因素，其受制于中国市场[18,19]。当全球价格上涨时，公司有好的前景；当价格下降时，投资者的生意暗淡。而价格主要由我国控制，在任何时候我国都可以利用廉价的稀土资源主导交易市场。生产产量也比最初预计低得多（见表 9-1），部分是由于目前的定价给予的惨淡盈利，但也有部分是因为生产能力的发展受到阻碍。我国可以生产廉价的 REO 原因之一是因为环境法规的要求相对较低。另一方面，Molycorp

和 Lynas 必须严格遵守分别由美国和澳大利亚制定的标准。最近我国以外新兴稀土行业的一些冲突说明，以前预期的全面生产，和建立能够与我国竞争的可靠供应来源，仍然未实现。

我国发布的生产配额与美国地质调查局提交的土地资源和产量估算之间存在差异，因为大部分是非法采矿。据估计，日本从我国黑市购买了 20% 的稀土[20]。黑市的存在以两种方式对我国的稀土行业产生了负面影响。第一，它以廉价的黑市产品使市场泛滥从而破坏稀土的合法生产和贸易。由此产生的低价格，使得仍然坚持政府制定的更严格法规的合法企业在市场竞争中更加困难。第二，由于非法生产一般不由政府执行，生产工艺一般效率较低，不使用环保处理技术，因此对环境更加有害[20,21]。

REE 的需求根据其价值方面不同而不同。不同应用 REO 元素不同，其最终用途差别很大。因此，对不同 REO 的需求非常不同，这体现在巨大的差价。例如，2014年 04 月 29 日，单个元素氧化物的价格范围从氧化镧大约 6.3 美元/kg 到铽氧化物1075 美元/kg[22]。需求预期增幅最大是用于 NdFeB 永磁体中的钕和镝。Alonso 等人预测，下个 25 年由于清洁技术革命，需求增长分别为 2600% 和 700%[23]。

上述需求和价格差异导致稀土平衡利用问题，其中需求的变化很大，但在某种意义上，供给是固定的[24]。因为它们在地质上一起找到，再一起开采，并且要产生钕和镝，必须通过化学工艺将彼此分离，工业也必须生产最常见的稀土元素镧和铈，目前其并没有什么价值。因此，一些稀土行业研究人员预测未来钕和镝的供应不足，钕和镝每年缺口分别为 10000t 和 1000t。相反，他们预测镧和铈的过量供应多达 10000t 和 15000t[25-27]。

9.1.4 氧化稀土对环境的影响

虽然对稀土开采和生产对环境的影响已经研究了一段时间，但深入研究才刚刚开始。然而，迄今为止最深入的研究在某种程度上仍然是不完整的。表 9-2 列出了一些关于稀土生产的环境影响研究。

表 9-2 氧化稀土对环境影响的研究

标 题	作者/出版者	类型	问 题
稀土生产的生命周期清单以及随后的 NdFeB 永磁体的生产[28]	Sprecher B 等	定量	仅仅考虑了我国 1/3 的生产流
稀土工业污染物排放标准[29]	中国环境保护部	定量	我国稀土工业的数据并不是 100% 完整；仅提供原始数据
稀土元素：生产、加工、回收和相关环境问题的审查[30]	美国环境保护局	定性	没有提供数据；美国和我国的生产过程稍微有所区别

标　题	作者/出版者	类型	问　题
关于吉隆坡/马来西亚附近的REE精炼厂LAMP的描述和关键环境评价：工厂运营和其废弃物造成的放射性和非放射性环境后果[31]	Oeko研究所	定量/定性	研究的数据不完整，因此结果不完整
稀土工业的社会和环境影响[32]	Ali S	定性	没有提供数据；马来西亚的政策与我国不同
生态生命周期数据库v3.0[32]	生态中心	定量	仅包括生产流的一部分

到目前为止，最具有意义的研究是最新发布的钕铁硼磁体生命周期清单，其中还包括对我国内蒙古包头REO最大的生产流的研究[28]。然而，这项研究有两个主要缺点。首先，它只考虑我国主要的REO生产流的1/3。包头确实生产了我国大部分的REO（2011年近60%），但其他生产流仍然是重要的，并且随着行业的发展，可能更加重要。其次，并未完全评估稀土行业所使用的不同处理技术，而是假设特定的基于一般信息的输出效率。

其他生命周期评估也是不完全的，只提供定性透视生产过程[30]，或者占生产流的一部分，而不是整个生产流[33]。中国环境保护部发布了一份报告，提供了每个生产过程详细的环境数据[29]，形成了数据库的基础。然而，这些数据不完整，需要进一步的研究。

尽管研究之间存在差异，但一个普遍结论是，稀土生产确实产生了相当程度的环境影响，污染物包括：高浓度的氟化氢、二氧化硫和废气中的酸雾；氨、化学需氧量和废水中的各种酸；酸性和放射性尾矿的产物。通过更深入的研究，将不仅可以对未来的研究提供通用数据，而且也有利于发现和解决我国稀土行业中最紧迫的环境问题。

9.1.5 稀土政策

关于稀土的政策相当广泛和复杂。本节围绕稀土描述了用于环境保护的国内政策。国际政治不深入考虑，只简单提及最近的世界贸易组织（简称世贸组织）的争端。

如前所述，我国中央政府已经承认环境问题，从而实施了一些政策措施，以减少影响[14,34]，并采用了新的污染物排放标准[29]。一般来说，采取环境改善的措施的效果可以被归纳为4个主要类别：合法采矿和精炼的绝对减少；非法采矿和精炼的绝对减少；更有效、更清洁的生产技术的提高；更严格的废物处理技术的提高，见表9-3。

表 9-3　主要政策措施及其对降低环境影响的实际效果

政　策　措　施	效　　果
实施生产配额	合法生产的绝对减少；非法生产的绝对减少
执行合法操作许可证	合法生产的绝对减少；非法生产的绝对减少
打击非法采矿	非法生产的绝对减少
监管 REO 出口——更好地控制出口，也包括对非法生产的 REO（大部分出口）的更大控制	非法生产的绝对减少
整合行业——关闭小型企业，促进更集中的生产	合法生产的绝对减少；非法生产的绝对减少；提高清洁技术（加工和废物处理）
RE 价格固定以提高 REO 的整体价值——提高盈利能力、竞争力和遵守政府标准的能力	提高清洁技术（加工和废弃物处理）
实施 RE 工业新的排放标准	提高废弃物处理的清洁技术

根据中国稀土工业协会，中国工业 REE 的总生产能力至少为 17 万吨，可以超过 20 万吨[13]。然而，我国来源已经明确表示计划减少生产，特别是 REO 的出口，禁止任何新的采矿业务和实施不断下降的 REO 年度出口配额。2010 年，中国稀土协会的陈博士宣布，到 2015 年，稀土行业将不会通过企业的扩张或增加来实现增加额外生产能力。相反，行业将专注于其技术以提高效率和环境保护[13,35]。

行业的成长将侧重于循环经济的发展：回收利用二次稀土资源[14]。具体来说，政府希望提高"火法冶炼后的熔盐、炉渣、废永磁材料和电机、废 NiMH 电池、废荧光灯、催化剂、抛光粉和其他含有 REE 的废电子元件"的回收率。

一方面，中央政府旨在通过增加 REO 资源的价值来支撑整个行业，保护资源整体，减少环境损害。另一方面，地方政府受益于当地经济，这些地方主要得到当地稀土企业的支持，他们主要关注提供工作和收税。此不关联性导致本地政府不愿意把资源控制在更大的集中所有公司。2011 年《关于促进稀土行业持续健康发展的若干意见》发布后[34]，包头地区共有 23 家企业将要关闭以创造更大的集团。相反，实际上只有少数企业关闭[21,36]。

一般来说，稀土企业不能采用中央政府推出的新技术提高效率以减少污染排放。一项研究估计 80% 的中国企业不能达到排放标准。而要达到标准，他们将增加平均 70% 的生产成本[37]。从基本上说，这是由于成本高，但是有解决问题的潜在复杂性。由于非法采矿的存在使企业竞争力下降，这意味着更难维持利润而采取更多昂贵但清洁的技术。此行业的企业和资源广泛分散意味着运营规模通常不足以投资新的技术。无法巩固小型企业导致许多小规模操作代替大规模。最后，一个精炼 REO 的非常复杂的生产过程意味着当区域之间技术差异很大时很难规范行业。

对于中央政府为更强地控制稀土行业采取的许多政策措施，日本、美国和欧盟向世贸组织提出申诉，声称中国不公平地对待 REO 国内销售和国外出口。经过两年的考虑，他们的结果于 2014 年 3 月发表，谴责中国的稀土资源出口政策（世贸组织，2014 年）[38]。中国对此提出上诉，但世贸组织仍维持原判。

9.2 LCA 方法

生命周期评价（LCA）目的可以分为两部分：第一是发展生命周期评价（LCA）模型，使用从稀土工业收集的数据，估算稀土氧化物生产对环境产生的影响，广泛评估环境与稀土矿生产的关系；第二个是使用这个模型来评估我国政府实施消除或缓解环境影响措施的有效性，并提出改善环境的建议。从图 9-3 可以看出，大量的研究更多是倾向于开发 LCA 模型[39]，政策分析只是一个扩展，通常在 LCA 中进行解析。

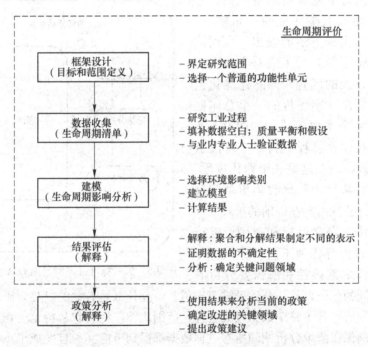

图 9-3　生命周期评价技术框架

9.2.1　评价方法

LCA 计算在产品或服务其整个生命周期中（从摇篮到坟墓或从摇篮到摇篮）环境影响的总和。针对稀土产品来说，生命周期可以分为采矿、分离、制造、使用和报废等环节[40]。但是，目前研究只集中于 REO 的生产，即摇篮到稀土生产的环境影响，只涉及采矿、分离、制造三个步骤。REO 生命周期内的评估范围如图 9-4 所示。

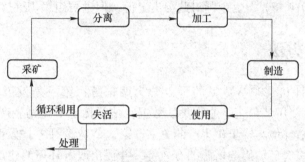

图 9-4　REO 生命周期内的评估范围

在产品的全生命周期范围内，考虑了所有输入上游环境的原始输入，以及所有输出到下游的输出，直到他们排放到环境[39]。为了应对生命周期评价范围过大的问题，国际标准化组织制定了生命周期评价的一个总体框架，包括 4 个主要阶段，如图 9-5 所示。箭头在评价过程中为每个阶段引导两种方式，表明这是一个迭代过程。收集数据并从每个数据收集更多信息阶段，修订往往需要在以前的阶段。

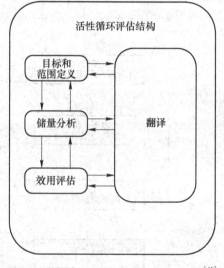

图 9-5　国际标准开发的通用 LCA 框架[41]

第一步是定义目标和范围。进行生命周期评价有各种不同的原因。每个研究所需的准确性和所需要分析的结果是不同的，所以从一开始就需要知道，研究什么是有益的以及为什么研究。

清单分析包含了整个数据收集过程，范围比较广泛。它从特定的物质流分析开始，以确保在清单分析期间所有过程数据都得到考虑。一旦完成了一个完整的流程图，输入和输出的数据进入每个过程进行分析。

影响评价阶段是将生命周期确定的基本流评估被转化为中点或端点环境影响。基于不同的污染物和影响类别的权重以及其他因素，存在不同的方法来进行评估影响[42]。应该指出，生命周期评价建模提供了进入环境条件的有限前景，因为它们不考虑现有的区域和当地条件。相反，LCA 考虑在特定时间点出现的现实条件，模拟来自基本流的潜在影响。因此，LCA 没有替代其他深入建模技术，如环境风险评估[43]。

解释是评价的最后阶段,包括评价研究的稳健性,以及得出结论和建议。因为生命周期评价可以以许多不同的方式解释。

9.2.1.1 目标和范围

LCA 目的是计算中国生产 1t REO 全面的环境影响。以 2012 年中国行业生产数据作为基准,REO 产量反映了中国稀土产业的未来趋势。

稀土氧化物是 17 种不同元素氧化物状态。1t REO 在技术上可以意味着不同元素的任何组合氧化物:1t 氧化铈、氧化镝或 17 种元素的任意组合。取 2011 年中国生产和销售市场的 1t REO。

中国的 REO 生产非常分散,但可以在地域上简化为 3 个主要地区的储量:四川、内蒙古包头和中国南部。包头混合的方铅矿/独居石矿石和斑铜矿矿石,来自四川省主要含有轻稀土镧、铈、镨和钕,通常被称为 4 大稀土。中国南方的省份稀土多样化程度较高,是重要性较高的重稀土的来源[35,44]。四川和包头拥有相当均匀的 REO 的元素组成和良好的研究,见表 9-4。来自南部的省份不同地区的几个不同的地质储量,因此更难以近似。表 9-4 中提供了来自 3 个地区稀土氧化物生产平均值估计,再加上由我国政府出版的 REO 年度生产估计。

表 9-4　稀土氧化物的平均值估计[44-47]

组成	四川	包头	南方省市	2012 年平均产量（估计）
La_2O_3	27	23	8.6	21.4
CeO_2	50	50	0.9	37.6
Pr_6O_{11}	5	6.2	2.0	4.5
Nd_2O_3	15	18.5	8.3	14.2
Sm_2O_3	1.1	0.8	2.4	1.4
Eu_2O_3	0.2	0.2	4.5	1.3
Gd_2O_3	0.4	0.7	6.2	1.9
Tb_4O_7	—	0.1	1.0	0.3
Dy_2O_3	—	0.1	9.3	2.4
Ho_2O_3	—	—	0.8	0.2
Er_2O_3	1	—	3.7	1.4
Tm_2O_3	—	—	0.3	0.1
Yb_2O_3	—	—	1.0	0.2
Lu_2O_3	—	—	0.2	0.0
Y_2O_3	0.3	—	50.8	13.0

计算从 3 个地理区域中每一个区域的 REO 生产的环境影响平均值（见表 9-4）,其中其组成反映了在我国生产 1t REO 的平均值,它是基于在每个区域中找到的组成加权计算得到的每个地区的生产数量。实质上,有 4 种不同的功能单位,代表来自它们所在的 3 个地区的每个地区的 REO 在我国生产以及我国平均水平。

3个区域中使用的稀土生产工艺和过程不同，REO一般生产流程如图9-6所示。虚线表示该 LCA 研究的系统边界，包括与生产 REO 相关的所有过程，不包括上游边界的矿山勘探，以及成品 REO 的运输和生产、使用，和来自下游边界的货物。包头露天采矿被排除在外，因为该地区目前开采 REO 为得到副产品而不管 REO 含量如何。

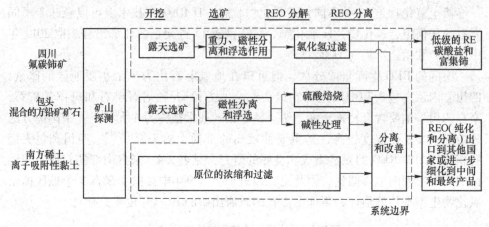

图 9-6 我国 REO 生产的简化流程

3个流程中的每一个 REO 的生产流程都需要经过4个主要过程：采矿，选矿，稀土浸出和稀土分离。然而，用于每个过程的方法略有不同，需要单独评估。因此，从企业内每个生产流收集数据，即使在相同的生产流中，数据也存在大量的异质性。

通过进行生命周期评价，能够阐明中国稀土行业的环境影响，并提供改善环境的建议。第一，生命周期评价是一个分析整个行业，了解环境影响最为普遍的方法。第二，生命周期评价提供了生产流之间的比较，作为其对环境或多或少影响的指示过程。第三，生命周期评价形成了对行业基础可能的建议。

9.2.1.2 生命周期评价清单

LCA 对环境影响的计算涉及对环境的投入和产出。虽然对过程的理解之间是非常有用的，但并不是所有输入和输出都是绝对必要。因此，考虑到分配的时间限制，数据收集主要集中在投入每个生产流程的能量、水和材料（大部分是化学品）消耗，来自生产流程的以废水和气体形式排放的污染物。固体废物由废物处理加工产生并储存在尾矿中池塘，以防止进一步排放到环境中[48]。

由于稀土工业数据在公共领域是稀缺的，企业不愿意参与专有信息。因此，从公布的期刊、政府报告和行业研究人员调查的组合收集数据，作出假设以对每个生产流程的数据进行概括，并且通过质量平衡来填补数据缺口。

为了进行分析，需要为所有进程收集主要数据。对于稀土工业，即使在同一生产流程中，数据也大不相同。这些差异在很大程度上是由于行业内的不平衡。大公司都能采用最先进的技术，而中小型企业只是为了赚取利润，而且处在边缘的非法矿业公司的技术和废物处理系统都无法预计。因此，开发了3组相应的数据：

（1）高污染、低效的中小型企业。

（2）低污染、高效的大型企业。

（3）根据技术进步和废物处理加工估计的行业平均水平。

3组数据的结果被对应标记为①上界、②下界、③平均。提供每个生产流程中的深入讨论，包括对数据来源和假设的简要讨论。

对于后台进程，使用几个常用数据库的次级数据。来自中国生命周期数据库（CLCD）的数据[49]可以被使用，因为其更好地反映了我国的情况。然而，这个数据库还是比较新的，仍然处于开发中。因此，许多替代数据需要从瑞士生态事实数据库[34]和欧洲生命周期数据库[50]中查询引用。对于稀土工业中的某些过程，主要使用的几种化学品，没有任何生命周期生产数据，对于这种情况，用相似的过程进行替代。

9.2.1.3　生命周期影响评估

在这个阶段，将库存分析收集的数据（输入和输出到环境）转化为环境影响。在本研究中使用中点类别，而不是端点类别。中点类别是基本流数据的聚合。端点类别需要将这些中点类别的聚合成一个类别，并且认为聚合基本输入和输出以上的步骤会给主体带来太多的主观性评定。

基于所开发的列表，本研究选择了由环境毒理学和化学学会（SETAC）提出的总共10个影响类别来进行影响评估工作[39]。其中9个因素是酸化、富营养化、光化学氧化、陆生生态毒性、淡水水生生态毒性、人类毒性、非生物资源枯竭、全球变暖和臭氧消耗。电离辐射，也被列为研究特定影响评估的类别，根据历史消息，在稀土设施的周围地区，钍和铀的排放被纳入考虑范围[51]。

为了计算每个类别的环境影响，将收集的生命周期数据单转换为每个类别的通用指标，几个不同的物质都可能有助于同一个影响类别。例如，甲烷和二氧化碳都有助于全球变暖。影响评估步骤仅仅是识别对给定类别有贡献的所有物质并总结。然而，甲烷和二氧化碳各自对全球变暖的贡献不同。因此，基本物质必须通过乘以分类因子转换为公共类别指标。只有这样，才能总和得到对每个类别的总环境影响。全球变暖的类别指标是CO_2当量（CO_2-eq）。根据CML2001方法进行生命周期评价，如甲烷的表征因子是XX，这意味着它对全球变暖的贡献是CO_2的XX倍。一般来说，计算每个影响类别的环境影响公式见式（9-1）：

$$EI_i = \sum_{j=1}^{n} (EF_{i,j} \times CF_{i,j}) \tag{9-1}$$

式中　EI——给定 i 影响类别的总环境影响的值，表示为每个特定类别的基本单位；

　　EF——由生命周期清单定物质 j 的值；

　　CF——每个特定物质的特征化因子，其将特定物质转换成类别指示单位。

通常，EI 和 EF 都表示为质量值（kg）。在这项研究中，只有对电离辐射的环境影响是例外，表示为 DALY（残疾调整生命年），测量由于疾病或过早死亡而失去的年份对应的数量。放射性的物质材料（以 kg 计）转化为放射性当量（Becquerel，Bq），然后通过表征因子转化为 DALY。

对于 10 个影响类别中的 9 个，基本物质是不同的排放污染物对环境的影响。非生物资源枯竭是唯一的例外，是在 REO 生产的生命周期中消耗的不同材料的总和，因此使用了从环境进入过程的基本物质流。本研究中评估使用的方法是在 ecoinvent 数据库中的 CML2001[52]。用于所有影响类别的特征化因子的完整列表 CML2001 也可以在网上找到[53]。

原始 LCA 结果通常难以解释，特别是当没有每个影响类别的知识背景的情况下。各自单独进行影响类别的标准化，将结果除以单年总体影响：

$$N_i = \frac{EI_i}{WT_i} \tag{9-2}$$

式中　N——影响类别的归一化结果；

　　WT——在一年中对于特定影响类别的全球影响。

以全球变暖为例子，稀土行业排放的 CO_2 的原始数量除以在 1995 年估计的在世界上排放的总 CO_2-eq，得到归一化结果，该结果提供了对每种影响的相对重要性的更好理解，并允许更好地比较哪些影响是至关重要的。本研究中使用的归一化因子提供在表 9-5 中。

表 9-5　生命周期评价使用的归一化因子

影响类别	标准化系数
酸化（kg SO_2-Eq）	3.354E+11
富营养化（kg PO_4-Eq）	1.353E+11
电离辐射（DALY）	1.347E+05
光化学氧化（kg 乙烯-Eq）	9.590E+10
陆生生态毒性（kg 1，4-DCB-Eq）	2.700E+11
淡水水生生态（kg 1，4-DCB-Eq）	2.045E+12
人类毒性（kg 1，4-DCB-Eq）	5.710E+13
非生物资源消耗（kg 锑-Eq）	1.570E+11
全球变暖（kg CO_2-Eq）	4.364E+13

大多数生命周期影响评价的计算使用于确定性 LCA 的建模软件 eBalance

$4.5^{[54]}$。该软件还提供了内置的灵敏度分析，并能与中国生命周期数据库（CLCD）兼容。

分析 LCA 的结果的不确定性，主要是因为数据的不确定性。不确定性是通过计算除了行业平均值之外的上界和下界来计算结果的边界值。

首先，LCA 结果解释是通过分析政策的方式进行的，LCA 的结果通常很难快速分析，因为它们一般是分为不同的分类因素。处理这个问题的一种方法是将归一化结果合并成一个分数。对于这项研究，这个得分将被称为"生态点"。无论是否基于时间差异、不同的案例研究等，生态点更容易从一个整体，比较在两个不同的情景之间的环境影响。在做出整体比较之后可以进一步分解进行更深入的讨论。这样，生态点就是来识别比较主要差异的一种更方便的表达结果的方法。应该注意的是，生态点自身含义并不具有明确的代表性；为了正确分析，LCA 分析了各个影响类别的结果。

对 10 个影响类别，通过对每个的归一化结果求和来简单地计算生态点。这里全球影响的每个影响类别的含义是相等的。例如，假设人类在 1995 年促进了世界上全球变暖相同严重程度，与富营养化程度造成的结果相似，并且可以加权计算生态点，每个影响类别反映了世界上影响的不平衡。

对于建议和结论，本质上是 LCA 的延伸，使结果更进一步，在政策方面也提出建议。

9.2.2 政策分析

一般来说，进行的政策分析涉及政策如何影响环境影响。综合性定量分析是不可能的，因为缺乏随时间动态的数据行业，行业状态在不同的时间段是未知的，从而只能用模型中测量的一些参数来进行定量分析。对其余的参数进行讨论，特别是与技术有关的参数、我国政府实施的政策及其影响对环境。当然这些是使用合理的模型，且不是以定量的方式。根据这些讨论，对我国政府提出了改进并已经实施，或可实施的政策措施等建议。

针对稀土行业发展中存在的突出问题：（1）资源过度开发；（2）生态环境破坏严重；（3）产业结构不合理；（4）价格严重背离价值；（5）出口走私比较严重，我国政府进一步加大了对稀土行业的监管力度。2011 年 5 月，国务院正式颁布了《国务院关于促进稀土行业持续健康发展的若干意见》（以下简称《意见》），把保护资源和环境、实现可持续发展摆在更加重要的位置，依法加强对稀土开采、生产、流通、进出口等环节的管理，研究制定和修改完善加强稀土行业管理的相关法律法规。

我国政府设立稀有金属部际协调机制，统筹研究国家稀土发展战略、规划、计划和政策等重大问题；设立稀土办公室，协调提出稀土开采、生产、储备、进出口计划等，国务院有关部门按职能分工，做好相应管理工作。2012 年 4 月，批准成立中国稀土行业协会，发挥协会在行业自律、规范行业秩序、积极开展国际合作交流等方面的重要作用。《意见》实施多年后，行业发展方式加快转变，行业发展秩序有了明显改善。

9.3　生命周期评价

生命周期清单的数据输入到建模软件中进行生命周期评价。LCA 结果呈现为 3 个生产流中的每一个物质流的聚合影响，讨论其对国家和全球层面的影响，以更深入地了解稀土行业所涉及的技术，以及生产技术和处理方法的选择如何影响环境。最后确定一个综合方法来评估使用生态点的影响。

9.3.1　生命周期影响评估的结果

计算列出的 10 个影响类别的摇篮到出厂生命周期评价的结果。对于大多数因素以及每个生产流之间的下限和上限结果显示出较大的差异，见表 9-6。这里重要的是要注意不要直接比较每个生产流的结果。生命周期评估的比较应当在统一的功能单位下进行。虽然这项研究是为了从每个流中生产 1t 氧化稀土，但是该 1t 氧化稀土的组成和价值是非常不同的。也就是说，表 9-6 清楚地表明，对于稀土行业，包头和南部省份生产的 1t 氧化稀土产品对所有影响类别的边际影响都高于四川。

这里，中国氧化稀土平均值是通过将每个生产流的边际影响乘以其基于我国总量的年均氧化稀土产量的分数计算的。大多数对氧化稀土的引用不区分生产流，而是指将我国作为一个整体的氧化稀土量，然后，这一平均值提供了与一般参考文献相关的环境影响的粗略估计。

提供生命周期评估的原始数据会带来一个问题，就是不熟悉 LCA 的人并不能分析和解释结果。以数值计算来看，排放 42000kg 二氧化碳当量似乎比使用 325kg 锑更可怕。然而，数值本身并不表示影响的程度。与每年的全球排放相比，42000kg 二氧化碳可能相对较小，而锑可能是地球上最稀缺的金属。因此，按照 1995 年的世界价值进行影响归类。虽然这还不足以能够完全进行影响分析，但至少提供了用于在影响因素之间进行比较的方法。2012 年氧化稀土平均产量的标准化边际影响如图 9-7 所示。

误差棒分别表示 3 个物质流的聚合值的下限和上限结果。图 9-7 显示了我国稀土行业在应对环境影响的能力方面的不平衡；一些上限结果达到平均值的 200%。从图中更容易看出，对于整个行业，大多数影响是由包头产生的。部分原因是该地区的边际影响较高。然而，最大的因素是包头的产量远高于其他地区，占 2012 年我国生产的氧化稀土的 55%。

表9-6 原料结果：我国1t稀土氧化物的生产对环境的影响

影响类别	四川			包头			南部省份			中国平均氧化稀土		
	下界	平均值	上界	下界	平均值	上界	下界	平均值	上界	下界	平均值	上界
酸化（kg SO_2-Eq）	125	171	176	246	346	759	438	445	502	201	261	411
富营养化（kg PO_4-Eq）	4	19	77	7	64	473	16	218	903	6	56	340
电离辐射（DALY）	8.40	1.07	1.23	7.85	9.67	1.14	3.53	4.52	5.20	1.12	1.42	1.64
光化学氧化（kg 乙烯-Eq）	7	9	9	22	26	45	28	27	27	15	17	23
陆生生态毒性（kg 1,4-DCB-Eq）	22	29	29	20	22	25	40	47	64	23	29	32
淡水水生生态毒性（kg 1,4-DCB-Eq）	168	242	253	391	-714	806	371	493	672	266	431	488
人类毒性（kg 1,4-DCB-Eq）	7510	10517	10677	10233	18012	19473	22376	26976	35128	10099	14908	16405
非生物物资源消耗（kg 锑-Eq）	159	201	210	388	421	465	386	412	467	263	299	326
全球变暖（kg CO_2-Eq）	18091	23593	24614	52237	56320	61849	52982	56555	63958	33615	38418	41687
臭氧消耗（kg CFC-11-Eq）	1.39	1.54	1.59	1.45	1.56	1.71	2.71	3.11	3.82	1.56	1.72	1.88

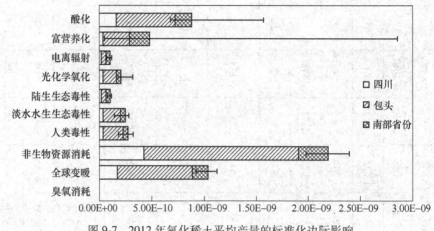

图 9-7　2012 年氧化稀土平均产量的标准化边际影响

非生物资源枯竭、全球变暖和臭氧消耗是全球影响；其余影响类别主要是地方/区域影响。因此，这 3 个因素的影响与背景和区域条件无关，并且可以以数值进行分析。根据本评估的条件，非生物资源枯竭对分析因素的影响最大，其次是全球变暖，臭氧消耗的影响相对较小。

非生物资源枯竭通常被认为是一个社会经济问题。然而，它确实以几种方式直接和间接地影响环境[55]。资源的开采和精炼可能具有非常显著的环境影响，因为它消耗了大量不同的化学品（有时是毒性很大的）、能量和水。随着更多的特定资源被消耗，高品位矿石被耗尽，那么必须消耗低品位矿石来提供相同的材料。这些低品位矿石的边际生产资源通常需要更多的水、能源和其他材料。因此，非生物资源枯竭是环境可持续性的重要指标，并预测未来环境退化的趋势。然而，用于计算非生物资源枯竭的方法仍在开发中，并且会根据所使用的标准而变化[56]。

对于这种评估，大多数对非生物资源枯竭的贡献来自煤。许多背景过程，例如发电和生产氧化镁，消耗大量的煤。令人惊讶的是，稀土的消耗在这一类别中是微不足道的，因为 CML 方法不认为稀土消耗非常关键，尽管研究表明在接下来的 50 年中煤会变得稀缺[57]，并且会增加环境负担。

对全球变暖潜能的贡献主要来自于能源消耗产生的二氧化碳排放。来自氧化稀土开采和精炼的前景过程对全球变暖潜能有一些贡献，但与其他来源相比相对较小。由于我国的电力主要来自煤炭，全球变暖和非生物资源枯竭是密不可分的。

LCA 不能取代深入的环境风险评估。表 9-7 为影响类别的结果提供了对氧化稀土开采和精炼的潜在环境影响，可深入地了解稀土企业如何与周围环境进行具体的交互。

表 9-7　2010~2012 年稀土行业的年度影响

影响类别	2010 年	2011 年	2012 年
酸化（kg　SO_2-Eq）	2.80	2.61	2.26
富营养化（kg　PO_4-Eq）	6.85	5.87	4.99
电离辐射（DALYs）	1.412	1.210	1.064
光化学氧化（kg　乙烯-Eq）	1.92	1.80	1.54
陆生生态毒性（kg　1,4-DCB-Eq）	2.52	2.31	2.08
淡水水生生态（kg　1,4-DCB-Eq）	4.89	4.67	4.02
人类毒性（kg　1,4-DCB-Eq）	1.56	1.44	1.25
非生物资源消耗（kg　锑-Eq）	3.20	3.02	2.62
全球变暖（kg　CO_2-Eq）	4.22	3.98	3.44
臭氧消耗（kg　CFC-11-Eq）	16	15	13

　　酸化潜力是排放到环境中的污染物酸化的量度。它可能对水、土壤和生物活体产生各种不同的影响。酸化的来源主要是燃烧产生的二氧化硫，特别是排放到空气中的硫酸。富营养化潜力是对环境过量供应营养物质，导致生态系统的营养物过剩。富营养化来自 3 个生产物质流中氨的排放。富营养化的下限和上限结果之间的差异特别高，反映了工业处理废水中的氨的巨大差异。人类毒性、淡水水生生态毒性和陆生生态毒性分别是有毒污染物对人类、淡水生态系统和土地生态系统的影响。这些影响类别的结果不是很高，但对于其他影响类别仍然是显著的。贡献主要来自背景过程，如工业中使用的化学品的生产等。排放到空气的氟化氢也有助于毒性测量。光化学氧化是当化学品与阳光反应时产生的有害化合物的量度。高氮氧化物环境更有利于光化学氧化，因为在整个工业的各种燃烧过程中产生大量的氮氧化物。

　　电离辐射的影响相对较低，尽管它是围绕稀土工业的主要关注点之一，并且以前的研究发现在稀土生产设施附近的羊骨、草、尘土和空气中的放射性高于正常水平[51]。电离辐射较低有两个原因，CML2001 影响类别的计算完全排除了来自天然存在的 Th-232 的辐射，因为其放射性低。U-238 作为电离辐射的主要来源，然而，通常不能获得关于废气和废水中铀超量的数据。表 9-8 提供了向空气中排放的放射性物质、水和尾矿的排放的原始数据，有助于进一步研究稀土行业辐射的不利影响。

表 9-8　估计的放射性物质的边际和年度排放

项目	钍			铀		
	空气	水	尾矿	空气	水	尾矿
边际排放量/g·t^{-1}氧化稀土	363	12	4977	7	12	480
2012 年年排放量/t·a^{-1}	27.62	0.93	378.42	0.54	0.93	36.53

从国家的角度来看，可再生能源产业对所有 10 个影响类别产生巨大的环境影响。假设稀土企业采用的技术在短时间内没有大幅变化，减少影响的最有效方法之一是减少总体生产。在 2010~2012 年期间，每个影响类别的环境影响显著下降，见表9-7。由于这些减排大多数在南部省份，它们反映了在该地区更为普遍的影响类别的影响程度的降低，即富营养化和全球变暖潜能。

9.3.2 生产流中结果的分解

图 9-8 显示了每个生产流程中每个过程的环境影响的分解。排除了臭氧消耗潜力，因为其影响相对于评估的其他影响而言是微不足道的。

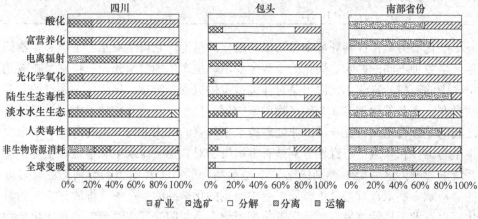

图 9-8   每个生产流中每个过程所产生的环境影响的比例

四川省的氧化稀土分解和分离步骤的影响不可能分解。因此，它们在这里作为一个过程结合并表示为氧化稀土分离。类似地，南部省份生产的氧化稀土的原位浸出过程中，微型化、选矿和分解都结合在一起。原矿浸出除了对每个生产流中的淡水生态毒性作出小的贡献之外，在所有影响类别中表现出的贡献是可忽略的。这项研究的一个限制是：运输只计算氧化稀土的运输，其他材料的运输（即化学添加剂）由于缺乏数据并不包括在内。因此，在本研究中可能低估了由交通运输引起的环境影响。

对于四川和包头，在分解和分离过程中产生了大气环境影响，相比之下，四川的非生物资源枯竭、全球变暖、酸化和富营养化选择对这一地段造成了更大比例的影响，主要原因是其中所产生的 50% 的氧化稀土在短时间内离开生产流。这意味着仅有 50% 的氧化稀土在分解和分离中经历进一步处理，而 100% 经历选矿。选矿贡献了高达 55% 的淡水生态毒性，但在其他方面是 12%~28%。除了非生物资源枯竭（24%）和电离辐射（17%）之外，包头未计算开采，而且是四川的一个相对非影响因子。由于环境影响的较大部分来自包头，因此进一步详细讨论了该生产流的结果，特别是在图 9-8 中对所有 9 个影响类别贡献 69% 和 95% 的分解和分离过程。

在包头，90% 的氧化稀土是通过硫酸浸出生产的。通过这个过程，在氧化稀土分解阶段产生大多数环境影响污染物。在硫酸中浸出的氧化稀土的焙烧产生大量的 SO_2 气体。虽然烟气脱硫技术相当发达，但即使在我国，它们尚未被稀土行业全面采用[29]。消耗大量的氧化镁，其生产消耗大量的煤，同时排放大量的二氧化碳[49]。另外，通常通过煤加热提供需要高温焙烧产生氧化稀土。这两者（氧化镁生产和煤加热）对非生物资源枯竭和全球变暖潜能有显著贡献。大量的氨也在废水中排放，有助于富营养化潜力。然而，这在很大程度上被在氧化稀土分离阶段中产生的富营养化所掩盖。

两种氧化稀土分解过程之间环境影响的最大相对差异是酸化、非生物资源枯竭和全球变暖，见表 9-9。相比之下，碱性处理更环保，具有缓解包头产生的一半以上环境影响的能力，应更多地推广采用碱处理方法。如前所述，成本仍然是阻止大规模吸收污染物的最大因素。

表 9-9 包头氧化稀土分解方法的比较

影 响 类 别	硫酸	浸出碱处理	差异
酸化（kg SO_2-Eq）	370	165	55%
富营养化（kg PO_4-Eq）	67	57	14%
电离辐射（DALYs）	9.87	8.70	12%
光化学氧化（kg 乙烯-Eq）	28	19	31%
陆生生态毒性（kg 1，4-DCB-Eq）	23	14	41%
淡水水生生态（kg 1，4-DCB-Eq）	738	653	12%
人类毒性（kg 1，4-DCB-Eq）	19008	9984	47%
非生物资源消耗（kg 锑-Eq）	449	197	56%
全球变暖（kg CO_2-Eq）	60084	27598	54%

氧化稀土分离过程中最关心的环境影响是废水中氨的排放，这导致高富营养化潜力。废水处理已经存在，并且主要是寻找有效手段鼓励企业处理这些问题。在这个过程中消耗大量的电，导致非生物资源枯竭和全球变暖。各种不同的化学品也用于充电化学反应和处理废物污染物，这有助于其他影响类别，主要是 3 个毒性指标。因为氧化稀土分离用于 3 个生产流程以改进氧化稀土生产，所以在该领域的改进将导致整个行业的彻底改进。

南方省份的吸附黏土、原位浸出过程对于大多数影响类别（除了光化学氧化）比氧化稀土分离贡献更高的比例。在这里，直接向地面排放硫酸铵对富营养化以及对淡水水生毒性的贡献具有最显著的影响。然而，最大的影响来自于其他主要影响类别的硫酸铵生产、酸化、甚至全球变暖和非生物资源枯竭。生产和销售氯化铵产生的环境节约量在较高产能行业（下限结果）的情况下相当显著，这也间接表明了抵消环境影响的一种手段。

9.3.3 结果不确定性分析

不确定性分别由下限和上限结果表征，见表 9-10。对于 10 个影响类别，下限结果范围比平均值低 9% ~ 90%，上限结果的范围比平均值高 9% ~ 489%。这些差异主要是稀土企业采用新技术和废物处理工艺之间差异的结果。

表 9-10 LCA 结果下限和上限之间的差异

影 响 类 别	下限	平均值（我国氧化稀土）		上限
酸化（kg SO$_2$-Eq）	−24%	226	298	532	79%
富营养化（kg PO$_4$-Eq）	−90%	7	66	386	489%
电离辐射（DALY）	−21%	1.11	1.40	1.62	16%
光化学氧化（kg 乙烯-Eq）	−14%	18	20	31	51%
陆生生态毒性（kg 1, 4-DCB-Eq）	−17%	23	27	31	13%
淡水水生生态（kg 1, 4-DCB-Eq）	−41%	313	529	603	14%
人类毒性（kg 1, 4-DCB-Eq）	−35%	10664	16463	18229	11%
非生物资源消耗（kg 锑-Eq）	−10%	310	345	378	10%
全球变暖（kg CO$_2$-Eq）	−10%	40697	45206	49410	9%
臭氧消耗（kg CFC-11-Eq）	−9%	1.57	1.73	1.91	10%

表 9-10 显示，下限和上限结果之间的最大差异是富营养化潜力，主要来源是在前景过程中排放到废水中的氨。从植物排放的废水中的氨浓度限值为 25mg/L，我国环境保护部设定的排放限值为 5000mg/L。深入调查发现几乎没有企业的氨能达标排放。上述不确定性导致结果的巨大差异。我国平均氧化稀土的边际影响的富营养化潜力在 7kg PO$_4$ 当量（比平均值低 90%）和约 386kg PO$_4$ 当量之间，比平均值高 489%。

酸化潜力的不确定性是企业在废物排放之前处理酸化污染物（即 SO$_2$）的差异的结果。下限和上限结果之间的差异虽不像富营养化潜力一样大，但仍然是显著的，下限低于平均值 24% 和上限高于平均值 79%。包头硫酸浸出过程排放的 SO$_2$ 是稀土行业对酸化潜力最大的贡献者，排放浓度分别在 500mg/m^3 和 4000mg/m^3 之间，前者对应于环境保护部的排放标准，后者几乎没有处理，远超于行业平均排放值（1000mg/m^3）。虽然该值的范围与来自氧化稀土分离的氨排放一样大，但是来自硫酸浸出的 SO_2 排放在酸化潜力方面不太普遍，因为氨排放是针对富营养化潜能的。几个其他前景和背景过程也对酸化潜力做出相当重要的贡献，但它们不具有这样高的不确定性。因此，下限值和上限值之间的差异不是很高。

对于其他两个主要影响类别——非生物资源枯竭和全球变暖潜能，影响因素主要是投入到模型中的材料和能源。这些投入收集的数据一般也是范围的形式，无法获得行业平均值的可靠数据。因此，大多数值采用算术平均值。结果是下限值和上限值之间是大致相等的分布。对于这两个影响类别，不确定性大约是平均值的 ±10%。

下限结果，特别是由前景过程产生的酸化和富营养化潜力，很大程度上反映了能够符合环保部标准的工业。如果一个企业能够达到监管标准，从而实现政府为可再生能源行业设定的愿景，就能够减少对下限结果的影响。幸运的是，有少数企业接近实现这一标准。相反，上限结果反映了在其操作中不考虑环境保护的行业。这些企业可能是 5 年、10 年或 15 年前流行的企业，并且采取很少甚至没有处理废物的措施。可悲的是，目前还有一些企业在这些条件下经营。

尤其是对于酸化和富营养化潜力，行业平均值目前更接近于下限。这表明，政府已经花了很多时间采取措施来改善行业和减轻环境影响。令人放心的是，对于最容易测量和解决的问题，已经实施了适当的措施。然而，从结果中可以清楚地看出，仍然可以进行许多改进，特别是对那些不那么明显的影响类别。因此，生命周期评价能够扩大稀土行业的关注范围，用更广的视角来看待问题，而不是仅关注那些容易解决的问题。

当然，下限和上限存在的广泛影响是有限制的。下限表示基于从前景进程出发的理想企业。然而，环境影响也主要是背景过程的结果，高水平的非生物耗减和二氧化碳排放就证明了这一点。提高流程效率和投资研究新技术以改进氧化稀土工艺将极大地减少这些影响。

9.3.4　非法采矿对环境的影响

使用之前规定的对非法采矿假设，粗略估计了非法采矿从摇篮到出厂的生命周期的环境影响。LCA 的上限结果用于替代每个地区的非法生产。如前所述，假设在 2012 年估计生产的 23971t 非法氧化稀土中，南部省份占 60%（14382t），四川占 20%（4794t），包头市占 20%。

23971t 非法开采的氧化稀土仅占 2012 年法定产量的 31%。然而，环境影响并不是这样的比例，见表 9-11。显然，这是因为非法采矿和生产的边际环境影响较高。在原始 LCA 分析中加入非法采矿，将增加富营养化潜力 244%、酸化 60%、光化学氧化 51% 和非生物资源枯竭和全球变暖两者 38%。

表 9-11　非法采矿对环境的影响估计

影　响　类　别	四川	包头	南方省份	总计	合法生产百分比
酸化（kg　SO_2-Eq）	3.64	2.41	7.65	1.37	60%
富营养化（kg　PO_4-Eq）	2.27	4.33	5.56	1.22	244%
电离辐射（DALYs）	0.0545	0.2493	0.2335	0.5373	50%
光化学氧化（kg　乙烯-Eq）	2.15	1.31	4.41	7.87	51%
陆生生态毒性（kg　1,4-DCB-Eq）	1.21	3.07	4.46	8.74	42%
淡水水生生态毒性（kg　1,4-DCB-Eq）	3.86	3.22	8.67	1.58	39%
人类毒性（kg　1,4-DCB-Eq）	9.34	1.68	2.62	5.24	42%
非生物资源消耗（kg　锑-Eq）	2.23	2.24	5.44	9.91	38%
全球变暖（kg　CO_2-Eq）	2.97	3.07	7.11	1.31	38%
臭氧消耗（kg　CFC-11-Eq）	0.821	1.832	2.744	5.396	41%

　　与从合法部门生产氧化稀土相比，非法氧化稀土的采矿和精炼是行业产生环境影响的较大部分。这不仅适用于影响类别，它对其他因素而言是一个更大的问题，如图9-9所示。非法矿井可能比那些推卸其环境责任的中小型企业对环境的损害更大，这是上限结果所代表的。这些企业虽然还需要更多的改进，至少有些遵守现行的法律法规。非法采矿和冶炼业务可能没有考虑到任何法规和环境，将尽一切可能降低运营成本。然而，没有任何实际数据，可以做出最准确的计算。

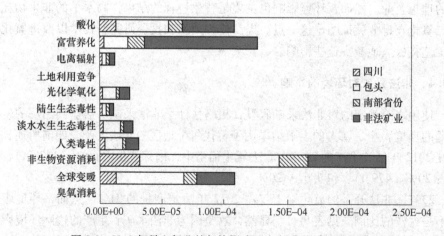

图 9-9　2012 年稀土行业的年均影响（包括非法采矿的影响）

9.4 我国稀土政策

LCA 结果呈现出几种不同的形式，每种形式都需要考虑进一步的解释，其中主要是考虑稀土政策的影响。我国政府采取措施保护再生资源，减轻采矿和冶炼的影响。根据研究结果，更清楚了对环境影响最大的因素，以及如何从技术角度减轻这些影响。通过政策以及关于产业如何发展的建议，进一步分析稀土及其与环境关系，切实促进稀土行业环境改善。

我国政府已经实施了一系列政策措施以减少产业的环境影响，有 4 种方法可以减少环境影响：

（1）减少非法经营的稀土生产。

（2）减少合法经营的稀土产量。

（3）研究并实施更有效的稀土产品生产技术。

（4）研究并实施更好的稀土产品的废物处理技术。

9.4.1 限制生产

限制生产包括：（1）减少非法经营的 REO 生产；（2）减少合法经营的 REO 产量。

关闭非法稀土工厂，需要地方政府的大力支持，也取得了一定的成效。由于大多数非法生产的 REO 出口，对 REO 出口的更多监管使得非法经营者更难将其产品转移到海外，从而减少非法生产。改进 REO 生产的许可监管，也使得非法经营更加困难。在 2010～2011 年期间，打击非法采矿活动导致减少约 20000t REO 产量（约 50% 的非法采矿和生产）。

在更高层次上，REO 的合法生产受到生产配额的限制。年度配额的实施是通过给某些授权生产特定数量的 REO 的企业发放许可证来实行的。2012 年，政府在包头停止生产了几个月来稳定价格。因此，生产配额在很大程度上是由经济因素决定的。然而对于环境保护部分，如果没有对稀土的深刻理解，预测和建议是没有用的。

由于某些原因，限制非法经营 REO 的生产比限制合法经营的生产具有更大的边际影响和更广泛的影响。非法生产大大削弱了行业的竞争力，使小型合法企业难以达到行业标准。停止非法采矿具有更大的环境效益和十分重要的意义。

在过去几年，政府部门设定的 REO 开采和冶炼的生产限制效果显著。作为参考，此处重复了 2009～2012 年 4 年期间的生产数量，见表 9-12。

表 9-12 2010~2012 年稀土产量 (t)

地区	2009 年	2010 年	2011 年	2012 年
四川	23550	24637	24769	25880
包头	56840	49900	49960	41649
南部省份	8215	14722	10214	8500
非法采矿	40800	40741	20057	23971
总计	129405	130000	105000	100000

在这 4 年期间，假定生产效率和废物处理方法保持不变，使用了环境影响的综合环保显示方法，如图 9-10 所示。2009~2010 年之间变化相对较小。然而，从 2010~2011 年，中国 REO 总产量下降了 19%，环境影响减少了 28%。在这两年中，只有南部省份的生产减少，并且两个地区的非法生产有更高的平均边际环境影响，如图 9-10 所示。2011~2012 年，产量下降 5%，环境影响减少了 4%。这样小幅增长的原因是：包头和南部省份的生产减少了约 17%，非法生产增加了约 20%。鉴于非法采矿产生最大的边际环境影响，通过减少合法生产而获得的节省物，被非法生产的增加所抵消。

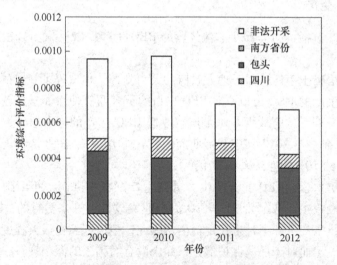

图 9-10 2009~2012 年环境总体影响图

显然，减少生产对行业的环境影响具有显著作用。必须制定健全的政策，综合考虑行业内经济和社会变化的影响。理想状态下应全面禁止稀土氧化物国家生产，但考虑到社会经济，这种做法不可行。

9.4.2 REO 生产和废物处理技术

环境影响模型计算可以描述为系统的输入和输出的组合。输入可被视为能量和其他物质（即化学添加剂）的消耗，并且与生产效率直接相关；输出是向环境排放的污染物，可以通过改进生产技术（以减少污染物）或改进废物处理技术（污染物转化）来控制。研究和实施更有效的 REO 生产、废物处理等技术，讨论对环境的影响。

为促进先进技术更有效的流程的实施，我国政府开始了巩固行业的举措，包括关闭或合并中小型企业、增加行业控制力度、生产配额的许可等来刺激大型企业的发展。由于政府改革的主要部分是改善行业的环境方面，还涉及通过合并迫使公司采用最先进的技术和加强研究新技术的发展，加大研究投资来促进更新的、更清洁的技术[13]。然而，由于缺乏官方数据，难以准确评估巩固的有效程度，特别是与技术相关的情况。

另一种方法是在 2011 年实施新的污染物排放标准[29]，为企业提供稀土基准。大多数稀土企业无法在 2013 年达到这些标准[37]，这是可以理解的，因为标准公布后的时间很短。总之，这两种方法为鼓励企业改进运营以达到标准提供了推动作用。

LCA 的下限结果描述了部分企业产生的环境影响，能够优化当前生产技术的效率，满足排放标准，见表 9-10。因此，平均结果和下限结果之间的差异显示了该行业环境节约的巨大潜力。在生产方面，非生物资源枯竭和全球变暖潜能是最好的指标，因为它们几乎完全受能源和材料投入的影响。两者都有可能减少约10%的环境影响，这相当于 2012 年整个行业每年节约 2600t 锑当量和 340000t 二氧化碳当量。这些节省通过采用现有技术、优化系统的能源投入、回收以减少材料消耗等来实现，反映了对行业的基础改进。

其他影响类别的计算结果为污染物排放和原材料消耗的组合。因此，就在生产技术的改进或采用更好的废物处理技术方面的可能性而言，它们就更加难以分开。特别是，发现减少酸化和富营养化潜力在很大程度上是污染物排放到环境的结果（分别是二氧化硫和氨）。虽然流程效率肯定可以降低排放物浓度，但是更直接、更可能被整个行业采用的方法是使用更好的废物处理技术。烟气脱硫技术是广泛使用的，如果整个行业能够达到二氧化硫排放标准，那么它将使酸化潜力降低24%，这将使 2012 年减少 5500t 二氧化硫当量。如前所述，氨废水处理也得到了高度发展。满足废水排放中的氨标准将会减少90%的影响，2012 年减少4460t PO_4当量。

上述废物处理技术是当前存在的技术，除了可能会有经济上的阻碍，均为可实施的技术。然而，在政策方面，鼓励产业实行可能很困难。直接为每个单独的企业购买必要设备是难以实现的，使得没有确保手段来保证这种清洁生产的实施。对于具有较大生产能力的大型企业来说，废物处理技术更加容易被采用[58,59]。因此，我国政府在环境保护方面，通过巩固行业内的企业来提高单个运营商的生产能力。

除了稀土生产和废物处理技术的基本改进之外，还有其他可以显著改进的技术，改进潜力列于表 9-13。

表 9-13　稀土行业中进一步技术改进的潜力

位置	技术改进	影响类别的主要变化
所有	改进所有企业以满足行业标准	所有
包头	实施碱处理以代替硫酸焙烧（REO 分解）	非生物资源枯竭、酸化、全球变暖、人类毒性和光化学氧化
包头	开发低温硫酸焙烧	非生物资源枯竭、酸化、全球变暖、陆生生态毒性
包头	用石灰代替氧化镁的使用	非生物资源枯竭、全球变暖
南部省份	改进原位浸出中液体浸出的收集系统	陆地生态毒性、人类毒性

一些改进，例如在废水处理时更换氧化镁，也很容易实施，并且将对环境产生巨大影响。根据 CLCD 数据，氧化镁生产消耗大量的煤，这对非生物资源枯竭和全球变暖潜势具有巨大的影响。简单地使用石灰或其他化学添加剂将会更加环保。

其他改进，例如促进稀土分解的碱处理和在包头开发的低温硫酸焙烧可能需要额外的研究和发展。对于这两种技术，技术工艺知识已经完全开发。碱性处理已经为一些稀土工厂所实施，但对于大多数企业来说价格昂贵。因此，应该以尽可能降低成本的方式来开发。另外，低温硫酸焙烧还没有被采用。该技术出现并在实验室进行了测试[60]，但尚未得到商业化验证，因此需要进行额外的研究才能实现大规模实施。

后来修改了模型来计算上述技术的改进，见表 9-14。这里计算的减少量是基于 2012 年我国稀土平均值估计的边际影响。因此，这是对整个行业影响的减缓评估，并且是从国家立场对具体哪些技术应成为发展重点的有效的分析。

表 9-14　技术改进对环境影响的减少

影响类别	满足行业标准	碱性处理	氧化镁的替代	低温硫酸浸出	原位收集
酸化	24.0%	34.7%	0.7%	5.6%	3.0%
富氧化	89.5%	5.2%	0.1%	1.0%	1.0%
电离辐射	20.7%	3.5%	2.2%	0.3%	2.7%
光化学氧化	13.6%	19.1%	1.5%	3.8%	1.2%
陆地生态毒性	16.7%	16.7%	0.2%	14.4%	6.0%
淡水水生生态毒性	40.9%	6.0%	2.7%	1.2%	1.2%

影响类别	满足行业标准	碱性处理	氧化镁的替代	低温硫酸浸出	原位收集
人类的毒性	35.2%	26.7%	1.1%	4.2%	4.4%
非生物资源枯竭	10.1%	31.3%	27.2%	4.6%	1.7%
全球变暖	10.0%	30.7%	25.1%	5.6%	1.8%
臭氧层空洞	9.2%	7.0%	6.1%	1.2%	3.7%

如 LCA 结果中的下限值所估计的那样，满足行业标准，一个影响类别的贡献显著减少。相比之下，在硫酸浸出中进行碱处理和代替氧化镁是唯一能够达到类似减少环境影响的技术。这两种技术都显著减少了非生物资源枯竭和全球变暖潜能。相比之下，低温硫酸浸出对这两种类型几乎没有影响。这意味着氧化镁的使用是迄今为止这两个类别中最大的贡献者，并且应该是改进工业中的技术的关键因素。碱处理具有减少酸化和人类毒性的额外益处，因为与硫酸浸出相比，该方法中的前景废气排放可忽略不计。与其对整个工业的改进相比，低温硫酸浸出和改进的原位浸出溶液的收集，其作用都是很小的。

应当注意，这些技术不一定是相互排斥的，满足工业标准和原位浸出溶液收集都可以与任何其他改进技术相结合，只有处理包头稀土分解的 3 个措施可能冲突。

9.4.3 稀土政策效果

研究结果发现，我国政府实施的每项措施（见表9-3），对减少环境影响都具有重大作用。每项政策措施的执行，对工艺都具有直接或间接的积极影响（减少环境影响），朝着正确的方向前进。然而，政策只是第一步，最重要的是政策的实施和执行。

根据 LCA 研究结果，提供以下建议：

（1）缩小中央和地方政府之间的差距。即使使用保守的估计，总的来说非法采矿是可再生能源行业面临的最大问题，对经济和环境两个方面都有影响。在政策方面，政府已经实施了所有正确的措施：颁发了稀土企业的许可证；加强对出口的控制，其中非法矿产是主要的；并设置生产配额。因此，最大的问题是执行上述政策以确保本地区的企业是合法的，而这严重依赖地方政府。

应该提高对可再生能源行业，特别是地方政府和居民的环境影响的意识。毕竟这些工厂周围的当地人最容易受到土壤、水和空气的环境退化的影响。来自他们的压力可能有助于地方政府更多地关注这个问题。

（2）继续实施和执行生产配额。关于合法生产配额的具体建议超出了本研究的范围，因为除了这里提出的建议外，还需要经济建模。但是据调查，近年来我国政府努力减少生产已取得了相应的效果。自 2010 年以来，我国稀土氧化物的生产产量每年都在下降。其影响在考虑非法生产时更加明显，在 2010 年和 2011 年之间减少了 50%。就环境而言，无论是在遏制合法还是非法生产，这些配额都在进行。因此，政府继续努力维持或减少目前的生产水平是十分重要的。虽然生产和消费现在可能刺激经济的发展，但是为了可持续发展的未来，必须保护资源和环境。

（3）加强巩固可再生能源产业。地质矿床遍布我国各地，整合行业使得限制非法开采资源更加容易。它还使企业更容易采用清洁技术，因为它们通常对于大型运营更可行。巩固财政资源能够对工业研究和发展进行更大和更有组织的投资。由于涉及 LCA 模型，行业整合对 4 个因素（减少非法采矿、减少合法采矿、减少清洁生产以及采用更好的废物处理技术）产生积极影响。一个特别有效的领域是促进废物处理技术，来满足当前的排放标准。仅仅通过采用现有的最佳废物处理技术，具有减少稀土氧化物生产的酸化和富营养化潜力的巨大可能性。为了环境的利益，巩固技术是不仅应该继续，而且应该加强的方面。

（4）取代包头生产线中的氧化镁的使用。LCA 的最大优点之一是它几乎考虑了生产过程中的每一个方面，所有输入和输出都应该被考虑进去。正是由于这一广阔的空间，本研究能够找到易于实施的改进，从而显著减少对环境的影响。

一种改进是替换在硫酸浸出过程中用于 pH 值调节试剂的氧化镁，使用另一种化学品，如石灰，将大大减少非生物资源枯竭和全球变暖的影响。通过对结果的更深入的研究，在全过程中还可以发现另外的效能，尽管它们可能不如替换氧化镁那样显著。

（5）投资有针对性的技术——碱处理。过去几十年来，稀土行业一直在进行研究和开发，建议应更多地关注技术的充分发展，特别是碱处理技术。如果能够克服碱处理的高成本，并且在行业范围内应用，则将包头的环境影响减少近 50% 是有希望的，并通过一个重要要素减少整个行业的环境影响。

9.5　结论和建议

9.5.1　结论

LCA 模型评价我国稀土工厂生产 1t 稀土氧化物相关的生命周期环境影响列出了 3 个主要物质流程——四川、包头和南部省份以及整个中国稀土氧化物产业的平均值。在评估的 10 个影响类别中，4 个类别特别普遍：非生物资源枯竭、全球变暖、酸化和富营养化。基于 LCA 模型评价结果，确定了中国 3 个生产流中的问题所在：环境影响在稀土氧化物分解和分离阶段较高，这需要高能量和其他材料的消耗，使用的许多化学品是有毒的，因此向环境排放了大量的污染物。排放到空气中的二氧化硫和废水中的氨是前景处理过程中的两种最普遍的污染物，分别贡献于酸化和富营养化。LCA 研究还发现了各种改进的因素，侧重于政策观点。

分析了当前稀土政策及其在抑制工业环境影响方面的效力。所使用的模型考虑了政府减少影响的 4 个方面：减少非法 REO 生产、减少合法的 REO 生产、增加对清洁生产技术的采用以及增加对废物处理方法的应用。基于这些方面的研究发现，自从 2010 年宣布对行业实行更严格的环保法规以来，我国政府已经走向正确的方向，仍然还有很大的改进余地。提出了 5 项政策建议，对遏制环境污染具有最重要的作用。非法采矿是我国发展清洁工业的最大障碍，这不仅需要加强政策，还需要加强执法力度。大力推动稀土生产的几项关键技术，以减少边际影响，特别是包头，这是造成这 3 个地区大部分环境影响的原因。推进 REO 分解的碱处理和氢氧化钙代替氧化镁处理废水等技术，在减少环境影响方面特别有效。应该强调的是，这里提出的政策建议并不意味着取代目前的政策，而是补充其在保护环境方面的有效性。

9.5.2　建议

LCA 研究提出的政策分析只考虑了环境保护，为未来的研究提供了许多可能性，对可再生能源行业提出许多改进的指标。我国的稀土是一个相当复杂的问题，因为它对全球和我国的技术进步有着重要意义，直接和间接关联国民经济。因此，建议进行全面综合评估，包括影响行业的经济因素，推进更有意义的政策建议。

在环境方面，LCA 提供了对潜在环境影响的非常有用的理解。为了了解对环境的真正影响，需要对所有采矿和冶炼区域周围的环境状况进行深入评估。因此，建议进行额外的研究，如对四川、包头和我国 7 个省份稀土生产设施周围地区的环境风险评估。只有这样，才能针对如何改善当地环境而制定更具体的措施，以及为减轻环境风险的实际潜力而采取措施。

参 考 文 献

[1] USGS. Rare earth statistics and information [R]. United States Geological Survey, 2013.

[2] British Geological Survey. Rare earth elements: minerals [R]. UK: Centre for Sustainable Mineral Development, 2010.

[3] Hurst C. China's rare earth elements industry: what can the west learn? [J]. Institute for the Analysis of Global Security.

[4] Humphries M. Rare earth elements: the global supply chain [R]. Congressional Research Service Reports. Library of Congress. Congressional Research Service, 2011.

[5] Lynas Corporation Ltd. Rare earths: we touch them everyday [N]. Paper presented at the JP Morgan Access Days, 2010.

[6] Tabuchi H. Japan recycles minerals from used electronics [J]. New York Times, 2010, 4.

[7] Alonso E, Sherman A M, Wallington T J, et al. Evaluating rare earth element availability: a case with revolutionary demand from clean technologies [J]. Environmental Science & Technology, 2012, 46 (6): 3406-3414.

[8] Kingsnorth, D. J. Meeting the challenges of supply this decade [N]. Paper presented at the Industrial Minerals Company of Australia, 2011.

[9] 国家发展和改革委员会产业协调司. 特别报道: 稀土—2011 [J]. 稀土信息, 2012, 4: 4-8.

[10] Graedel T E, Barr R, Chandler C, et al. Methodology of metal criticality determination [J]. Environmental Science & Technology, 2012, 46 (2): 1063-1070.

[11] Binnemans K, Jones P T, Acker K V, et al. Rare-earth economics: the balance problem [J]. JOM, 2013, 65 (7): 846-848.

[12] USGS. Rare earths commodity summary [R]. United States Geological Survey, 2014.

[13] Chen Z. Outline on the development and policies of China rare earth industry [J]. Office of the Chinese Society of Rare Earths, Beijing, 2010.

[14] The white paper "Situation and policies of China's rare earth industry" press conference [J]. China Rare Earth Information, 2012 (6): 1-4.

[15] Schüler D., Buchert M., Liu R., et al. Study on rare earths and their recycling [R]. Darmstadt: Öko-Institut e. V, 2011.

[16] Pace L A. Working with financial data [M]. R Recipes. Apress, 2014.

[17] USGS. Global rare earth oxide (REO) production trends [R]. USGS Rare Earth Statistics and Information: United States Geological Survey, 2012.

[18] Burns, S. WTO slams china rare earths market, but Molycorp, Lynas corp. could suffer [DB/OL]. http://agmetalminer. com/2014/03/31/wto-slams-china-rare-earths-market-but- molycorp-lynas- corp-could-suffer/.

[19] Hoium, T. China could sink Molycorp Inc.'s comeback hopes. [DB/OL]. http://www. fool. com/investing/general/2014/03/03/china-could-sink-molycorps-comeback-hopes. aspx.

[20] Seaman, J. Rare earths and clean energy: analyzing China's upper hand [R]. Paris: French Institute for International Relations, 2010.

[21] 赵星. 稀土产业发展现状及趋势分析 [J]. 科技广场, 2013 (4): 131-133.

[22] Metal-pages. Metal prices-rare earths [N]. Retrieved, Metal-Pages, 2014.

[23] Alonso E, Sherman A M, Wallington T J, et al. Evaluating rare earth element availability: a case with revolutionary demand from clean technologies [J]. Environmental Science & Technology, 2012, 46 (6): 3406-3414.

［24］ Binnemans K, Jones P T, Acker K V, et al. Rare-earth economics: the balance problem［J］. JOM, 2013, 65（7）: 846-848.

［25］ Hykawy J., Thomas A., Casasnovas G. The rare earths- pick your spots carefully［R］. Toronto, Byron Capital Markets, 2010.

［26］ Kingsnorth D. J. Meeting the challenges of supply this decade［N］. Paper presented at the Industrial Minerals Company of Australia, 2011.

［27］ Lynas Corporation Ltd. Rare Earths: We Touch Them Everyday［N］. Paper presented at the JP Morgan Access Days, 2010.

［28］ Sprecher B., Xiao Y., Walton A., et al. Life cycle inventory of the production of rare earths and the subsequent production of Nd Fe B rare earth permanent magnets［J］. Environmental Science & Technology, 2014（48）, 3951-3958.

［29］ GB 26451—2011, 稀土工业污染物排放标准［S］. 北京: 中国环境科学出版社, 2011.

［30］ Weber R J, Reisman D J. Rare earth elements: A review of production, processing, recycling, and associated environmental issues［J］. US EPA Region, 2012.

［31］ Schmidt G. Description and critical environmental evaluation of the REE refining plant LAMP near Kuantan/Malaysia: Radiological and non-radiological environ-mental consequences of the plant's opera-tion and its wastes［R］. Darmstadt: Oeko-Institute e. V, 2013.

［32］ Ali S. Social and environmental impact of the rare earth industries［J］. Resources, 2014, 3 （1）: 123-134.

［33］ Ecoinvent Centre. Ecoinvent data v3. 0. from Swiss Centre for Life Cycle Inventories［DB/ OL］. 2013.

［34］ 国务院. 国务院关于促进稀土行业持续健康发展的若干意见［OL］. http: // www. gov. cn/zwgk/2011/05/19/content_ 1866997. html, 2011.

［35］ 陈占恒. Global rare earth resources and scenarios of future rare earth industry［J］. Journal of Rare Earths, 2011, 29（1）: 1-6.

［36］ Liu H., Lei L., Ye C. Study on rare earth management game between central and local governments in China［J］. CS Canada Cross-Cultural Communications, 2013, 9（1）, 31-35.

［37］ Wübbeke, J. Rare earth elements in China: policies and narratives of reinventing an industry ［J］. Resources Policy, 2013, 3（8）, 384-394.

［38］ WTO. China-measures related to the exportation of rare earths, tungsten, and molybdenum ［R］. REPORTS OF THE PANEL, 2014.

［39］ Guinee J. B., Gorrée M., Heijungs R., et al. Handbook on life cycle assessment: operational guide to the ISO standards［M］. Dordrecht: Kluwer Academic Publishers, 2002.

［40］ Du X, Graedel T E. Uncovering the global life cycles of the rare earth elements［J］. Scientific Reports, 2011, 1（2837）: 145.

［41］ J Krozer, JC Vis. ISO 14040: Environmental management: Life cycle assessment: Principles and framework［J］. International Standard ISO, 1997.

［42］ Hischier, R., Weidema B. Implementation of life cycle impact assessment methods-data v2. 1

[DB]. St. Gallen: Ecoinvent Centre, 2009.

[43] Finnveden G, Hauschild M Z, Ekvall T, et al. Recent developments in life cycle assessment. [J]. Journal of Environmental Management, 2009, 91 (1): 1-21.

[44] 王国珍. 中国稀土资源开采现状及发展策略 [J]. 四川稀土, 2009, 3.

[45] 国家发展和改革委员会产业协调司. 特别报道: 稀土—2007 [J]. 稀土信息, 2008, 3: 4-8.

[46] 国家发展和改革委员会产业协调司. 特别报道: 稀土—2009 [J]. 稀土信息, 2010, 3: 4-8.

[47] 国家发展和改革委员会产业协调司. 特别报道: 稀土—2011 [J]. 稀土信息, 2012, 4: 4-8.

[48] Doka G. Life cycle inventory data of mining waste: emissions from sulfidic tailings disposal [R]. Zurich: Doka Life Cycle Assessments, 2008.

[49] IT Knowledge & Education (IKE), Sichuan University. Chinese life cycle database [DB]. IT Knowledge & Education (IKE), 2012.

[50] Joint Research Centre-European Platform on Life Cycle Assessment. European reference Life Cycle Database, version 3. 0. from European Commission [DB/OL]. 2006.

[51] 王国珍. 我国稀土采选冶炼环境污染及对减少污染的建议 [J]. 四川稀土, 2006, 3: 2-8.

[52] Ecoinvent Centre. Ecoinvent data v2. 2. from Swiss Centre for Life Cycle Inventories [DB/OL]. 2010.

[53] Universiteit Leiden. CML-IA characterisation factors [DB/OL]. Retrieved Mar 2, 2014.

[54] IT Knowledge & Education (IKE), Sichuan University. IKE e Balance (Version 4. 5. 13110. 68) [DB]. Chengdu: IT Knowledge & Education, 2012.

[55] Steen B. A. Abiotic resource depletion: different perceptions of the problem withmineral deposits [J]. International Journal of Life Cycle Assessment, 2006, 1: 49-54.

[56] Klinglmair M., Sala S., Brandão M. Assessing resource depletion in LCA: a review of methods and methodological issues [J]. International Journal of Life Cycle Assessment, 2014, 19 (3): 580~592.

[57] Kifle D., Sverdup H., Koca D., et al. A simple assessment of the global long term supply of the rare earth elements by using a system dynamics model [J]. Environment and Natural Resources Research, 2013, 3 (1): 77-91.

[58] 周颜宏, 吕平, 窦艳铭. 稀土氨氮废水处理技术研究进展 [J]. 北方环境, 2012, 24 (2): 145-147.

[59] 朱冬梅, 方夕辉, 邱廷省, 等. 稀土冶炼氨氮废水的处理技术现状 [J]. 有色金属科学与工程, 2013, 4 (2): 90-95.

[60] 马莹, 许延辉, 常叔, 等. 包头稀土精矿浓硫酸低温焙烧工艺技术研究 [J]. 稀土, 2010, 31 (2): 20-23.